张玉兰　蔺锡柱　编

新能源材料概论

U0228685

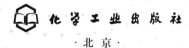
化学工业出版社
·北京·

内容简介

　　《新能源材料概论》针对新能源材料与器件专业相关课程教学要求编写，介绍了目前在新能源领域应用较为成熟的生物质能源材料、储氢材料、太阳能电池、燃料电池、超级电容器、锂离子电池材料、钠离子电池材料。本书立足知识积累和能力培养，为学生学习新能源后续课程打下良好基础。

　　《新能源材料概论》适合作为新能源材料与器件专业本科教材，也可作为相近专业本科生和研究生的教材与参考书，还可供能源相关专业人员参考。

图书在版编目（CIP）数据

　　新能源材料概论/张玉兰，蔺锡柱编. —北京：化学工业
出版社，2019.7 （2024.9重印）
　　ISBN 978-7-122-34986-6

　　Ⅰ.①新… Ⅱ.①张… ②蔺… Ⅲ.①新能源-材料技术-
教材 Ⅳ.①TK01

　　中国版本图书馆 CIP 数据核字（2019）第 158084 号

责任编辑：杨　菁　金　杰　闫　敏　　　　　　装帧设计：史利平
责任校对：刘　颖

出版发行：化学工业出版社（北京市东城区青年湖南街 13 号　邮政编码 100011）
印　　装：河北延风印务有限公司
710mm×1000mm　1/16　印张 12½　字数 230 千字　　2024 年 9 月北京第 1 版第 3 次印刷

购书咨询：010-64518888　　　　　　　售后服务：010-64518899
网　　址：http://www.cip.com.cn
凡购买本书，如有缺损质量问题，本社销售中心负责调换。

定　　价：39.00 元　　　　　　　　　　　　　　版权所有　违者必究

前言

　　新能源和可再生清洁能源技术是 21 世纪世界经济发展中最具有决定性影响的五个技术领域之一，新能源包括太阳能、生物质能、风能、地热能、海洋能等一次能源以及二次能源中的氢能等。

　　能源材料是材料学科的一个重要研究方向，有的学者将能源材料划分为新能源技术材料、能量转换与储能材料和节能材料等。

　　综合国内外的一些观点，新能源材料是指实现新能源的转化和利用以及发展新能源技术中所要用到的关键材料，是发展新能源技术的核心和新能源应用的基础。从材料学的本质和能源发展的观点看，能储存和有效利用现有传统能源的新型材料也可以归为新能源材料。新能源材料包括镍氢电池、锂离子电池、燃料电池、太阳能电池、发展生物质能所需的重点材料、新型相变储能材料和节能材料等。

　　目前各国对新能源和可再生能源的称谓有所不同，但是共同的认识是，除常规的化石能源和核能之外，其他能源都可称为新能源或可再生能源，主要有太阳能、地热能、风能、海洋能、生物质能、氢能和水能等。由不可再生能源逐渐向新能源和可再生能源过渡，是当代能源利用的一个重要特点。在能源、气候、环境面临严重挑战的今天，大力发展新能源和可再生能源，发展绿色生态体系，筑生态文明之基，走绿色发展之路，符合国际发展的趋势，对贯切落实新时代中国特色社会主义生态文明建设意义重大。

　　本书介绍的新能源材料包括生物质能源材料、储氢材料、以硅半导体材料为代表的太阳能电池、燃料电池、超级电容器、嵌锂碳负极和以 $LiCoO_2$ 正极为代表的锂离子电池材料，以及钠离子电池所需的关键材料等。

　　本书在内容选择上，注重基本概念、反应机理和材料性能的介绍。本书适合作为新能源材料与器件专业本科教材，也可作为相近专业本科生和研究生的教材与参考书，还可供能源相关专业人员参考。

　　感谢贵州理工学院混合教学模式课程建设项目"新能源材料导论"对本书出版提供的资金支持。

　　由于编者水平有限，书中难免存在不足，希望读者批评指正。

编者

目录

第3章 储氢材料 ·· **29**

第1章
概 论

随着我国经济、社会发展，能源消耗大幅度增长，煤炭、石油、天然气等传统能源难以满足长期发展的需求，并且在能源消耗过程中环境遭到破坏。要解决上述问题，必须提高燃料燃烧效率，实现清洁煤燃烧，开发新能源，节能降耗。这些都与材料有着极为密切的关系。

新能源材料是指实现新能源的转化和利用以及发展新能源技术所要用到的关键材料。新能源材料是发展新能源的核心和基础，主要包括生物质能源材料、储氢材料、以硅半导体材料为代表的太阳能电池、燃料电池、超级电容器、嵌锂碳负极和以 $LiCoO_2$ 正极为代表的锂离子电池材料，以及钠离子电池所需的关键材料等。

1.1 新能源及其利用技术

新能源通常是指尚未大规模利用、正在积极研究开发的能源。煤、石油、天然气以及大中型水电都被看作常规能源，太阳能、风能、现代生物质能、地热能、海洋能以及氢能等被称为新能源。随着技术的进步和可持续发展观念的树立，过去一直被视作垃圾的工业与生活有机废弃物被重新认识，废弃物的资源化利用也可看作是新能源技术的一种形式。由不可再生能源逐渐向新能源和可再生能源过渡，是当代能源利用的一个重要特点。在能源、气候、环境问题面临严重挑战的今天，大力发展新能源和可再生能源是符合国际发展趋势的，对我国维护能源安全及保护环境意义重大。

（1）太阳能及其利用技术

人类可利用的来自地球外部天体的能源主要是太阳能。太阳能是太阳中的氢原子核在超高温时聚变释放的巨大能量，人类所需能量的绝大部分都直接或间接地来自太阳。我们生活所需的煤炭、石油、天然气等化石燃料，是由各种植物通过光合作用把太阳能转变成化学能在体内储存下来，埋在地下后经过漫长的地质年代形成的。它们实质上是由古代生物固定下来的太阳能。此外，水能、风能、波浪能、海流能等也都是由太阳能转换来的。

太阳能资源开发利用的潜力非常广阔。太阳能利用技术主要包括以下几个。

① 太阳能-热能转换技术，吸收太阳辐射并将产生的热能传递到传热介质，其装置是太阳能集热器。

② 太阳能发电技术，是将太阳能直接转变成电能的一种发电方式，它包括光伏发电、光化学发电、光感应发电和光生物发电四种形式。光化学发电采用电化学光伏电池、光电解电池和光催化电池。

③ 太阳能制冷技术，利用光伏转换装置将太阳能转化成电能后，再用于驱动半导体制冷系统或常规压缩式制冷系统实现制冷，即光电半导体制冷和光电压缩式制冷。这种制冷方式的前提是将太阳能转换为电能，其关键是光电转换技术，必须采用光电转换接收器，即光电池，它的工作原理是光伏效应。

（2）氢能及其利用技术

氢是未来最理想的二次能源。氢以化合物的形式广泛存在于地球上各种物质中，据估算，如果把海水中的氢全部提取出来，总能量是地球现在已经探测到的化石燃料的 9000 倍。氢能利用技术包括制氢技术、氢提纯技术和氢储存与输运技术。制氢技术有化石燃料制氢、电解水制氢、固体聚合物电解质电解制氢、高温水蒸气电解制氢、生物制氢、生物质制氢、热化学分解水制氢及甲醇重整、H_2S 分解制氢等。氢的储存是氢利用的重要保障，主要技术包括液化储氢、压缩氢气储氢、金属氢化物储氢、配位氢化物储氢、有机物储氢和玻璃微球储氢等。氢的应用技术主要包括燃料电池、燃气轮机（蒸汽轮机）发电、MH/Ni 电池、内燃机和火箭发动机等。

（3）生物质能及其利用技术

生物质是唯一的可再生碳源。据科学家估计，地球上每年植物光合作用固定的碳达 2×10^{11} t，含能量达 3×10^{21} J，因此每年通过光合作用储存在植物的枝、茎、叶内的太阳能总量，相当于全世界每年耗能量的 10 倍。我国拥有丰富的生物质能源，理论生物质能源为 5×10^9 t 左右。目前可供开发利用的资源主要为生物质废弃物，包括农作物秸秆、薪柴、禽类粪便、工业有机废弃物和城市固体有机垃圾等。生物质能的开发技术有生物质气化技术、生物质固化技术、生物质热解技术、生物质液化技术和沼气技术。

（4）化学能源及其利用技术

直接把化学能转变为低压直流电能的装置，我们常称其为电池。化学能源已经成为国民经济中不可缺少的重要组成部分。其本身作为能源的同时还将承担其他新能源的储存功能。化学电能技术即电池制备技术。目前研究广泛且具有应用前景的电池有：金属氢化物-镍电池、锂离子电池和燃料电池。

1.2 新材料及其应用

新材料是指那些新出现的或正在发展中的、具有传统材料所不具备的优异性能和特殊功能的材料；或采用新技术（工艺、装备），使传统材料性能有明显提高或产生新功能的材料。一般认为满足高技术产业发展需要的一些关键材料也属于新材料的范畴。新材料作为高新技术的基础和先导，应用范围极其广泛，它与信息技术、生物技术同为 21 世纪重要和极具发展潜力的领域。

（1）超导材料

超导材料可用于发电、输电和储能。利用超导材料制作发电机的线圈磁体，这样制成的超导发电机可以将发电机的磁场强度提高到 5 万~6 万高斯（$1G=10^{-4}T$），而且几乎没有能量损失。与常规发电机相比，超导发电机的单机容量提高 5~10 倍，发电效率提高 50%。超导输电线和超导变压器可以把电力几乎无损耗地输送给用户，据统计，用铜或铝导线输电，约有 15% 的电能损耗在输电线路上，中国每年输电线路损耗导致的电力损失达 1000 多亿千瓦时。若改为超导输电，节省的电能相当于新建数十个大型发电厂。超导材料用于磁悬浮列车，利用超导材料的抗磁性，将超导体置于永久磁体（或磁场）的上方，由于磁体的磁力线不能穿过超导体，磁体（或磁场）和超导体之间会产生排斥力，使超导体悬浮在上方。利用这种磁悬浮效应的高速超导磁悬浮列车，已运行的有日本新干线列车、上海浦东国际机场的高速列车等。超导材料用于计算机，制成超导计算机。高速计算机要求在集成电路芯片上的元件和连接线密集排列，但密集排列的电路在工作时会产生大量的热量，若利用电阻接近于零的超导材料制作连接线或超微发热的超导器件，则不存在散热问题，可使计算机的运算速度大大提高。

（2）储能材料

储能材料是利用物质发生物理或者化学变化来存储能量的功能性材料。太阳能电池、储氢、固体氧化物燃料电池、储热、储电等所用到的材料广义上都属于储能材料。目前研究领域高度关注的储能材料主要有太阳能电池材料、储氢材料、固体氧化物燃料电池材料等。

对太阳能电池材料一般的要求有：①半导体材料的禁带不能太宽；②要有较高的光电转换效率；③材料本身对环境不造成污染；④材料便于工业化生产且材料性能稳定。

储氢材料的储氢方式是材料与氢结合形成氢化物。目前的储氢材料多为金属化合物。储氢材料除了需要满足储氢量大的条件外，还需满足吸放氢温度较低和速度较快等条件。

固体氧化物燃料电池的关键是电池材料，如固体电解质薄膜和电池阴极材料、质子交换膜型燃料电池用的有机质子交换膜等。理想的储能材料具有制备方便、成本低廉、储能密度大、稳定、安全、环境友好等特点。

（3）智能材料

智能材料是继天然材料、合成高分子材料、人工设计材料之后的第四代材料，是现代高技术新材料发展的重要方向之一。智能材料可用于测试飞机蒙皮上的应变与温度情况。英国开发出一种快速反应形状记忆合金，寿命期具有百万次循环，且输出功率高，用于飞机、航母等制动器时，反应时间仅为 10s。形状记忆合金还成功地应用于卫星天线、医学等方面。此外，智能材料还包括压电材料、磁致伸缩材料、导电高分子材料、电流变液和磁流变液等。

（4）磁性材料

磁性材料可分为软磁材料和硬磁材料两类。软磁材料是指那些易于磁化并可反复磁化的材料，当磁场去除后，磁性随之消失。这类材料的磁导率高，即在磁场中很容易被磁化，并很快达到高的磁化强度；但当磁场消失时，其剩磁很小。这种材料在电子技术中可用于制作磁芯、磁头、存储器磁芯等；在电力技术中可用于制作变压器、开关继电器等。目前常用的软磁体有铁硅合金、铁镍含金、非晶金属。其在弱磁场中具有高的磁导率和低的矫顽力，广泛用于电信、电子计算机和控制系统方面，是重要的电子材料。

（5）纳米材料

纳米材料是纳米科技领域中最富活力、研究内涵丰富的科学分支。纳米材料是指由纳米颗粒构成的固体材料，其中纳米颗粒的尺寸最大不超过 100nm。纳米材料的制备与合成技术是当前主要的研究方向，虽然在样品的合成上取得了一些进展，但至今仍不能制备出大量的块状样品，因此研究纳米材料的制备对其应用起着至关重要的作用。

1.3　新能源材料及其发展方向

当前新能源材料研究的热点和前沿技术，在绿色电池材料领域有高能储氢材料、聚合物电池材料、磷酸铁锂正极材料等；在燃料电池材料领域有中温固体氧化物燃料电池、电解质材料等；在太阳能电池材料领域有晶体硅太阳能电池材料、非晶硅薄膜电池材料、化合物薄膜电池材料和染料敏化电池材料等。

针对我国能源利用现状，首先要考虑的是提高能源生产效率、减少污染，其中当务之急是逐步实现洁净煤燃烧。正在发展的清洁能源包括氢能、太阳能、生物质能、核聚变能等，这些能源的利用存在较多的材料问题。其中氢能的利用需要无机分离催化膜、储氢材料［储氢合金、碳纳米管（CNT）等］；燃料电池需要质子交换膜、高温氧化物电极等材料；利用化学能的二次电池需要氢镍电池、锂离子电池正负极材料及快速充电系统等；太阳能电池需要多晶硅、多结非晶硅及其他高效、长寿、廉价的太阳能光伏转换材料等；生物质能需要无机分离催化膜等。

绿色二次电池的研究开发是国内外重大科技发展计划的热点之一。基于新材料和新技术的高能量密度、无污染、可循环使用的绿色电池新体系不断涌现，并迅速发展成新一代便携式电子产品的支持电源和电动车、混合动力车的动力电源。绿色电池产业的发展将对国民经济产生巨大影响。

1.4 新能源材料的关键技术

（1）锂离子电池材料

小型锂离子电池在信息终端产品（移动电话、便携式电脑、数码摄像机）中的应用已占据垄断性地位，我国也已发展成为全球三大锂离子电池材料的制造和出口大国之一。新能源汽车用锂离子电池和新能源大规模储能用锂离子电池也已日渐成熟，市场前景广阔。在锂离子电池正极材料方面，研究最多的是具有 α-$NaFeO_2$ 型层状结构的 $LiCoO_2$、$LiNiO_2$ 和尖晶石结构的 $LiMn_2O_4$ 及它们的掺杂化合物。在锂离子电池负极材料方面，商用锂离子电池负极材料碳材料以中间相碳微球和石墨材料为代表。当前国内锂离子电池关键材料已经基本配套，为我国锂离子电池产业的更大发展创造了有利条件。

（2）燃料电池材料

燃料电池被认为是最有前景的环保电源和常规化石燃料的替代品，而且是在使用 H_2 及 CH_3OH、CH_3CH_2OH 等可再生能源方面的重要选择。作为一种具有巨大潜力的新能源，燃料电池是一种高效、清洁的发电装置，可以不断地通过外界输入燃料，将化学能直接转化成电能并持续向外供电，它还可以提供清洁能源、减少环境污染，并且是电力市场发展和国防安全等供电保障的需要。催化剂是质子交换膜燃料电池的关键材料之一，对于燃料电池的效率、寿命和成本均有较大影响。如何降低贵金属铂催化剂的用量，开发非铂催化剂，提高其催化性能，成为当前质子交换膜燃料电池催化剂的研究重点。

传统的固体氧化物燃料电池通常在 $800 \sim 1000$℃ 的高温条件下工作，由此带来材料选择困难、制造成本高等问题。如果将固体氧化物燃料电池的工作温度降至 $600 \sim 800$℃，便可采用廉价的不锈钢作为电池堆的连接材料，降低电池其他部件对材料的要求，同时可以简化电池堆设计，降低电池密封难度，减缓电池组件材料间的互相反应，抑制电极材料结构变化，从而延长电池系统的寿命，降低电池系统的成本。当工作温度进一步降至 $400 \sim 600$℃ 时，则有望实现固体氧化物燃料电池的快速启动和关闭，这为固体氧化物燃料电池进军燃料电池汽车、军用潜艇及便携式移动电源等领域打开了大门。实现固体氧化物燃料电池的中低温运行有两条主要途径：①继续采用传统的 YSZ（氧化钇稳定的氧化锆）电解质材料，将其制成薄膜，减小电解质厚度，减少离子传导距离，使燃料电池在较低的温度下获得较高的输出功率；②开发新型的中低温固体电解质材料及与之相匹配的电极材料和连接板材料。

（3）太阳能电池材料

基于太阳能在新能源领域的龙头地位，美国、德国、日本等发达国家都将太阳能光电技术放在新能源技术的首位。这些国家的单晶硅电池的转换率相继达到20%以上，多晶硅电池在实验室中的转换率也达到了17%，这引起了各个方面的关注。砷化镓太阳能电池的转换率目前已经达到20%～28%，采用多层结构还可以进一步提高转换率，美国研制的高效堆积式多结复合砷化镓太阳能电池的转换率达到了31%，IBM 公司报道研制的多层复合砷化镓太阳能电池的转换率达到了40%。在世界太阳能电池市场上，目前仍以晶体硅电池为主。预计在今后一定时间内，世界太阳能电池及其组件的产量将以每年35%左右的速度增长。晶体硅电池的优势地位在相当长的时期内仍将继续维持并向前发展。

（4）镍氢电池材料

镍氢电池是近年来开发的一种新型电池，与常用的镍镉电池相比，容量可提高一倍，没有记忆效应，对环境没有污染。它的核心是储氢合金材料，目前主要使用的是 RE(La-Ni$_5$) 系、Mg 系和 Ti 系储氢材料。我国在小功率镍氢电池产业方面取得了很大进展，镍氢电池的出口量逐渐增长，年增长率为30%以上。世界各发达国家都将大型镍氢电池列为电动汽车开发的关键技术之一。镍氢动力电池正朝着方形密封、大容量、高比能的方向发展。

思 考 题

1.简述新能源的内容及其关键技术。

2.简述新材料的分类。

3.浅谈新能源材料未来的发展方向。

第2章
生物质能源材料

2.1 概述

2.1.1 生物质

生物质直接或间接来自植物。广义地讲，生物质是指一切直接或间接利用绿色植物进行光合作用而形成的有机物质，它包括世界上所有的动物、植物和微生物以及这些生物产生的排泄物和代谢物。狭义地说，生物质是指来源于草本植物、木本植物和农作物等的有机物质。

地球上生物质资源相当丰富，数量庞大，种类繁多，形态多样。按化学性质主要分为糖类、淀粉和木质纤维素物质。按来源来划分，主要包括以下几类：①农业生产废弃物，主要为作物秸秆等；②薪柴、枝杈柴和柴草；③农林加工废弃物，如木屑、谷壳、果壳等；④人畜粪便和生活有机垃圾等；⑤工业有机废弃物、有机废水和废渣；⑥能源植物，包括作为能源用途的农作物、林木和水生植物等。

2.1.2 生物质能

生物质能是以化学能形式蕴藏在生物质中的能量，是绿色植物通过叶绿素将太阳能转化为化学能而储存在生物质内部的能量。

叶绿素是神奇的化工厂，它以太阳光作为动力，把 CO_2 和 H_2O 转化成为有机物，关于此过程的转化机理仍处于探索阶段。

生物质能具有以下特点：①利用过程中可实现二氧化碳零排放。②是一种清洁的低碳燃料，其含硫和含氮都较低，同时灰分含量也很小，燃烧后 SO_x、NO_x 和灰尘排放量比化石燃料小得多。③资源分布广，产量大，转化方式多种多样。

④具有可再生性。⑤单位质量热值较低，而且一般生物中水分含量大从而影响了生物的燃烧和热裂解特性。⑥分布比较分散，收集、运输和预处理的成本较高。⑦单位体积原料储能量小。⑧提取工艺复杂。⑨商品化程度低。

2.1.3 生物质的组成

生物质是由多种复杂的高分子有机化合物组成的复合体，主要含有纤维素、半纤维素、木质素、淀粉、糖类、脂类等。树木主要由纤维素、半纤维素、木质素组成，谷物含淀粉较多，油料作物含油脂较多，污泥和畜禽粪便含有较多的蛋白质和脂类。显然，不同种类的生物质，其成分差异很大，在生物质能的生产过程中，主要依据生物质组分的不同来选择适宜的能源转化方法。

纤维素是由许多 β-D-葡萄糖基通过 1,4 位苷键链接起来的线形高分子化合物，其分子式为 $(C_6H_{10}O_5)_n$（n 为聚合度），纤维素类生物质产量高。在化学性质方面，纤维素是无色无味的白色丝状物，不溶于水，无还原性。纤维素需要降解以后才能进行利用，水解一般需要引入浓酸或稀酸，在加压的条件下进行，水解可得纤维四糖、纤维三糖、纤维二糖，最终产物是 D-葡萄糖。

半纤维素是由多糖单元组成的一类多糖，其主链上由木聚糖、半乳聚糖或甘露糖组成，在其支链上带有阿拉伯糖或半乳糖。它大量存在于植物的木质化部分，如秸秆、种皮、坚果壳及玉米穗等，其含量因植物种类、部位和老幼程度而有所不同。半纤维素前驱物是糖核苷酸。半纤维素可以被分解为可发酵的糖，然后转化为乙醇和其他燃料。

木质素是植物界中蕴含量仅次于纤维素的有机高聚物，广泛存在于较高等的维管束植物中，是裸子植物和被子植物所特有的化学成分。木质素是一种非碳水化合物分子聚合物，可以填充纤维素和半纤维素之间的空隙，在酸中十分稳定。分离后的木质素为无定形的褐色物质，在碱和氧化剂中的稳定性比纤维素稍差。木质素能溶于亚硫酸和硫酸中，据此可以将木质素和其他成分分开。

淀粉是葡萄糖的高聚体，通式是 $(C_6H_{12}O_6)_n$，水解得到二糖麦芽糖，化学式是 $C_{12}H_{22}O_{11}$，完全水解后得到葡萄糖。淀粉分为直链淀粉和支链淀粉两大类，直链淀粉含数百个葡萄糖单元，支链淀粉含上千个葡萄糖单元。淀粉是燃料乙醇生产的重要原料。淀粉属于多糖，是由单糖单元通过糖苷键组成的长链分子，它是碳水化合物在细胞中储藏的主要形式。淀粉是绿色植物光合作用的产物，植物生长期间以淀粉粒形式储存于细胞中，它主要分布在种子、块茎和块根等器官中。

糖类是多羟基醛或多羟基酮及其缩聚物的总称，由碳、氢、氧三种元素所组成。单糖由于无法水解成为更小的碳水化合物，因此是最小的糖分子。绝大多数细菌都能利用糖类作为碳源，但是它们在分解糖类物质的能力上存在很大差异。

天然葡萄糖无论是游离态或是结合态，均属 D 构型，在水溶液中主要以吡喃式构型含氧环存在。低聚糖又称寡糖，由 2～10 个单糖分子脱水缩合而成。发酵常用的低聚糖多为双糖，常见的双糖有蔗糖和麦芽糖。蔗糖广泛存在于植物的根、茎、叶、花、果实和种子中，尤以甘蔗和甜菜中含量最高。蔗糖分子由一个葡萄糖分子和一个果糖分子缩合而成。麦芽糖又称饴糖，甜度约为蔗糖的一半。麦芽糖分子由两个葡萄糖分子脱水缩合而成。

脂类是不溶于水而溶于非极性溶剂的有机化合物。脂类主要的化学元素是 C、H、O，有的脂类还含有 P 和 N。油脂是细胞中含能量最高而体积最小的储藏物质，在常温下为液态的称为油，固态的称为脂。植物种子会储存脂肪于子叶或胚乳中以供自身使用，是植物油的主要来源。天然油脂由甘油三酯和少量游离脂肪酸组成，其中常见的有肉豆蔻酸（C_{14}）、软脂酸（C_{16}）、硬脂酸（C_{18}）等饱和酸和棕油酸（C_{16}，单烯）、油酸（C_{18}，单烯）、亚油酸（C_{18}，二烯）、亚麻酸（C_{18}，三烯）等不饱和酸，主要用于生物柴油、航空柴油的生产。

2.2 生物质资源的分布

生物质能以生物质为载体，直接或间接地来源于绿色植物的光合作用。根据收集来源的不同，生物质资源可分为林业资源、农业资源、生活污水和工业有机废水、固体废物、畜禽粪便五大类，其中林业资源、农业资源和废弃物是生物质能源原料的主要来源。农用森林和非森林的转化土地（如草地和草原）是生物能源原料的潜在来源。森林提供木本物质，农业和废弃物可以提供木本和非木本生物质原料，用于生物能源生产。这些来源中每种原料的可用程度、质量及其可获得性都有其局限性。此外，这些原料来源的生物质还有其他用途，因而可能影响其价格和可获得性。

2.2.1 林业生物质资源

来自森林的木本生物质是生物能源的原始来源。木材生长至收获周期达数十年。一般来说，只有那些不能作为木材或不能用来造纸的木头才用于生物能源的生产。来自森林的低等木头用于生物质能源的材料有两类：树皮和劈柴。树皮可用于窑炉燃烧。树皮能源密度比碎屑高，但因其 Si 和 K 含量较高而影响生物原料的质量。劈柴可用作固体燃料（用于燃烧），也可以加工成为颗粒状原料。木柴来源主要有三种类型：碎枝、整树和树干。

2.2.2 农业生物质资源

农作物生物质资源包括糖、淀粉、脂类物质以及纤维素和木质纤维素。农业生物质资源一般来自专门种植的能源作物和其他农作物残留物。农作物残留物是指作物收获可使用部分后剩余的非食用纤维素物质。能源物质包括一年生的农作物和多年生非食用草本植物，前者主要利用其中的糖、淀粉、油脂，后者主要利用其中的纤维素。

全球绝大多数第一代生物乙醇是由一年生的粮食作物生产的。一年生农作物当年种植当年收获，需要每年播种。甘蔗和玉米都是第一代生物乙醇的主要原料。禾谷类作物、甜菜、马铃薯、高粱和木薯也是生物乙醇的重要原料。在巴西，甘蔗是生物乙醇的主要原料，而在美国，玉米籽粒是生物乙醇的主要原料。这两种原料所转化的生物乙醇占世界生物乙醇总量的62%。

用于生产第一代生物柴油物质的是脂类物质，其主要农作物原料物是一年生的大豆、棕榈和油菜。目前正在对一些非食用油作物用于第二代生物柴油生产的商业潜力进行测试评估，这些作物包括蓖麻和山亚麻荠。木质纤维素生物质用于生产第二代生物柴油，多年生作物是木质纤维素的主要资源。这些多年生植物是非粮食作物，因而备受关注。它们既可提供多年持续的生物质产量，还可产生一年农作物所达不到的环境效益。多年生作物可生活多个生长季，无需每年种植。

农作物残留物也是重要的纤维素来源，包括农田里收获后的作物残留。例如，茎秆、叶子、脱粒后的玉米轴，均可用作纤维素乙醇生产。其利用程度因国家和地区不同而异，这种差异是气候和土壤不同所致。气候和土壤可以影响特定植物的生长适应性。例如，亚洲适合水稻茎秆，而美国、墨西哥和欧洲适合玉米秸秆。不同作物秸秆的潜在可用数量也各不相同。植物残体用于生物能源一定要认真规划和管理，因为植物残体对土壤侵蚀控制和土壤质量维护具有重要作用，有的还可用作饲料、饲草等。

2.2.3 废弃物生物质资源

基于废弃物的生物质包括工业加工剩下的物质、农业液体和固体废弃物（如牛粪）、市政废弃物和建筑废弃物。许多工业加工和制造工艺产生的废弃物或辅助产品可以被用作生物能源。非木质的资源主要包括废纸、纸张和纺织品生产剩下的液体等。木质废弃物主要包括木柴片、锯末、刨花、家具生产残留物、复合木制品（含有树脂、黏结剂和填充物）等。这些废弃物的能源转化技术与原始木材完全一样。

农业废弃物包括农业加工副产品和牲畜粪便，前者如动物加工、谷物加工、淀粉生产、糖生产等产生的可被用作生物能源的副产品。例如，在糖生产中甘蔗或高粱压榨剩下的渣滓（纤维物质）有时就被用作糖厂的热源燃料，但是这些渣滓还可被转化成生物乙醇。动物加工可产生大量的羽毛、骨头和其他物质，对公共卫生和动物健康构成威胁，必须严格按照程序消除其传播疾病的危险。这些动物副产品通常通过厌氧消解用作生物质原料。厌氧消解可以杀死潜在的病原，生产生物燃气（甲烷）。生物燃气可以作为丙烷、煤油和薪柴的替代品用于供暖或发电，还可以压缩成液体用作汽车燃料。

牛粪可以用作农田肥料。在某些情况下，牛粪因田间冻结而不能直接施用到大田，或者牛粪的量远远超过田间可以消纳的数量，给附近水源带来污染。可将牛粪作为生物能源的原料加以利用，变弊为利。牲畜粪便可通过厌氧消解转化成为生物燃气。

市政废弃物是生物质的主要来源。市政废弃物也称为垃圾或城市固体废弃物。市政废弃物包括生物可降解废弃物（如厨房食物废弃物、食品包装等）、衣物和玩具、可回收物质（如废纸、塑料、金属）、家用电器和家具等。绝大多数市政废弃物直接送到填埋场填埋，有些地方用来焚烧发电。有些不能焚烧的可以通过气化转化为合成燃气。合成燃气可与煤在锅炉中共燃发电。

建筑废弃物由木头、塑料和金属残片组成。金属和塑料也可被用来燃烧发电，主要是木质废弃物用作生物能源的原料。不同地点的建筑废弃物构成有很大差异。目前建筑废弃物的主要处理技术是燃烧供热、供蒸汽和生物发电，也可作为木质纤维素材料转化成为生物燃料。

2.3　生物质转化利用技术

生物质的转化利用途径主要包括物理转化、化学转化、生物转化等，可以转化为二次能源，分别为热能或电力、固体燃料、液体燃料和气体燃料等。

生物质的物理转化是指生物质的固化，即将生物质粉碎至一定的平均粒径，不添加黏结剂，在高压条件下，挤压成一定形状。物理转化解决了生物质形状各异、堆积密度小且较松散、运输和储存、使用不方便问题，提高了生物质的使用效率。

生物质的化学转化主要包括直接燃烧、液化、气化、热解、酯交换等。

利用生物质原料生产热能的传统办法是直接燃烧。在燃烧过程中产生的能量可被用来产生电能或供热。芬兰从 1970 年开始开发流化床锅炉技术，现在这项技术已经成熟，并成为生物质燃烧供电工艺的基本技术。欧美一些国家基本都使用热电联产技术来解决燃烧物质原料用于单一供电或供热在经济上不合算的问题。

生物质的热解是在无条件下加热或在缺氧条件下不完全燃烧，最终转化成高能量密度的气体、液体和固体产物。由于液态产品容易运输和储存，国际上近来很重视这类技术，最近又开发了快速热解技术。

生物质的气化是以氧气（空气、富氧或纯氧）、水蒸气或氢气作为气化剂，在高温下通过热化学反应将生物质的可燃部分转化为可燃气（主要为一氧化碳、氢气和甲烷以及富氢化合物的混合物，还含有少量的二氧化碳等）。通过气化，原先的固体生物质能被转化为更便于使用的气体燃料，可用来供热、加热水蒸气或直接供给燃气机以产生电能，并且能量转换效率比固态生物质的直接燃烧有较大的提高。

生物质的液化是一个在高温高压条件下进行的热化学过程，其目的在于将生物质转化成高热值的液体产物。生物质液化的实质是将固态大分子有机聚合物转化为液态小分子有机物质。根据化学加工过程的不同技术路线，液化又可以分为直接液化和间接液化，直接液化通常是把固体物质在高压和一定温度下与氢气发生加成反应（加氢）；间接液化是指将生物质气化得到的合成气（$CO+H_2$），经催化合成为液体燃料（甲醇或二甲醚等）。

生物柴油的制取是将动植物油脂与甲醇或乙醇等低碳醇在催化剂作用下或者超临界甲醇状态下进行酯交换反应生成脂肪酸甲醇，并获得副产物甘油。生物柴油可以单纯使用以代替柴油，也可以一定的比例与柴油混合使用。除了为公共交通车、卡车等柴油机车提供替代燃料外，也可为采矿、发电等具有非移动式内燃机的行业提供燃料。

生物质的生物转化是利用生物化学过程将生物质原料转变为气态或液态燃料的过程，通常分为发酵生产乙醇工艺和厌氧消化技术。

乙醇发酵工艺依据原料不同分为两类：一类是富含糖类作物发酵转化为乙醇，另一类是以含纤维素的生物质原料经酸解或醇水解转化为可发酵糖，再经发酵生产乙醇。厌氧消化技术是指富含碳水化合物、蛋白质和脂肪的生物质在厌氧条件下，依靠厌氧微生物的协同作用转化成甲烷、二氧化碳、氢及其他产物的过程。一般最后的产物含有 $50\%\sim80\%$ 的甲烷，热值可高达 $20MJ/m^3$，是一种优良的气体燃料。

2.3.1 生物质直接燃烧技术

生物质的直接燃烧技术即将生物质如木材直接送入燃烧室内燃烧，燃烧产生的能量主要用于发电或集中供热。利用生物质直接燃烧，只需对原料进行简单处理，可减少项目投资，同时，燃烧产生的灰可用作肥料。

我国从 20 世纪 80 年代引进开发了螺旋推进式秸秆成形机，近几年形成了一定的生产规模，在国内已经形成了产业化。尽管生物质成形设备还存在着一定的问题，但生物质成形燃料有许多独特优点：便于储存、运输、使用方便、卫生、燃烧效率高，是清洁能源，有利于环保。因此，生物质成形燃料在我国一些地区已进行批量生产，并形成研究、生产、开发的良好势头。

（1）生物质燃烧及特点

生物质的直接燃烧是最简单的热化学转化工艺。生物质在空气中燃烧是利用不同的过程设备将储存在生物质中的化学能转化为热能、机械能或电能。由于生物质燃料特性与化石燃料不同，从而导致了生物质在燃烧过程中的燃烧机理、反应速度以及燃烧产物的成分与化石燃料相比也都存在较大差别，表现出不同于化石燃料的燃烧特性，主要体现为：①含碳量较少，含固定碳少；②含氢量稍多，挥发分明显较多；③含氧量多；④密度小；⑤含硫量低。

（2）生物质直接燃烧发电

直接燃烧发电的过程是生物质与过量空气在锅炉中燃烧，产生的热烟气和锅炉的热交换部件换热，产生的高温高压蒸汽在蒸汽轮机中膨胀做功发出电能。在生物质发电领域，丹麦 BWE 公司率先研发秸秆生物燃烧发电技术，并于 1988 年建成了世界上第一座秸秆生物燃烧发电厂。此后，BWE 公司在西欧设计并建造了大量的生物发电厂，其中最大的发电厂是英国的 Elyan 发电厂，装机容量为 38MW。自 1992 年世界环境与发展大会后，欧美国家开始大力发展生物质能，将其作为 21 世纪发展可再生能源的战略重点和具备发展潜力的战略性产业。如今已有 130 多家秸秆发电厂遍及丹麦，总装机容量达 7000MW。北欧的芬兰和瑞典也是生物质发电发展和应用都极为广泛的国家之一，利用生物质所发的电量占芬兰总电量的 25%。美国有 350 多座生物质发电站，总装机容量已超过 10GW，单机容量达 10～25MW。

生物质发电在我国起步相对较晚，过去建设的生物质电厂的设计和设备主要来自国外。2006 年 11 月我国第一个生物质直燃发电示范项目建成并网运行，该电厂生物质燃料年消耗 15 万吨，年发电 0.18TW·h，与同等规模燃煤火电厂相比，每年减少 SO_2 排放量达 600 多吨，年可节省标准煤近 40 万吨。根据国家发改委的要求，五大电力公司到 2020 年清洁燃料发电要占到总发电的 5% 以上。

目前，我国的生物质发电技术的最大装机容量与国外相比，还有很大差距。在现有条件下利用现有技术，研究开发经济上可行、效率较高的生物质气化发电系统是我国今后能否有效利用生物质的关键。

2.3.2　生物质热解技术

（1）生物质热解及特点

生物质热解指生物质在无空气等氧化环境情况下发生不完全热降解，生成炭、可冷凝液体和气体产物的过程。根据反应温度和加热速率的不同，将生物质热解工艺分成慢速热解、常规热解、快速热解。慢速热解主要用来生成木炭，低温和长期的慢速热解使得炭产量最大可达 30%，炭中的能量占总生物质能量的

50%；中等温度及中等反应速率的常规热解可制成相同比例的气体、液体和固体产品；快速热解是在传统热解技术上发展起来的一种技术，相对于传统热解，它采用超高加热速率、超短产物停留时间及适中的热解温度，使生物质中的有机高分子在隔绝空气的条件下迅速转变为短链分子，使焦炭和气体产物降到最低限度，从而最大限度地获得液体产品。

（2）生物质热解工艺

生物质热解液化技术的一般工艺流程由物料的干燥、粉碎、热解、产物炭和灰的分离、气态生物油的冷却和液体生物油的收集等几个部分组成。

1）原料干燥和粉碎　生物油中的水分会影响油的性能，而天然生物原料中含有较多的自由水，为了避免将自由水分带入产物，物料要求干燥到水分含量低于10%（质量分数）。另外，原料尺寸也是重要的影响因素，通常需要对原料进行粉碎处理。

2）热解　反应器是热解的主要装置，适合于快速热解的反应器形式多种多样，但都应该具备加热速率快、反应温度中等和气体停留时间短的特点。

3）焦炭和灰的分离　在生物质热解制油工艺中，一些细小的焦炭颗粒不可避免地随携带的气体进入生物油液体中，影响油的品质。而灰分离是影响生物质热解液体产物速率的重要因素，它将大大催化挥发分的二次分解。

4）液体生物油的收集　在较大规模系统中，采用与冷液体接触的方式进行冷凝收集，通常可收集到大部分液体产物，但进一步收集则需依靠静电捕捉等处理微小颗粒的技术。

（3）生物质热解产物及应用

生物质热解产物主要由生物油、不可凝结气体和炭组成。

生物油是分子量大且含氧量高的复杂有机化合物的混合物，包括很多种类的含氧有机物，如醚、酯、酮、酚醇及有机酸等。生物油是一种用途极为广泛的新型可再生液体清洁能源产品，在一定程度上可替代石油直接用作燃油燃料，也可对其进一步催化、提纯，制成高质量的汽油和柴油产品，供各种运载工具使用；生物油中含有大量的化学品，从中提取化学产品具有很明显的经济效益。

此外，由生物质热解得到的不可凝结气体热值较高，它可以用作生物质热解反应的部分能量来源，如热解原料烘干；或用作反应器内部的惰性硫化气体和载气。木炭疏松多孔，具有良好的表面特征；灰分低，具有良好的燃料特征；容重低；含硫量低；易研磨。产生的木炭可加工成活性炭用于化工和冶炼，改进工艺后，也可用于燃料加热反应器。

2.3.3　生物质液化技术

（1）生物质液化及特点

生物质液化是通过化学方式将生物质转换成液体产品的过程，主要有间接液化和直接液化两类。间接液化是把生物质气化成气体后，再进一步合成为液体产品；直接液化是将生物质与一定溶剂混合放在高压釜中，抽真空或通入保护气体，在适当温度和压力下将生物质转化成燃料或化学品。直接液化是一个在高温高压条件下进行的热化学过程，其目的在于将生物质转化成高热值的液体产物。生物质液化的实质即是将固体的大分子有机聚合物转化为液体的小分子有机物质，其过程主要由三个阶段构成：首先，破坏生物质的宏观结构，使其分解为大分子化合物；其次，将大分子链状有机物解聚，使之能被反应介质溶解；最后，在高温高压条件下经水解或溶剂溶解以获得液态小分子有机物。

（2）生物质液化产物及应用

生物质液化产物除了作为能源材料外，酚类液化产物由于还有苯酚官能团，可用作胶黏剂和涂料树脂。基于苯酚和间苯二酚液化产物的胶黏剂，其胶合性能相当于同类商业产品。木材液化后得到的糊状物与环氧氯丙烷反应，可以制得缩水甘油醚型树脂，向其中加入固化剂（如胺或酸酐），即可成为环氧树脂胶黏剂。此外，还可利用液化产物制备发泡型或成形模压制品，可利用乙二醇或聚乙烯基乙二醇木材液化产物生产可生物降解塑料（如聚氨酯）。

2.3.4　生物质气化技术

（1）生物质气化及特点

生物质气化是以生物质为原料，以氧气（空气、富氧或纯氧）、水蒸气或氢气等作为气化剂（或称为气化介质），在高温条件下通过热化学反应将生物质中可以燃烧的部分转化为可燃气的过程。生物质气化时产生的气体，主要有效成分为 CO、H_2、CH_4、CO_2 等。生物质气化有如下特点：①材料来源广泛；②可规模化生产；③通过改变生物质原料的形态来提高能量转化效率，获得高品位能源，改变传统方式利用率低的状况，同时还可生产气体或液体燃料，直接供用户使用；④具有可废物利用、减少污染、使用方便等优点；⑤可实现生物质燃烧的碳循环，推动可持续发展。

（2）生物质气化工艺

在生物质气化过程中，原料在限量供应的空气或氧气及高温条件下，被转化成燃料气。气化过程可分为三个阶段，首先物料被干燥失去水分，其次热解形成小分子热解产物（气态）、焦油及焦炭，最后生物质热解产物在高温下进一步生成气态烃类产物、氢气等可燃物质，固体炭则通过一系列氧化还原反应生成 CO。气化介质可用空气，也可用纯氧。在流化床反应器中通常用水蒸气作载气。生物质气化主要分以下几种。

1）空气气化　以空气作为气化介质的生物质气化是所有气化技术中最简单

的一种,根据气流加入生物质的流向不同,可以分为上吸式(气流与固体物质逆流)、下吸式(气流与固体物质顺流)及流化床等不同形式。空气气化一般在常压和700~10000℃下进行,空气中氮气的存在使产生的燃料气体热值较低,仅为1300~1750kcal/m³(1cal=4.1868J)。

2)氧气气化 与空气气化比较,用氧气作为生物质的气化介质,由于产生的气体不被氮气稀释,故能产生中等热值的气体,其热值是2600~4350kcal/m³。该工艺也比较成熟,但氧气气化成本较高。

3)蒸汽气化 用蒸汽作为气化剂,并采用适当的催化剂,可获得高含量的甲烷与合成甲醇的气体以及较少量的焦油和水溶性有机物。

4)干馏气化 属于热解的一种特例,是指在缺氧或少量供氧的情况下,生物质进行干馏的过程。主要产物为乙酸、甲醇、木焦油、木炭和可燃气等。可燃气主要成分是CO、H_2、CH_4、CO_2、C_2H_4等。

5)蒸汽-空气气化 主要用来克服空气气化产物热值低的缺点。蒸汽-空气气化比单独使用空气或蒸汽为气化剂时要优越。因为减少空气的供给量,并且生成更多的氢气和碳氢化合物,提高了燃气热值。

6)氢气气化 以氢气作为气化剂,主要反应是氢气与固体炭及水蒸气生成甲烷。此反应可燃气的热值为22.3~26MJ/m³,属于高热值燃气。这种方式反应的条件极为严格,需要在高温下进行,所以一般不采用。

(3)生物质气化发电技术

生物质气化发电是把生物质转化为可燃气,再利用可燃气推动燃气发电设备进行发电。它既能解决生物质难于燃用而且分布分散的缺点,又可以充分发挥燃气发电技术设备紧凑而且污染少的优点,所以气化发电是生物质能最有效最洁净的利用方法之一。

气化发电过程包括三个方面:一是生物质气化;二是气体净化;三是燃气发电。生物质气化发电技术具有三个方面的特点:①技术有充分的灵活性;②具有较好的洁净性;③具有较好的经济性。生物质气化发电系统按发电规模可分为小规模、中等规模和大规模三种。小规模生物质气化发电系统适合于生物质的分散利用,具有投资小和发电成本低等特点,已经进入商业化示范阶段。大规模生物质气化发电系统适合于生物质的大规模利用,发电效率高,已进入示范和研究阶段,是今后生物质气化发电主要发展方向。生物质气化发电技术按燃气发电方式可分为内燃机发电系统、燃气轮机发电系统和燃气-蒸汽联合循环发电系统。图2-1为生物质整体气化联合循环工艺流程,是大规模生物质气化发电系统的重点研究方向。整体气化联合循环系统由空气制氧装置、气化炉、燃气净化系统、燃气轮机、余热回收装置和蒸汽轮机等组成。

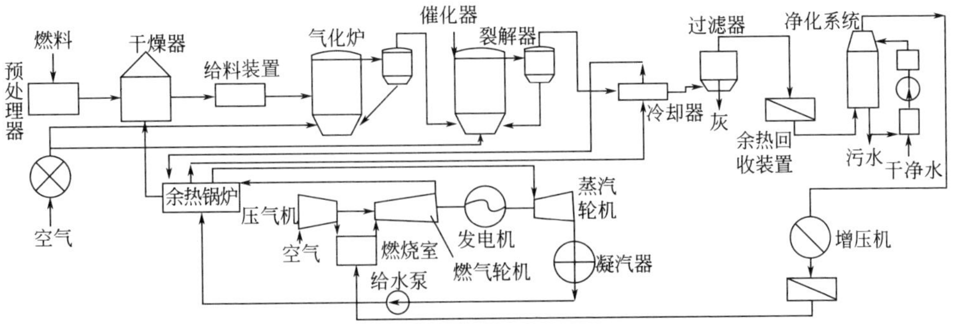

图 2-1　生物质整体气化联合循环工艺流程

2.4　生物质沼气技术

生物质燃气是指以生物质为原料，通过微生物或热化学途径转化而来的燃气，包括沼气和生物质气化气。沼气是指利用厌氧消化将有机垃圾、废弃农作物及人畜粪便等生物质转化的燃料气体，其主要成分为甲烷。生物质气化是利用热化学途径将生物质转化为燃料气体，在高温条件下使生物质发生不完全燃烧和热解，产生可燃气体，其主要成分含有一氧化碳、氢气以及甲烷。

生物质燃气作为一种可再生能源，最突出特点就是清洁、环保，符合可持续发展的要求。因此，通过技术改进和现代化的装置设备，利用大中型生物天然气工程来提高生物质的转换率，以生物质来生产生物燃气，是补充我国常规天然气不足的重要途径。

2.4.1　生物质沼气的成分与性质

沼气是由有机物（粪便、杂草、作物、秸秆、污泥、废水、垃圾等）在适宜的温度、湿度、酸碱度和厌氧的情况下，经过微生物发酵分解作用产生的一种可燃性气体。沼气是一种混合气体，其主要成分是甲烷，还混有二氧化碳、硫化氢、氮气及其他一些成分。在沼气的组成中，可燃部分包括甲烷、一氧化碳等气体，不可燃成分包括二氧化碳、氨气和氮气等气体。不同生物质原料进行厌氧消化后得到的沼气组分有所差别，一般在沼气中，甲烷含量为 50%～80%、二氧化碳含量为 20%～40%、硫化氢平均含量为 0.1%～3%，其他气体含量较少。生物质的厌氧消化（发酵）和沼气的净化处理是沼气生产的关键过程。

沼气是一种优良的二次能源，主要成分是甲烷。甲烷是一种无色、无味、无毒的气体，分子式 CH_4，分子量 16.04。在 0℃、101325Pa（1 个标准大气压）标准状态下，甲烷对空气的相对密度为 0.5548，沼气约为 0.94。从热效率分析，每立方米沼气所产生的热量相当于燃烧0.7kg煤所产生的热量。沼气能够作为燃料，是因为它所含的大量甲烷气体可以燃烧。甲烷完全燃烧时，火焰为淡蓝色，放出大量热能。

化学反应式：　　　　$CH_4 + 2O_2 \longrightarrow CO_2 + 2H_2O + 212.8kcal$

$1m^3$甲烷完全燃烧可放出$5500 \sim 6500kcal$热量，$3 \sim 4$头猪的粪便所产沼气就可保证一家五口一日的炊事用气。人和动物的粪便是生产沼气的好原料。一般沼气含少量的硫化氢，在燃烧前带有臭鸡蛋味和烂蒜味。沼气燃烧时放出大量热量，热值为$21520kJ/m^3$，约相当于煤气的1.45倍或天然气的0.69倍。因此，沼气是一种热值高、很有应用前景的可再生能源。

2.4.2　沼气发酵的特点

沼气发酵有以下四大特点：

① 沼气微生物自身耗能少。在相同基质条件下，厌氧消化所释放的能量仅为耗氧消化所释放能量的$1/30 \sim 1/20$。对于基质来说，则有大约90％的COD（化学需氧量）被转化为沼气。由于沼气微生物自身生长繁殖较慢，生成的污泥量较少，同时基质的分解速度较慢，滞留的时间较长，因而沼气的发酵容器要求较大。

② 能够处理高浓度的有机废物。在好氧条件下，一般只能处理COD含量在1000mg/L以下的有机废水。而在厌氧条件下，可处理COD含量在10000mg/L以上的有机废水。例如，酒糟废液中COD含量通常在$(3 \sim 5) \times 10^4 mg/L$，它可以不加稀释直接进行沼气发酵。

③ 能处理的废物种类多。沼气除了可以处理人畜粪便、各种农作物秸秆等有机废物外，还可以处理城市工厂的有机废物，如豆制品厂、合成脂肪酸厂、酒厂、食品厂等的有机废水。但是，沼气发酵只能去除90％以下的有机物，要达到国家排放标准，沼气发酵后的废液仍需进行好氧处理。

④ 受温度影响较大。沼气发酵时，温度高，则处理能力强，产气率就高；反之，产气率就低。沼气发酵时，不同的温度有与其相适应的发酵菌群。

2.4.3　沼气的功能和效用

（1）能源功能和效用

沼气发酵产生可燃气体甲烷，能够满足人们的生活生产用能，可用于做饭、取暖、照明、引虫灭虫等多种用途。

（2）环境卫生功能和效用

沼气能够净化农村环境，创造卫生健康的生活环境。沼气池可灭蝇灭蛆，杀菌灭活，减少家畜家禽粪便四溢，减少臭味，防止疾病传播，防止环境污染。特别是对禽流感、SARS 等传染性疾病具有很好的预防功能。

（3）生态功能和效用

沼气池的建成和使用可使农村家庭实现良性生态循环链。如人畜粪便和农作物秸秆等进入沼气池，经发酵后，沼肥下地为农作物提供优质生态肥料，农作物成熟后，供人们使用。这样不断循环，既没有污染，又可以向社会提供无污染绿色食品，还提高了各种资源的利用率。

（4）经济功能和效用

沼气具有如下多种经济功能：

① 沼气可以供应热源，如用于增温、照明、供热、灭虫等。

② 沼肥可以为农作物提供优质肥料，可以用于养鱼、养猪等。

③ 沼渣可以种植食用菌、养虫、作为优质肥料等。

④ 与大棚结合种植蔬菜、花草，养殖水产畜产等，具有较高的利用价值。

（5）社会功能和效用

① 为社会提供丰富、优质的农产品。

② 既能推动农业发展，又能引导农民增收。

③ 解放农村妇女劳动力，优化农村劳动力结构。

④ 促进农村精神文明建设。

2.5　生物乙醇的生产技术

2.5.1　生物乙醇的特点

生物乙醇是对乙醇进一步脱水，使乙醇含量达 99.6% 以上，再加上适量变性剂而制成的。经适当加工，生物乙醇可以制成乙醇汽油、乙醇柴油等用途广泛的工业燃料。生物乙醇在燃烧过程中所排放的二氧化碳和含硫气体均低于汽油燃料所产生的对应排放物，使用 10% 燃料乙醇的乙醇汽油，可使汽车尾气中一氧化碳、碳氢化合物排放量分别下降 30.8% 和 13.4%；作为增氧剂，使燃烧更充分，节能环保，抗爆性能好；生物乙醇还可以替代甲基叔丁基醚、乙基叔丁基醚，避免对地下水的污染；生物乙醇燃烧所排放的二氧化碳和作为原料的生物源生长所消耗的二氧化碳在数量上基本持平，这对减少大气污染及抑制"温室效应"很有意义。

2.5.2　生物乙醇生产的原料

（1）淀粉质原料

淀粉质原料是生产乙醇的主要原料，我国发酵乙醇的 80% 是用淀粉质原料生产的。薯类、玉米具有容易种植、单产量大、淀粉含量高的特点。我国乙醇生产中，薯类原料约占45％，玉米谷物等原料约占35％。大量利用淀粉生产燃料乙醇会拉抬粮食价格，同时对粮食安全构成影响。

（2）糖质原料

糖蜜是制糖工业中产生的副产物。糖蜜中糖含量较高，一级糖蜜含糖分可达50％以上。相对淀粉而言，糖质原料生产乙醇工序简单，是乙醇发酵的理想原料。由于其他发酵工业也都需要糖质原料，糖质用于乙醇生产较为有限。

（3）木质纤维素

木质纤维素原料主要包括农作物下脚料（秸秆、花生壳、稻壳、棉籽壳等）、林木加工工业的废料（树枝、木屑等），工厂纤维素和半纤维素下脚料（甘蔗渣、废纸浆等）及城市垃圾四大类。纤维素来源丰富、价格低廉，随着纤维素降解技术的发展，纤维素将成为最有前景的乙醇发酵原料。

2.5.3　生物乙醇的生产

依据生产原料的不同，燃料乙醇（即生物乙醇）生产技术主要分为三代。第一代燃料乙醇技术以玉米、小麦等粮食作物为生产原料；第二代燃料乙醇技术以非粮作物为生产原料；第三代燃料乙醇技术以木质纤维素作为原料来进行乙醇生产。

第三代生物乙醇技术的开发是当前生物能源开发的攻关重点。木质纤维素主要来源于植物细胞的细胞壁，由纤维素、半纤维素、木质素三种成分组成，在植物的不同组织中三种成分间的比例会存在差异。从成分上看，木质纤维素是由C、H、O元素组成的碳水化合物，木质纤维素在经过预处理后，转化为小分子糖类，作为乙醇发酵的原料。

利用木质纤维素制备燃料乙醇主要分为三个阶段：第一阶段是木质纤维素的预处理，由于天然纤维素的结构致密，必须经过预处理使其降解成为小分子糖才能被微生物发酵，预处理过程中，通过物理、化学或酶技术将纤维素聚合物降解为小分子糖；第二阶段是乙醇生成的阶段，微生物（一般采用酵母）厌氧发酵将小分子转化成为乙醇；第三阶段是通过蒸馏回收乙醇，并将乙醇进行脱水处理，最终得到无水燃料乙醇。

2.6　生物柴油的生产技术

生物柴油是指以动、植物油脂作为原料油，通过酯化或酯交换工艺制成的脂肪酸甲酯或脂肪酸乙酯。随着经济发展，汽车数量越来越多，尾气的排放造成严重的城市污染，与石化柴油相比，生物柴油能显著降低二氧化碳和硫化物的排放。生物柴油具有良好的生物降解性，其降解速度比石化柴油快四倍，在淡水环境中，经过 28 天，生物柴油能降解 77％～89％，而柴油只能降解 18％。此外，与石化柴油相比，生物柴油具有更好的润滑性能，将生物柴油添加到传统柴油燃料中后，燃料油的润滑性得到显著改善，生物柴油的添加量达到 1％，油品的润滑性可以提高 30％。我国餐饮业年产废油达 500 万吨以上，除部分被作为制备脂肪酸的工业原料进行利用，还有大量"地沟油"重新回流到餐饮市场，对消费者的健康构成危害。利用餐饮废油制备生物柴油，不但能充分利用资源变废为宝，而且能从源头上阻断地沟油回流到餐桌上。

2.6.1　生物柴油的生产

生物柴油的生产主要以各种油脂为原料，植物油是目前制备生物柴油的主要原料。生产生物柴油的原料包括：①食用油，如菜籽油、棕榈油、葵花籽油；②废油，如地沟油；③动物的脂肪，如牛油、猪油；④微藻油。不同的国家根据各国的实际情况，利用不同原料生产生物柴油。欧洲国家主要采用大豆油和菜籽油进行生物柴油生产，马来西亚和印度尼西亚利用椰子油和棕榈油进行生物柴油生产，印度和东南亚则广泛使用麻疯树油作为原料制备生物柴油。目前，利用微藻油生产生物柴油是国内外研究的热点。微藻生长周期短，产量高，利用海水作为天然培养基可以节约土地资源、降低种植成本；同时利用工业废水或地表水为培养基，进行微藻大规模培养，还能解决工业废水排放问题。因此，微藻作为生物柴油原料具有极大潜质。

植物油具有分子量大、黏度高的特点，作为发动机燃料使用时难以挥发、雾化。1892 年，德国工程师鲁道夫（1858～1913）利用花生油作为发动机燃料进行尝试。然而试验过程中发现植物油不易雾化，燃烧不充分，易形成碳沉积，造成发动机结垢。针对植物油高黏度的问题，科研人员提出了一系列解决途径，尝试对动植物油脂进行结构改造，将其转化为低黏度、高品质的生物柴油。

2.6.2　酯交换法制备生物柴油

目前，主要的生物柴油生产方法包括：直接混合稀释法、微乳液法、高温热裂解法和酯交换法。

酯交换法是制备生物柴油最为广泛的生产方法，其原理是通过酰基转移作用将高黏度的动植物油脂（甘油三酯）转化成低黏度的脂肪酸甲酯，使得油脂的分子量降低至原来的 1/3，黏度降低为原来的 1/8，从而提高了燃料的挥发性。甘油三酯在催化作用下，与短链醇进行酯交换反应生成脂肪酸甲酯（即生物柴油）。酯交换反应中，使用的短链醇包括甲醇、乙醇、丙醇、丁醇和戊醇。由于甲醇成本低、极性强、碳原子数少，常被作为酯交换反应的原料。采用酯交换法生产脂肪酸甲酯类生物柴油工艺简单，工艺路线比较成熟，已经进行了大规模工业生产。

$$
\begin{array}{c}
\text{CH}_2\text{-OOC-R}_1 \\
| \\
\text{CH-OOC-R}_2 \quad + \quad 3\text{CH}_3\text{OH} \longrightarrow \\
| \\
\text{CH}_2\text{-OOC-R}_3
\end{array}
\qquad
\begin{array}{c}
\text{CH}_3\text{-OOC-R}_1 \\
\\
\text{CH}_3\text{-OOC-R}_2 \quad + \\
\\
\text{CH}_3\text{-OOC-R}_3
\end{array}
\qquad
\begin{array}{c}
\text{CH}_2\text{-OH} \\
| \\
\text{CH-OH} \\
| \\
\text{CH}_2\text{-OH}
\end{array}
$$

酯交换反应由多步可逆反应构成。首先,甘油三酯与低级醇反应生成甘油二酯,接着,甘油二酯与醇反应生成甘油一酯,最后生成三个脂肪酸甲酯和副产物甘油。通过酯交换反应得到终产物脂肪酸甲酯和副产品甘油。酯交换反应是可逆反应。反应参数如反应温度、压力、摩尔比能影响生物柴油的生成速率。催化剂也是决定反应进程的关键因素。依据所用催化剂的酸碱性,酯交换反应可分为酸催化的酯交换反应和碱催化的酯交换反应。采用酸催化剂还是碱催化剂取决于原料油的性质,酸催化的反应对原料的要求低,但反应速度相对较慢;碱催化的酯交换反应速度快,但对原料中游离脂肪酸的含量有严格要求。具体来说:酸催化的酯交换反应,一般以硫酸、盐酸或磺酸作为催化剂。将催化剂预先溶解到甲醇中,然后将植物油投入到反应器中与预先混合好的甲醇催化剂混合物反应。醇、植物油的摩尔比是影响反应速度的主要因素之一。由于酯交换反应是可逆反应,加入过量的醇,有利反应的平衡点向生成脂肪酸甲酯的方向移动。

对于碱催化酯交换反应,由于其反应进行的速度快,碱会与游离脂肪酸发生反应,消耗催化剂,降低催化剂的活性,因此要求原料油的酸值小于1,且含水量低于5%。如果原料酸值大于1,催化剂氢氧化钠或氢氧化钾将与原料中游离脂肪酸反应生成皂化物,皂化物导致反应体系中出现大量泡沫,增加体系黏度,最终使产物生物柴油和副产物甘油难以分离。

由于传统的均相酸碱催化法都存在腐蚀性和环境污染性的问题,并且催化剂难以回收利用,环境污染严重,产物后处理复杂;而非均相催化剂容易回收,可重复使用,产品无需水洗,无三废排放,因而新的酯交换技术应运而生。

2.6.3　生物柴油的性能

生物柴油的评价指标包括其黏度、密度、十六烷值、浊点、闪点、酸价、铜腐蚀性和热值等。黏度是评价生物柴油品质的最重要参数之一。生物柴油的黏度越低,就越容易雾化,越有利于其充分燃烧。植物油的黏度值为 $27.2 \sim 53.6 \text{mm}^2/\text{s}$,而它们对应的脂肪酸甲酯黏度为 $3.6 \sim 4.6 \text{mm}^2/\text{s}$。植物油通过酯交换过程黏度可显著降低,甘油三酯转化成脂肪酸甲酯后,分子量仅为原甘油三酯的三分之一。但与2号柴油相比,植物油甲酯黏度依然偏高。此外,生物柴油比常规柴油具有更高的浊点和倾点。

总体而言,生物柴油具备以下优点:①具有良好的润滑性能,其润滑性能比石化柴油高出66%,长期使用能减少发动机磨损;②由于不含芳香族化合物和硫化物,生物柴油作为燃料燃烧时,能显著降低有害气体的排放;③生物柴油燃料容易生物降解；④生物柴油具有较高的闪点，有更高的运输安全性。

第一代生物柴油脂肪酸甲酯虽有诸多优良品质，它在使用过程中还存在很多问题：①稳定性差，容易堵塞滤器；②与石化柴油相比，生物柴油冷启动困难，热值较低；③吸水性强，水的存在加速了微生物菌落的滋生，造成系统堵塞；④黏度较高，难以充分雾化、燃烧。甲酯化虽然降低了植物油的黏度，但是没有从根本上消去植物油中的氧原子和植物油中的双键，其安定性还有待提高。

2.6.4　生物质绿色柴油的生产与性能

（1）生物质绿色柴油与催化剂

第二代生物柴油（即生物质绿色柴油）生产途径对原料的要求不严格，原料中脂肪酸含量不会影响反应的进行，产物品质受原料油组分变化的影响较小。从产物结构上看，石化油以烷烃为主，而第一代生物柴油属于酯类，其黏度、热值、密度和石化油比还是存在一定劣势，尤其是其含氧量高。绿色柴油以 C_{12}～C_{22} 的烷烃为主，在化学结构上与柴油基本相同，具有与柴油相近的黏度和热值，相当的氧化安定性，且部分性能甚至超越了石化油，如高十六烷值、低芳香族含量、低硫含量。所以不管是从生产工艺还是产品性能而言，开发绿色柴油都具有一定的潜力和优势。

第二代生物柴油生产工艺包括加氢脱氧和异构化两大步骤。在加氢脱氧过程中，动植物油脂分子发生断裂，生成丙烷和直链烷烃，获得的直链烷烃具有很高的十六烷值，但同时存在凝点和冷滤点高的弊端；直链烷烃再经过异构化反应生成含有支链的异构烷烃，从而降低产品的凝点。加氢法使得油品的氧化安定性、十六烷值大幅提高，将高黏度的动植物油脂转化成低黏度的碳氢化合物。

在利用加氢法制备生物柴油过程中，催化剂的优化是发展第二代生物柴油技术的关键。氢化裂化所用催化剂为双功能催化剂，由活性金属组分和酸性载体组成。活性组分一般为过渡金属元素，主要包括Ⅷ族的 Co、Pd、Ni、Fe、Pt 和ⅥB 族的 Mo、W。这些过渡金属活性组分单独使用时催化活性并不高，当两种过渡金属同时存在时则相互协同，显示出较高的催化活性。因此，加氢裂化催化剂通常是由ⅧB族金属和ⅥB族金属二元活性组分所组成，如 CoMo、NiW、Ni-Mo 和 CoW 体系等。

双功能催化剂中，其载体一方面用于支持金属活性组分，使活性组分分散在载体表面上，提高单位质量活性组分的催化效率。另一方面，载体也作为活性成分，参与氢化裂解反应。载体的孔径、酸强度、比表面积对反应产物的分布有重要的影响。载体包括三大类：①非晶态氧化物，比如氧化铝、氧化铝-氧化硅混合物，它们酸性较弱，裂解能力适中，适合将植物油裂解为柴油组分；②沸石分子筛，如 ZSM-5 型、ZSM-22 型分子筛，以及磷酸硅铝分子筛，如 SAPO-11、SAPO-31、SAPO-41，它们具有强酸性位点，裂解能力强，通常适用于将植物油裂解为汽油组分；③介孔材料，如 MCM-41、AIMCM-41，它们常用于长链烃的异构化。在选择制备高十六烷值的生物柴油时，常以二氧化硅和氧化铝为催化剂载体组分。由于分子筛酸性较强，裂解能力较强，以植物油为原料，采用分子筛作为催化剂，其主要产物为汽油组分，柴油组分则较少；由于酸性适中，而以氧化铝负载的双功能催化剂，催化剂裂解能力相对较弱，裂解产物则以柴油组分为主。需要根据产物的需求，对催化剂进行筛选和设计，同时对反应参数进行优化。

（2）生物质绿色柴油的性能

加氢技术从结构上解决了生物柴油稳定性、黏度的问题，因此正逐步应用于高品质油品的生产中，如生物航空燃油即采用该途径进行制备。与第一代生物柴油脂肪酸甲酯相比，在生产原料结构上没有区别，但第二代生物柴油在分子结构上与石油基燃料更为接近，部分性能上甚至超越石化柴油，可在目前的储罐、管道、卡车、泵和汽车中使用，而无需对基础设施进行任何更改，在产品加工和使用方面也比第一代方便，因此深受石油炼制企业的欢迎，并且已经开始进行大规模的工业化推广。

第二代生物柴油的优势主要包括：①与石化柴油相比，排放量更低，最多可降低 80%；②不需要更改燃料基础设施或车辆技术；③可与化石燃料以任何百分比混合使用，第一代生物柴油（脂肪酸甲酯）混合比例低于 20%；④不存在不饱和键以及氧原子，产物的性质稳定，难以氧化；⑤加氢异构过程使产品具有优异的冷流特性，并适用于低温环境；⑥与第一代生物柴油相比，具有更高的单位体积能量含量。

表 2-1 所示为石化柴油、生物柴油及第二代生物柴油性能的比较。

表 2-1　石化柴油、生物柴油及第二代生物柴油性能比较

对比项目	石化柴油	生物柴油	第二代生物柴油
15℃密度/(kg/m^3)	835	885	775～785
40℃黏度/(mm^2/s)	3.5	4.5	2.5～3.5
十六烷值	53	51	80～90
馏程/℃	180～360	350～370	180～320
浊点/℃	−5	−5	−5～−25
低热值/(MJ/kg)	42.7	37.5	44.0
芳香烃含量(质量分数)/%	30	0	0
氧含量(质量分数)/%	0	11	0
硫含量/(mg/kg)	<10	<10	<10
稳定性	稳定	不稳定	稳定

第二代生物柴油的生产是在石化柴油加氢精制工艺基础上发展起来的，采用与第一代完全相同的原料，加氢催化法制备的生物柴油十六烷值大幅度提高，生产工艺大大简化，生物柴油技术的不断发展将为低成本、高质量的生物柴油推向市场提供保障。

2.7　生物质生产液体燃料的技术

随着中国经济社会的持续快速发展，汽车保有量继续保持快速增长态势。2017 年，中国汽车保有量达 2.17 亿辆，与 2016 年相比，全年增加 2304 万辆，增长 11.85%。2017 年，我国汽车销量为 2887.9 万辆，同比增长 3%。汽车保有量的增速超过两位数。2017 年我国汽油消费量约为 1.23 亿吨，比 2016 增长约 8%。2017 年我国石油净进口量 3.96 亿吨，同比增长 10.8%，对外依存度达到 67.4%。此外，化石燃料使用过程中 CO_2 和污染物的大量排放给空气质量改善带来挑战。

随着石油资源的减少，汽油实际需求量的增长，CO_2 减排压力的增加，通过非石油途径获得一种新的环境友好的燃料油合成路线以代替石油路线获得燃料油的研究成为研究者关注的热点。费托合成是一种能够把 $CO+H_2$（合成气）转化成长链碳氢化合物、清洁的车用及航空燃料、化学品的技术，费托合成产物燃油是不含硫化物、氮化物的环境友好型燃油。在基于生物质资源的新能源战略中，合成气可通过热解技术从储量丰富、分布广泛、CO_2 "零排放" 的可再生能源生物质中获取。通过费托技术从非石油资源中获取汽油燃料的研究，是含碳资源高效利用的有效途径，对于开发利用我国丰富的生物质资源（我国每年的农作物秸秆资源总量高达 7.5 亿吨以上）、缓解化石液体燃料供应压力、降低粉尘等污染物及 CO_2 排放、保障能源安全及保护环境等方面具有极其重要的作用。

2.7.1　费托合成技术

费托合成技术是在 1923 年由德国科学家 Frans Fischer 和 Hans Tropsch 首次提出的。费托合成过程一般包含以下反应

$$(2n+1)H_2 + nCO \longrightarrow C_nH_{2n+2} + nH_2O \tag{2-1}$$

$$2nH_2 + nCO \longrightarrow C_nH_{2n} + nH_2O \tag{2-2}$$

上述两个反应均为放热反应，$\Delta H = -165 \sim -204kJ/mol(CO)$。除了烷烃和烯烃外，费托反应过程中也会形成含氧有机物，见式（2-3）。对铁基费托催化剂而言通常也会发生水煤气转换反应，见式（2-4）。

$$2nH_2 + nCO \longrightarrow C_nH_{2n+2}O + (n-1)H_2O \tag{2-3}$$

$$H_2O + CO \longrightarrow CO_2 + H_2 \tag{2-4}$$

2.7.2 费托合成催化剂

用于费托反应的催化剂必须具备能把合成气（CO 和 H_2）催化转化成碳氢化合物的高的加氢活性，及对副产物 CH_4 的低的选择性。Fe、Co、Ru 和 Ni 是目前用于费托合成反应中最常用的四种过渡型金属。制备 Ru 基催化剂的成本高，并且贵金属 Ru 的储量有限，限制了 Ru 基催化剂的大规模工业应用。Ni 的加氢能力与 Ru 相当，常用作 CH_4 化催化剂，不适用于费托反应。受金属 Co 价格及储量的约束，在实际的工业应用中使用的 Co 基催化剂大多是负载型的催化剂或 Co 与其他金属氧化物形成的复合材料。这就使得 Co 基催化剂在费托反应中的性质会受到载体、钴源、助剂、第二活性金属的影响，并且 Co 基费托反应只能在特定的温度和特定的 H_2/CO 比值下进行。相对于上述的 Ru 和 Co 基催化剂，Fe 基催化剂价格便宜、资源丰富、反应可操作温度范围宽、对合成气中 H_2 与 CO 的比例要求较低。更为重要的是，Fe 基催化剂可以在费托反应过程中把合成气转化为液体燃料（C_{5+} 碳氢化合物），并且 H_2/CO 的比值不会对 CH_4 的选择性产生很大的影响。然而，Fe 基费托催化剂的运行周期短，在费托反应过程中容易失活。通过合理选择和设计多孔载体，依赖金属与载体间的相互作用阻碍颗粒聚集烧结，借助于载体的多孔结构提高纳米颗粒的分散度，可提高催化剂的选择性和稳定性。

对费托反应而言，具有优异催化性能的催化剂通常具有费托合成位和酸位。合成气在费托合成位上被催化转化成直链碳氢化合物，随后，迁移至酸位的产物被裂解和异构化，形成支链烃。分子筛不仅可以提供酸位，而且具有极高的热稳定性以及有序的孔道结构。因此，利用分子筛封装金属纳米粒子可以提高纳米粒子的稳定性，同时利用孔道可以筛分反应物与产物分子，实现催化产物的高选择性。此外，介孔分子筛壳层的引入可抑制石蜡在催化剂表面聚集，阻碍石蜡堵塞孔道、避免活性位被烧结，提高催化剂结构的完整性，提高催化活性和产物选择性。通过比较核壳型 Co/H-ZSM-5 催化剂和负载型 Co/SiO_2 催化剂的费托性能发现，分子筛为壳层的催化剂呈现高三倍的 $C_5 \sim C_{11}$ 烃类选择性。在保持催化活性和稳定性的同时，费托反应的最终目的是实现对目标产物 100% 的选择性。因此，单核型分子筛包覆的催化剂对 $C_5 \sim C_{11}$ 烃类的选择性还不够理想。

为了提高反应物向活性位的迁移速率并提高反应的连续性，研究者制备了多功能核壳催化剂，将负载了活性位的结构设计成核层，酸性分子筛作为壳层，并且核和壳独立催化不同的反应。在费托反应中，反应物先通过壳层到达活性核层，经费托反应形成中间产物，随后中间产物进入壳层孔道并转变成目标产物。以 Co/SiO_2 为核、分子筛为壳的 Co/SiO_2-HZSM5 核壳催化剂为例，与传统的

Co/SiO₂ 催化剂相比，分子筛壳层的引入提高了直链碳氢化合物和酸性壳层的碰撞概率，依赖分子筛壳层的空间限域效应，促进长链碳氢化合物在沸石壳上裂解和异构化，进而完全抑制了 C_{12+} 碳氢化合物的形成。

图 2-2（a）为采用水热法合成的 Fe_2O_3 纺锤形催化剂，随后通过水热反应对其进行二氧化锰壳层的包覆，得到如图 2-2（b）所示的 $Fe_2O_3@MnO_2$ 核壳催化剂。费托反应前，催化剂首先在 300℃、$H_2/CO=1$ 的合成气氛围中还原 12h，随后在 280℃、2MPa、$H_2/CO=1$ 的合成气氛围中进行费托合成反应。费托性能结果表明，与没有引入锰壳层的 Fe_2O_3 催化剂相比，$Fe_2O_3@MnO_2$ 核壳催化剂有较高的液体燃料的收率，这主要是因为助剂锰壳层的引入能够减弱 C—O 键，抑制加氢反应，促进反应朝着链增长的方向移动，并且，锰的引入在一定程度上可延长 CH_x 基团在催化剂表面的停留时间。此外，锰可以作为氧的载体，在费托反应过程中一氧化碳中的氧能够与部分被还原的锰的氧化物键合，此过程能够促进一氧化碳的解离，进而提高了催化剂在费托反应中的催化活性。

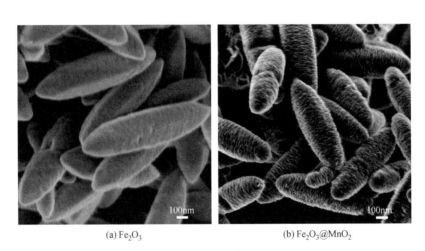

(a) Fe_2O_3 (b) $Fe_2O_3@MnO_2$

图 2-2　费托合成催化剂

2.7.3　费托制取液体燃料发展趋势

通过费托技术制取高品质的液态燃料是解决我国能源短缺问题的一条现实可行的替代路径。设计合成出具有高稳定性和选择性的费托催化剂是此项技术的关键，对于推进费托技术在我国的工业化应用具有非常重要的意义。为了提高费托反应中产物的选择性，大量的研究致力于助剂和载体引入的费托催化剂的制备；希望通过助剂的电子效应和多孔载体的限域效应实现提高目标产物选择性的目的，进而实现将合成气高效转化为生物质液体燃料，减少对石油资源的依赖，提高生物质制油技术的竞争力。

思 考 题

1. 简述生物质能的概念及特点。

2. 简述生物质来源。

3. 简述生物质转化利用途径及相应特点。

4. 简述生物质直接燃烧技术、热解技术、液化技术及气化技术的特点。

5. 简述生物乙醇的特点。

6. 简述第二代生物柴油的优点。

7. 浅谈对费托合成技术的理解。

第3章
储氢材料

3.1 概述

氢是宇宙中分布最广泛的物质，它构成了宇宙质量的 75%，氢能被称为人类的终极能源。水是氢的大"仓库"，如把海水中的氢全部提取出来，将是地球上所有化石燃料热量的 9000 倍。氢的燃烧性能优越，热值高，燃烧 1kg 氢能放出 142120kJ 的热量，相当于汽油的 3 倍；只要在汽油中加入 4% 的氢气，就可使内燃机节油 40%。氢燃烧后生成的是水，不污染环境，特别符合环保理念，所以，氢能被称为 21 世纪最有前途的绿色能源之一。

然而，氢能的开发利用并不如想象中简单，它还需要克服种种技术难题。氢是二次能源，自然界中并不存在可供开采的单质氢；氢在常温常压下是气体，密度很低，这使得单位体积氢的能量很低，仅相当于天然气的 1/3，汽油的 1/3000；氢分子体积小，很容易逃逸；氢容易发生爆炸，存在安全隐患。氢的特性使得氢能利用面临困难，克服这些困难，氢才能走进千家万户。

氢能的使用涉及三个部分：制备、储存和能量转化，其中氢气的储存是氢能使用的关键环节。储氢所需的材料必须具备较大的质量密度和储氢体积。储氢材料根据吸放氢的机理可分为两大类：物理吸附和化学储氢。物理吸附主要依靠氢气和储氢材料之间的范德瓦耳斯力，代表材料有碳纳米管以及金属有机框架材料等；化学储氢则是循环吸放氢过程中生成新的氢化物，主要用储氢合金如轻质金属镁、铝氢化物、氨基化合物、硼氢化合物等。

3.2 氢的制取

自然界中不存在纯氢，它只能从其他化学物质中分解、分离得到。由于存在资源分布不均匀的现象，制氢规模与特点呈现多元化格局。现在世界上的制氢方法主要是以天然气、石油、煤为原料，在高温下使其与水蒸气反应或部分氧化制得。我国目前的氢气来源主要有两类：一是采用天然气、煤、石油等蒸气转化制气或甲醇裂解、氨裂解、水电解等方法得到含氧氢气源，再分离提纯这种含氧氢气源；二是从含氢气源，如精炼气、半水煤气、城市煤气、焦炉气、甲醇尾气等用变压吸附法、膜法来制取纯氢。目前，氢气主要用作化工原料而并非能源，要发挥出氢对各种一次能源有效利用的重要作用，必须在大规模高效制氢方面获得突破。

3.2.1　电解水制氢

电解水制氢是目前最为广泛使用的将可再生资源转换为氢的技术，当两个电极分别通上直流电，并且浸入水中时，水将会被分解并在阴极和阳极分别产生氢气和氧气，这个过程就是电解水，这样的装置则为电解槽。电解水的基本原理是：在催化剂和直流电的作用下，水分子在阳极失去电子，被分解为氧气和氢离子，氢离子通过电解质和隔膜到达阴极，与电子结合生成氢气。

最早的电解水现象是在 1789 年被观测到的，之后，电解水技术得到了较快的发展，到 1902 年，世界上就已经有超过 400 台电解槽装置，目前市场上的电解槽可以分为三种：碱性电解槽、质子交换膜电解槽和固体氧化物电解槽。

碱性电解槽是最早商业化的电解槽，虽然其效率是三种电解槽中最低的，但由于价格低廉，目前仍然被广泛使用，尤其是在大规模制氢工业中。碱性电解槽的缺点是效率较低；使用石棉作为隔膜，而石棉具有致癌性。很多国家已经提出要禁止石棉在碱性电解槽中的使用，据报道，聚苯硫醚塑料（PPS）、聚四氟乙烯（PTFE）等聚合物在氢氧化钾溶液中具有和石棉类似的特性，甚至还优于石棉，将有可能取代石棉而成为碱性电解槽的隔膜材料。发展新的电极材料，提高催化反应效率，是提高电解槽效率的有效途径，研究表明铝镍合金和镍钼合金等作为电极能有效加快水的分解，提高电解槽的效率。

质子交换膜电解槽由于转换效率很高而成为很有发展前景的制氢装置。由于采用很薄的固体电解质，具有很好的机械强度和化学稳定性，并且欧姆损失较小。在日本，效率达 94.4% 的质子交换膜电解槽已经研制成功。但由于质子交换膜和铂电极催化剂价格昂贵，制约了其广泛使用。今后研究的重点是降低成本和进一步提高其转换效率。

固体氧化物电解槽是另一种新兴的电解槽技术，这种电解槽的缺点是在高温条件下工作，给材料的选择带来了一定限制，优点是较高的反应温度使得电化学反应中部分电能被热能代替，从而效率较高，尤其是当余热被汽轮机、制冷系统等回收利用时，系统效率可达 90%。目前的研究重点是寻找在高温下对氧离子有良好导电性的电解质材料和适当降低电解槽的工作温度。

3.2.2　天然气制氢

　　长期以来，天然气制氢是化石燃料制氢工艺中最为经济与合理的方法。经地下开采得到的天然气含有多组分，其主要成分是甲烷。在甲烷制氢反应中，甲烷分子惰性很强，反应条件十分苛刻，需要首先活化甲烷分子。温度低于 700K 时，生成合成气（H_2＋CO 混合气），在高于 1100K 的温度下，才能得到高产率的氢气。甲烷制氢主要有 4 种方法：甲烷水蒸气重整法、甲烷催化部分氧化法、甲烷自热重整法和甲烷绝热转化法。

　　甲烷水蒸气重整是目前工业上天然气制氢应用最广泛的方法。传统的甲烷水蒸气重整过程包括：原料的预热和预处理、重整、水气置换、CO 的除去和甲烷化。甲烷水蒸气重整反应是一个强吸热反应，反应所需要的热量由天然气的燃烧供给。重整反应要求在高温下进行，温度维持在 750～920℃，反应压力通常在 2～3MPa。在重整制氢过程中，反应需要吸收大量的热，因此制氢过程的能耗很高，仅燃料成本就占总生产成本的 50% 以上，而且反应需要在耐高温不锈钢制作的反应器内进行。此外，水蒸气重整反应速度慢，该过程单位体积的制氢能力较低，通常需要建造大规模装置，投资较高。

　　甲烷催化部分氧化法是一个轻放热反应，由于反应速率比水蒸气重整反应快 1～2 个数量级，同传统的甲烷水蒸气重整反应相比，甲烷催化部分氧化法过程能耗低，可采用大空速操作。同时，由于甲烷催化部分氧化法可以实现自热反应，无需外界供热，可避免使用耐高温的合金钢管反应器，使装置的固定投资明显降低。但是，由于反应过程需要采用纯氧而增加了装置投资和制氧成本。此外，催化剂床层的局部过热、催化材料的反应稳定性情况以及操作体系存在潜在爆炸危险等问题成为了实现甲烷催化部分氧化法工业化必须迫切解决的技术关键。

　　甲烷自热重整由甲烷催化部分氧化和甲烷水蒸气重整反应两部分组成，一个是吸热反应，另一个是放热反应，结合后存在着一个新的热力学平衡，反应体系本身可实现自供热。该工艺同甲烷水蒸气重整反应工艺相比，变外供热为自供热，反应热量利用较为合理，既可限制反应器内的高温，同时又降低了体系的能耗。但由于甲烷自热重整反应过程中，强放热反应和强吸热反应分步进行。因此，反应器仍需耐高温的不锈钢制作。另外，甲烷自热重整工艺控速步骤是反应过程中慢速水蒸气重整反应，这样就使甲烷自热重整反应过程具有装置投资较高、生产能力较低的缺点，但具有生产成本较低的优点。

　　甲烷绝热转化制氢是甲烷经高温催化分解为氢和碳，该过程不产生二氧化碳，是连接化石燃料和可再生能源之间的过渡工艺过程。甲烷绝热转化反应是温和的吸热反应，生成 H_2 所消耗的能量小于甲烷水蒸气重整法反应生成 H_2

消耗的能量。因此，反应不需要水气置换过程和 CO_2 除去过程，简化了反应过程。该工艺具有流程短和操作单元简单的优点，可明显降低制氢装置投资和制氢成本。但该过程要大规模工业化应用，关键问题是产生的副产碳能否具有市场前景。若大量制氢副产的碳不能得到很好应用，其规模的扩大必将受到限制。

3.2.3 煤制氢

煤作为我国储量最丰富的一次能源，在我国经济社会发展和提高人民生活水平方面占有重要的位置，短时间内我国以煤为主的能源格局不会改变，以煤炭为原料大规模制取廉价氢在一段时间内将是中国发展氢能的一条现实之路。煤炭经过气化、一氧化碳变换、酸性气体脱除、提纯等工序可以得到不同纯度的氢气。如何提高利用效率、减少对环境的污染是一个重要的研究课题。

煤制氢的核心是煤气化技术，所谓煤气化是指煤与气化剂在一定的温度、压力等条件下发生化学反应而转化为煤气的工艺过程，包括气化、除尘、脱硫、甲烷化、CO 变换反应、酸性气体脱除等，分为地面气化和地下气化。典型化石燃料制氢过程如图 3-1 所示。

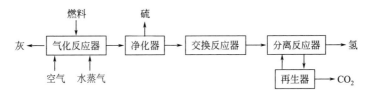

图 3-1 典型化石燃料制氢过程

煤的催化气化制氢受反应物、催化剂、反应器的形式和反应参数等诸多因素影响，水也是影响煤气化的主要因素之一。过高的水会使气化炉内单位面积煤气产率降低、含酚废水量增多，从而增加生产成本。

与传统的煤气化方法相比，煤超临界水气化法是对煤气化技术的改进。超临界水的介电常数很小，对有机物有较强的溶解能力，可以形成均相或拟均相的反应环境，集萃取、热解和气化为一体，利用超临界水作为制氢介质可使煤及生物质中的各种物理和化学结合（氢键、醚键、酯键等）发生断裂，各种有机单元结构及热解后的有机产物在水中的溶解度增加，与水的化学反应速率得以加快，最终转化为氢气、甲烷和二氧化碳。由于反应体系中水的大量存在，有利于水煤气变换反应向生成氢气的方向进行，同时加入添加剂将 CO_2 固定并将气相中的硫化物脱除，从而得到洁净的富氢气体。所有反应过程在同一反应器中进行，气、液、固产物易于分离，工艺过程简单，不仅可以免去干燥过程，而且可使制氢过程效率提高。

3.2.4　生物质制氢

生物质作为能源，其含氮量和含硫量都比较低，灰分份额也很小，并且由于其生长过程吸收 CO_2，使得整个循环的 CO_2 排放量几乎为零。目前对于生物质的利用，尤其在发展中国家，比如中国、印度、巴西，还主要停留在对生物质的简单燃烧的低效率利用上。除燃烧外，对生物质的利用还有热裂解和气化，以及微生物的光解与发酵。利用生物质热裂解和气化产氢，具有成本低廉、效率较高的特点，是有效可行的制氢方式。目前常见的生物质制氢方法有生物质热裂解制氢、生物质气化制氢、生物质超临界水气化制氢等。

生物质热裂解是在高温和无氧条件下对生物质的热化学过程，分为慢速裂解和快速裂解。快速裂解制取生物油是目前世界上研究比较多的前沿技术，得到的产物主要有：氢（H_2）、甲烷（CH_4）、一氧化碳（CO）、二氧化碳（CO_2）以及其他有机气体等气体成分；焦油、丙酮、甲醇、乙酸等生物混合油液状成分；以焦炭为主的固体产物。为了最大程度地实现从生物质到氢的转化，需要尽量减小焦炭的产量，这需要尽量快的加热速率、传热速率和适中的温度。热裂解的效率和产物质量除与温度、加热速率等有关外，也受反应器及催化剂的影响。

目前国内外的生物质热裂解反应器主要有机械接触式反应器、间接式反应器和混合式反应器。其中机械接触式反应器包括烧蚀热裂解反应器、旋转锥反应器等，其特点是通过灼热的反应器表面直接与生物质接触，以导热的形式将热量传递给生物质而达到快速升温裂解，这类反应器原理简单，产油率可达 67%，但易造成反应器表面的磨损，并且生物质颗粒受热不易均匀。间接式反应器主要通过热辐射的方式对生物质颗粒进行加热，由于生物质颗粒及产物对热辐射的吸收存在差异，使得反应效率和产物质量较差。混合式反应器主要以对流换热的形式辅以热辐射和导热对生物质进行加热，加热速率高，反应温度比较容易控制，温度均匀性好，且流动的气体便于产物的析出，是目前国内外广泛采用的反应器，主要有流化床反应器、循环流化床反应器等。

生物质气化是在高温下（约 $600\sim800℃$）对生物质进行加热并部分氧化的热化学过程。气化和热裂解的区别就在于裂解是在无氧条件下进行的，而气化是在有氧条件下对生物质的部分氧化过程。首先，生物质颗粒通过部分氧化生成气体产物和木炭；然后，在高温蒸汽下，木炭被还原生成 CO、H_2、CH_4、CO_2 以及其他碳氢化合物。对于生物质气化技术，最大的问题就在于焦油含量，焦油含量过高，不仅影响气化产物的质量，还容易阻塞和粘住气化设备，严重影响气化系统的可靠性和安全性。目前处理焦油主要有三种方法：一是选择适当的操作参数；二是选用催化剂加速焦油的分解；三是对气化炉进行改造。其中，温度、停留时间等对焦油分解有很重要的作用。在温度高于 $1000℃$ 时，气体中的焦油能被有效分解，使产出物中的焦油含量大大减小，此外，在气化炉中使用一些添加剂，如白云石、橄榄石，以及使用催化剂（如 Ni-Ca）等，都可以提高焦油的分解，降低焦油给气化炉带来的危害。另外，设计新的气化炉也对焦油的减少起着很重要的作用。

以上介绍的利用生物质高温裂解和气化制氢适用于含湿量较小的生物质，含湿量高于 50% 的生物质可以通过光合微生物（细菌或藻类）的厌氧消化和发酵作用制氢，但目前还处于早期研究阶段，效率也还比较低。另一种处理湿度较大的生物质的气化方法是利用超临界水的特性气化生物质，从而制得氢气。

光合微生物制氢是指微生物通过光合作用将底物分解产生氢气的方法。在藻类光合制氢中，首先是微生物藻类通过光合作用分解水，产生质子和电子并释放氧气，然后藻类通过特有的产氢酶系的电子还原质子释放氢气。在微生物光照产氢的过程中，通过水的分解保证氢的来源，产氢的同时也产生氧气。在有氧的环境下，固氮酶和可逆产氢酶的活性都受到抑制，产氢能力下降甚至停止。因此，利用光合细菌制氢，提高光能转化效率是未来研究的一个重要方向。

厌氧发酵有机物制氢是在厌氧条件下，通过厌氧微生物（细菌）利用多种底物在氮化酶或氢化酶的作用下将其分解制取氢气的过程。这些微生物又被称为化学转化细菌，包括大肠埃希式杆菌、拜式梭状芽孢杆菌、产气肠杆菌、丁酸梭状芽孢杆菌、褐球固氮菌等。底物包括甲酸、丙酮酸、CO、各种短链脂肪酸等有机物、硫化物、淀粉纤维素等糖类，这些底物广泛存在于工农业生产的污水和废弃物之中。厌氧发酵细菌生物制氢的产率一般较低，为提高氢气的产率除选育优良的耐氧菌种外，还必须开发先进的培养技术才能够使厌氧发酵有机物制氢实现大规模生产。

流体的临界点在相图上是气-液共存曲线的终点，在该点气相和液相之间的差别刚好消失，成为均相体系。水的临界温度是 647K，临界压力为 22.1MPa，在超临界条件下，水的性质与常温常压下水的性质相比有很大的变化。在超临界状态下进行的化学反应，通过控制压力、温度以及控制反应环境，增强反应物和反应产物的溶解度，提高反应转化率，加快反应速率。在超临界水中进行生物质的催化气化，生物质的气化率可达 100%，气体产物中氢的含量甚至可以超过 50%，并且反应不生成焦油、木炭等副产品，不会造成二次污染，具有良好的发展前景。但由于在超临界水气化中所需温度和压力对设备要求比较高，这方面的研究还停留在小规模的实验研究阶段。目前，超临界水气化的研究重点还是对不同生物质在不同反应条件下进行实验研究，得到各种因素对气化过程的影响。

生物质的主要成分是纤维素、木质素和半纤维素。纤维素在水的临界点附近可以快速分解成以葡萄糖为主的液态产品，而木质素和半纤维素在 34.5MPa、

200～230℃下可以 100％完全溶解，其中 90％会生成单糖。将城市固体废弃物去除无机物后可以形成基本稳定、均一的原料，与木质生物质很相似。不同的生物质原料，其气化效率和速率也有所不同。温度对生物质超临界水中气化的影响也是很显著的，随着温度的升高，气化效率增大。压力对于气化的影响在临界点附近比较明显，压力远大于临界点时，其影响较小。停留时间对气化效率也有一定影响，研究表明，生物质在超临界水中气化停留时间与温度相关，不同的温度下有不同的最佳值。使用催化剂能加快气化反应的速率，目前使用的催化剂主要有金属类催化剂（如 Ru、Rh、Ni），碱类催化剂（如 KOH、K_2CO_3）以及碳类催化剂。反应器的选择也会影响生物质气化过程，目前的反应器可以分为间歇式和连续式反应器，其中间歇式反应器结构简单，对于淤泥等含固体的体系有较强适应性，缺点是生物质物料不易混合均匀，不易均匀地达到超临界水下所需的压力和温度，也不能实现连续生产。连续式反应器则可以实现连续生产，但反应时间短，不易得到中间产物，难以分析反应进行的情况。

3.2.5　太阳能制氢

传统的制氢方法，由于需要消耗大量的常规能源，成本大大提高。如果用太阳能作为获取氢气的一次能源，则能大大减少制氢的成本，使氢能具有广阔的应用前景。利用太阳能制氢主要有以下几种方法：太阳能光解水制氢、太阳能光化学制氢、太阳能电解水制氢、太阳能热化学制氢、太阳能热解水制氢、光合作用制氢及太阳能光电化学分解水制氢等。

自 1972 年，日本科学家首次报道 TiO_2 单晶电极光催化降解水产生氢气的现象，光解水制氢成为太阳能制氢的研究热点。

太阳能光解水制氢反应可由下式来描述

$$太阳能 ＋ 水 \xrightarrow{催化剂} 氢气 ＋ 氧气 \tag{3-1}$$

电解电压为

$$E_水 = \frac{G_水}{-2F} = 1.229\text{eV} \tag{3-2}$$

式中，$G_水 = -237\text{kJ/mol}$，为摩尔生成自由能；F 为法拉第常数。

太阳能光解水的效率主要与光电转换效率和水分解为 H_2 和 O_2 过程中的电化学效率有关。在自然条件下，水对于可见光至紫外线是透明的，不能直接吸收光能。因此，必须在水中加入能吸收光能并有效地传给水分子且能使水发生光解的物质——光催化剂。理论上，能用作光解水的催化剂的禁带宽度必须大于水的电解电压 1.229eV，且价带和导带的位置要分别同 O_2/H_2O 和 H_2/H_2O 的电极电位相适宜。如果能进一步降低半导体的禁带宽度或将多种半导体光催化剂复合使用，则可以提高光解水的效率。

太阳能光化学制氢是利用射入光子的能量使水分子通过分解或把水化合物的分子进行分解获得氢的方法。实验证明：光线中的紫光或蓝光更具有这种作用，红光和黄光较差。在太阳能光谱中，紫外光是最理想的。在进行光化学制氢时，将水直接分解成氧和氢非常困难，必须加入光解物和催化剂帮助水吸收更多的光能。目前光化学制氢的主要光解物是乙醇。乙醇是透明的，对光几乎不能直接吸收，加入光敏剂后，乙醇吸收大量的光才会分解。在二苯（甲）酮等光敏剂的存在下，阳光可使乙醇分解成氢气和乙醛。

太阳能电解水制氢的方法与电解水制氢类似。第一步是将太阳能转化成电能，第二步是将电能转化成氢，构成太阳能光伏制氢系统。光电解水制氢的效率主要取决于半导体阳极能级高度的大小，能级高度越小，电子越容易跳出空穴，效率就越高。由于太阳能制氢的转换效率较低，在经济上太阳能电解水制氢至今仍难以与传统电解水制氢竞争。预料在不久的将来，人们就能够把用太阳能直接电解水的方法，推广到大规模生产上来。

太阳能热化学制氢是率先实现工业化大生产的比较成熟的太阳能制氢技术之一，具有生产量大、成本较低等特点。目前比较具体的方案有：太阳能硫氧循环制氢、太阳能硫溴循环制氢和太阳能高温水蒸气制氢。其中太阳能高温水蒸气制氢需要消耗巨大的常规能源，并可能造成环境污染。因此，科学家们设想，用太阳能来制备高温水蒸气，从而降低制氢成本。

太阳能热解水制氢是把水或蒸汽加热到 3000K 以上，分解得到氢和氧的方法。虽然该方法分解效率高，不需要催化剂，但太阳能聚焦费用昂贵。若采用高反射高聚焦的实验性太阳炉可以实现 3000K 左右的高温，从而能使水分解，得到氧和氢。如果在水中加入催化剂，分解温度可以降低到 $900 \sim 1200K$，如果将此方法与太阳能热化学循环结合起来，形成"混合循环"，则可以制造高效、实用的太阳能产氢装置。

太阳能光电化学分解水制氢是电池的电极在太阳光的照射下，吸收太阳能，将光能转化为电能并能够维持恒定的电流，将水解离而获取氢气的过程。其原理是：在阳极和阴极组成的光电化学池中，当光照射到半导体电极表面时，受光激发产生电子-空穴对，在电解质存在下，阳极吸光后在半导体带上产生的电子通过外电路流向阴极，水中的质子从阴极上接收电子产生氢气。现在最常用的电极材料是 TiO_2，其禁带宽度为 3eV。因此，要使水分解必须施加一定的外加电压。如果有光子的能量介入，即借助于光子的能量，外加电压小于 1.23V 就能实现水的分解。

3.2.6 核能制氢

核能制氢是利用高温反应堆或核反应堆的热能来分解水制氢的方法。实质上，核能制氢是一种热化学循环分解水的过程。目前涉及高温或核反应堆的热能制氢方法，按照涉及的物料可分为氧化物体系、卤化物体系和含硫体系。此外，还有与电解反应联合使用的热化学杂化循环体系。但是大部分循环，或不能满足热力学要求，或不能适应苛刻的化工条件。只有含硫体系的碘硫循环、卤化物体系的 UT-3 循环和热化学杂化循环体系的西屋循环等少数流程经过了广泛研究和实验室规模的验证。

氧化物体系是利用较活泼的金属与其氧化物之间的互相转换或者不同价态的金属氧化物之间进行氧化还原反应而制备氢气的。在这个过程中，高价氧化物（MO_{ox}）在高温下分解成低价氧化物（MO_{red}）并放出氧气，MO_{red} 被水蒸气氧化成 MO_{ox} 并放出氢气，这两步反应的焓变相反。

$$MO_{ox} \longrightarrow MO_{red}(M) + \frac{1}{2}O_2 \tag{3-3}$$

$$MO_{red}(M) + H_2O \longrightarrow MO_{ox} + H_2 \tag{3-4}$$

碘硫循环由美国 GA 公司于 20 世纪 70 年代发明，因此，又被称为 GA 流程。碘硫循环具有以下特点：低于 1000℃ 就能分解水产生氢气；过程可连续操作且闭路循环；只需加入水，其他物料循环使用，无流出物；预期效率高，可以达到约 52%。

金属-卤化物体系中最著名的循环为日本东京大学发明的 UT-3 循环，金属选用 Ca，卤素选用 Br。UT-3 循环预期热效率高（35%～40%）；两步关键反应都为气-固反应，简化了产物与反应物的分离；所用的元素廉价易得；最高温度为 1033K，可与高温气冷反应堆相耦合。

热化学杂化过程是水裂解的热化学过程与电解反应的联合过程。杂化过程为低温电解反应提供了可能性，而引入电解反应则可使流程简化。选择杂化过程的重要准则包括小的电解电压、可实现性以及高的电解效率。研究的杂化循环主要包括西屋循环、烃杂化循环以及金属-金属卤化物杂化过程。效率最高并经过循环实验验证的是西屋循环。目前，多数热化学杂化循环的制氢效率仅为 28%～45%，而电解水制氢的总效率一般为 25%～35%，所以，有人认为热化学杂化循环制氢效率大于 35% 时才具有工业意义。

3.2.7　等离子化学法制氢

等离子化学法制氢是在离子化较弱和不平衡的等离子系统中进行的。原料水以蒸汽的形态进入保持高频放电反应器。水分子的外层失去电子，处于电离状态。通过电场电弧将水加热至 50℃，水被分解成 H^+、H_2、O^{2-}、O_2、OH^- 和 HO_2^-，其中 H^+ 和 H_2 的含量达到 50%。为了使等离子体中氢组分含量稳定，必须对等离子进行淬火，使氢不再与氧结合。等离子分解水制氢的方法也适用于硫化氢制氢，可以结合防止污染进行氢的生产。等离子体制氢过程能耗很高，因而制氢的成本也高。

3.2.8 液体原料醇类制氢

液体原料具有储运方便、能量密度大和安全可靠等优点，是近期乃至中长期比较现实的燃料电池氢气来源。液体原料醇类制氢主要是从甲醇和乙醇等低级醇类中获取氢。甲醇制氢的方法包括水蒸气重整和部分氧化。采用甲醇氧化重整技术，将部分氧化反应和蒸汽重整进行耦合，可以加快热传递速度，一定条件下还可以实现自热重整。

3.3 氢的储存

氢能工业对储氢的要求总的来说是储氢系统要安全、容量大、成本低、使用方便。氢能终端用户的要求各不相同。氢能的用户终端可分为两类：一是民用和工业用氢，二是交通工具用氢。前者强调大容量，后者强调大的储氢密度。根据用途的不同，人们研究开发了各种各样的储氢方法。根据氢存在形态的不同，储氢方法可以分为三类：气态储存、液化储存和固态储存。

（1）气态储存

气态储存是对氢气加压，减小体积，以气体形式储存于特定容器中。根据压力大小的不同，气态储存又可分为低压储存和高压储存。氢气可以像天然气一样用低压储存，使用巨大的水密封储槽。该方法适合大规模储存气体时使用。由于氢的密度太低，应用不多。

高压气态储氢是最常用的氢气储存方式，也是最成熟的储存技术，氢气被压缩后以气体形式储存。常温、常压下，储存 4kg 气态氢需要 $45m^3$ 的容积。为了提高压力容器的储氢密度，往往提高压力来缩小储氢罐的容积。储氢容量与压力成正比，储存容器的质（重）量也与压力成正比。即使氢气已经高度压缩，其能量密度仍然偏低，储氢重量占钢瓶重量的 1.6% 左右，供太空用的钛瓶氢重量也仅为 5%。这种方法首先要造成很高的压力，消耗一定的能源，而且由于钢瓶壁厚，容器笨重，材料浪费大，造价较高。压力容器材料的好坏决定了压力容器储氢密度的高低。采用新型复合材料能提高压力容器储氢密度。但值得注意的是：尽管压力和质量储氢密度提高了很多，但体积储氢密度并没有明显增加。

（2）液化储存

液化储存是将氢气冷却到液化温度以下，以液体形式储存。在化石燃料中，液氢的有效质量密度最高，而液氢的密度是气态氢的 865 倍，因此以液态储存氢特别适合储存空间有限的运载场合。若仅从质量和体积上考虑，液化储存是一种极为理想的储氢方式。液氢方式储运的最大优点是质量储氢密度高，按目前的技术可以大于 5%。但使用液化储氢方式，液氢罐需采用双层壁真空绝热结构，并采用安全保护装置和自动控制装置保证减振和抗冲击。这就增大了储氢系统的复杂程度和总体重量，限制了氢气质量分数的提高。

液氢生产成本高昂，液化所消耗的能量可以达到氢气能量的 30%～50%。另外，液氢还存在严重的泄漏问题。液氢沸点仅为 20.38K，气化潜热小，仅 0.91kJ/mol，因此液氢的温度与外界的温度存在巨大的传热温差，稍有热量从外界渗入容器，即可快速沸腾而损失。即使用真空绝热储槽，液氢也难长时间储存。目前，液氢的损失率达每天 1%～2%，而汽油通常每月只损失 1%，所以，液氢不适合用于间歇使用的场合。

（3）固态储存

固态储存是利用固体对氢气的物理吸附或化学反应等作用，将氢储存于固体材料中。固态储存一般可以做到安全、高效、高密度，是气态储存和液化储存之后，最有前途的研究发现。固态储氢材料主要有：金属氢化物、多孔吸附材料和配位氢化物等，其中金属氢化物储氢的研究已有 30 多年，而其他两种的研究相对较晚一些。多孔吸附材料分为物理吸附和化学吸附两大类，如硫化物纳米管、碳纳米管、活性炭和 BN 纳米管等。

3.4　金属及其氧化物系列储氢材料

储氢技术是氢能利用走向规模化、实用化的关键技术。金属储氢材料通常由一种吸氢元素或与氢有很强亲和力的元素和另一种吸氢量小或根本不吸氢的元素共同组成。

3.4.1　物理吸附储氢材料

这种储氢方式的原理主要是依靠多孔材料与氢气分子之间微弱的范德瓦耳斯力相互作用而储存氢气。在吸附过程中，氢以分子态存在，一般不会解离成氢原子，属于物理吸附的作用。而且，氢与材料以范德瓦耳斯力结合，这种结合力比较弱，储氢材料一般只能在较低的温度下才能有明显的吸氢效果。另外，这种材料吸氢时，氢分子一般会吸附在多孔材料的孔道的表面，材料的比表面积越大，其吸氢量也越大。目前常用到物理吸附储氢的材料有碳质材料、沸石类分子筛、金属有机框架多孔材料以及高分子聚合物等多孔材料。

（1）碳质材料

碳质材料是最好的吸附储氢材料。碳质储氢材料主要有碳纳米纤维、碳纳米管、活性炭、石墨纳米纤维 4 种。最早关于氢气在高比表面活性炭上吸附的报道出现在 1967 年，该项工作主要是考虑低温环境下吸附剂（由椰子壳制作的焦炭）的吸附特性，并测得了 76K 下的等温吸附线，从此揭开了活性炭物理吸附储氢的序幕。活性炭是一种具有高比表面积和高孔隙率的无定形碳，其比表面积可达 $1500\mathrm{m}^2/\mathrm{g}$ 以上，孔体积高达 $1.5\mathrm{cm}^3/\mathrm{g}$，这些结构特性使得活性炭可以在中低温（76～273K）和中高压（1～10MPa）的条件下实现氢气的可逆储存。活性炭的吸氢量的大小与其比表面积呈正相关，比表面积越大，其储氢量越大，并且储氢量与活性炭的孔径大小也有关系，最佳孔径为 1nm 左右。

1) 碳纳米纤维　碳纳米纤维材料是乙烯、氢气以及一氧化碳的混合物在特定的金属或合金催化剂表面经高温（700～900K）分解而得，它包含有很多非常小的石墨薄片，薄片的宽度在 3～50nm 左右，这些薄片很有规律地堆积在一起，片间距离一般为 0.34nm。碳纳米纤维材料可以具有三种不同结构：管状、平板状和鱼骨状。在相同条件下（11.35MPa，298K），鱼骨状碳纳米纤维、平板状碳纳米纤维以及石墨粉体的氢吸附量（质量分数）分别为：67.55%、53.68% 和 4.52%。研究者采用催化浮动法制备的碳纳米纤维，在室温、11MPa 环境下的储氢量为 12%（质量分数）。碳纳米纤维主要采用裂解乙烯的方法（需用 Cu、Ni 等金属作为催化剂）等，制备工艺还处于实验室阶段，生产成本高，并且碳纳米纤维的循环寿命较短。

2) 碳纳米管　碳纳米管具有储氢量大、质量相对较轻的优点，受到广泛的关注。碳纳米管一般可分为单壁碳纳米管和多壁碳纳米管，它们是由单层或多层石墨烯卷曲而成。石墨薄片卷起来，形成圆柱状的管状物，即为单壁纳米管，内径一般为 0.7nm 至几个纳米，长度一般为 10～100nm。多壁碳纳米管通常由 10～100 个单壁碳纳米管堆积在一起，形成一个个管束，管间的距离一般为 0.334nm。氢分子与碳纳米管的相互作用比与碳纳米纤维之间的相互作用强，碳纳米管的吸附热为 19.6kJ/mol，而平板状碳纳米纤维的氢吸附热仅为 4kJ/mol。提高碳纳米管氢吸附量的方式主要有：①微孔孔径一致，所占比重大；②尽量少的大孔；③高的热导率。目前碳纳米管的主要制备方法是激光法和电弧法，都还无法满足大规模生产的要求。另外对于碳纳米管中发生的部分物理化学变化仍不能完全了解，并且无法准确测得碳纳米管的准确密度和控制碳管的尺寸。因此今后的研究重点应该在于如何工业化制备碳纳米管以及探究其储氢机理和掺杂改性。

3) 活性炭　Carpetis C 和 Peschka W 最早提出了采用活性炭可在低温环境下吸附储存氢气。活性炭具有成本低、储氢量高、使用寿命长的优点，是一种极具潜力的储氢材料。但由于其储氢过程需要在低温的氛围下进行，因此想要实现规模化应用关键在于能否解决储氢温度的问题。

4) 石墨纳米纤维　有研究表明石墨纳米纤维有较高的氢吸附储存量，这引发了人们对石墨纳米纤维的兴趣。石墨纳米纤维是一种由含碳化合物经所选金属颗粒催化分解产生、截面呈十字形、面积为（30～500）×10^{-20} m²、长度为 10～100μm 的石墨材料，它的质量、结构和直径决定其储氢能力。目前测得的石墨纳米纤维的储氢质量在 1％～15％之间变化，其主要原因是实验方法、样品制备和加工条件及测试方式的差异。

（2）沸石类分子筛

沸石类分子筛具有结构丰富、可调以及孔道多样性等特点，作为储氢材料的沸石类分子筛主要有硅酸铝或磷酸铝分子筛。沸石类分子筛在室温下吸氢量极低，在 77K 时最大吸氢量仅为 2.5％（质量分数）左右。

（3）金属有机框架多孔材料

金属有机框架（MOFs）是由有机配体（如芳香族多元胺或多元酸等）和金属离子或团簇通过配位键自组装形成的具有分子内孔隙的有机-无机杂化材料。金属有机框架储氢材料具有比表面积高、孔隙率高、结构和孔径大小可调控、热稳定好等特点。由于氢分子与 MOFs 材料结合的范德瓦耳斯力非常弱，因此其氢气吸附热很低，一般为 5～10kJ/mol。所以，一般的 MOFs 储氢材料在低温下才能吸附大量的 H_2，而且吸附量与比表面积和孔径大小有着很大的关系。提高MOFs 材料在室温下的储氢量，关键是增大氢分子与材料的结合力，提高氢吸附热的热值。目前提高 MOFs 材料在室温下储氢量的方法主要有：①调节 MOFs材料的孔径尺寸；②在材料的表面引入不饱和的配位金属离子进行修饰；③掺杂过渡金属。

3.4.2　化学储氢材料

化学储氢是目前研究最为广泛的一类储氢方式，这种储氢方式的原理主要是氢原子以化学键的形式与储氢材料形成稳定的氢化物来实现氢气的存储。在吸氢过程中，氢分子首先解离成氢原子，然后氢原子与材料形成化学氢化物；而放氢过程可以视为吸氢过程的逆过程，在放氢过程中，化学氢化物分解，释放出氢原子，氢原子再结合成氢分子，从而实现氢气的可逆储存。化学氢化物可以分为金属氢化物、轻质金属配位氢化物以及有机液态储氢物等。

（1）金属氢化物

金属氢化物储氢材料是目前国内外研究最为广泛、最有应用前景的一类储氢材料。许多金属、金属间化合物或合金都能在一定的温度和压力下与氢气发生氢化反应生成金属氢化物：$Me + xH_2 \rightleftharpoons MeH_{2x}$。在吸氢过程中，首先氢分子与金属表面接触，$H_2$ 被吸附在金属的表面，然后 H_2 解离为 H 原子，由于 H 原子的原子半径远小于金属原子，因此 H 原子很容易通过金属原子的晶格空隙扩散进入到金属晶格中，从而形成固溶体；当 H 原子不断进入到金属晶格中从而使固溶体达到饱和状态之后，在较高压力的作用下，多余的 H 原子与固溶体进一步发生反应生成金属氢化物 MeH_{2x}。当压力降低、温度升高时，放氢过程开始，金属氢化物开始将其中的氢释放出来，这个过程对应着吸氢反应的逆过程。在整个吸/放氢过程中，伴随着氢分子的吸附、解离、扩散、溶入、析出和再结合的循环过程，因此金属氢化物一般具有较好的循环稳定性。其中对于过渡金属组成的合金或金属间化合物，其与 H 原子的结合力普遍比较弱，而且组分在一定范围内可以调控，在动力学上更有优势，但是其储氢质量密度普遍比较低；而碱金属或碱土金属由于金属性强，与 H 原子形成的氢化物中 Me—H 键的离子键的成分比较高，Me—H 键能高，因而此类氢化物的反应热比较高，十分稳定，一般动力学性能差，但是碱金属或碱土金属等轻质金属氢化物具有较高的质量储氢密度和体积储氢密度，如 MgH_2 的质量储氢密度高达 7.6%，而 LiH 的质量储氢密度高达 12.6%。

1）过渡金属基储氢合金或金属间氧化物　过渡金属组成的合金或金属间化合物，与 H 原子的结合力普遍比较弱，拥有较好的动力学性能，并且其组分在一定范围内可以调控，因此是目前商业化程度最高的一类储氢材料。已开发的具有实际应用价值的过渡金属基储氢合金材料主要有：稀土系 AB_5 型、AB_3 型，Laves 相 AB_2 型钛、锆合金，钛系 AB 型、A_2B 型以及 BCC 相 V 基固溶体等。其中，A 是指容易与氢形成稳定氢化物的放热型金属，如镧系金属（La、Ce 等）以及钛（Ti）、锆（Zr）、镁（Mg）等金属；B 是指与氢难形成氢化物相的吸热型金属，如镍（Ni）、铜（Cu）、钴（Co）、铁（Fe）、铝（Al）等金属，而且这些金属具有良好的氢催化活性。常见不同类型过渡金属储氢合金的储氢性能如表 3-1 所示。

表 3-1　不同类型过渡金属储氢合金的储氢性能

合金类型	储氢合金	质量储氢密度/%	放氢温度/K
AB_5	$LaNi_5$	1.49	285
AB_3	$LaNi_3$	1.55	293
AB_2	$ZrMn_2$	1.77	440
AB	TiFe	1.86	265
A_2B	Mg_2Ni	3.60	528
V 基固溶体	$Ti_{43.5}V_{49.0}Fe_{7.5}$	3.90	573

AB_5 型稀土系储氢材料的研究始于 20 世纪 60 年代末。$LaNi_5$ 的晶体结构为 $CaCu_5$ 型，室温下吸氢可转变为六方晶体结构的 $LaNi_5H_6$，质量储氢密度为 1.4%。AB_5 合金具有吸放氢速率快、平衡压适中、易活化等优点，但是在吸放氢过程中也存在晶胞体积膨胀率大、合金易粉化等缺点。为了克服这个缺点，采

用多元合金化取代的方式，如用其他元素部分取代 La 和 Ni。目前，商业化的 AB$_5$ 合金，较多采用 Ce、Pr、Nd 等取代 La，Ca、Cu、Co 等取代 Ni，使得平台压、磁滞效应、循环稳定性以及晶体粉化等储氢性能得到了很好的控制，从而开发出适宜商业化的多元 AB$_5$ 合金，已成功用于镍氢电池电极材料、氢气分离、富集以及存储等技术上。

AB$_3$ 型储氢合金（其中 A 为稀土元素 Ce、Y 等，B 为 Mn、Ni、Co、Al 等），可以看成是 $\frac{1}{3}$AB$_5$ 型和 $\frac{2}{3}$AB$_2$ 型储氢合金结构的叠加。

Laves 相 AB$_2$ 型储氢合金有三种晶体结构，分别为立方相的 MgCu$_2$、六方相的 MgZn$_2$ 以及 MgNi$_2$。这些二元储氢合金具有成本低、储氢量大、动力学以及循环稳定性能好等优点，但是对杂质气体敏感，不适宜作为镍氢电池材料。

钛系 AB 型储氢合金包括 TiFe、TiNi、TiCo 以及以它们为基元进行多元取代而形成的多元 AB 型储氢合金等一系列储氢材料。虽然 TiFe 合金储氢量不高（1.86%），然而成本低廉、储氢性能优异等优点仍使得 TiFe 合金成为有应用前景的储氢材料。但是必须克服以下两个缺点：一是合金较难活化，需要在 400℃ 下，经过十多周循环才能完全活化；另外一个问题就是合金对杂质气体敏感，氢气中含有的微量 O$_2$ 或 CO 都能使合金失活。可以采用下列三种方法改善 TiFe 的问题：元素取代；TiFe 合金的表面用酸、碱或盐溶液进行预处理，在合金的表面形成新的催化中心；机械合金球磨法制备 TiFe 合金。

A$_2$B 型储氢合金主要包括 Mg$_2$Ni、Mg$_2$Cu、Mg$_2$Fe 等几类储氢合金，具有储氢量高、资源丰富、价格低廉等优点。但是由于 A$_2$B 型储氢合金为中温型储氢合金，形成的氢化物过于稳定，一般在温度大于 200℃ 才能实现放氢，动力学性能比较差，难以在电化学领域应用。目前主要的改善措施包括机械球磨非晶化、表面预处理以及化学法制备纳米合金等几种方法。

V 基固溶体类型储氢合金包括 Ti-V-Fe、Ti-V-Ni、Ti-V-Mn 以及 Ti-V-Cr 几个体系，此类合金在吸氢过程中，H 原子会进入合金的立方体间隙中，而且不会改变其晶体结构，H 原子在 V 基固溶体中的扩散系数很高，由于晶胞中较多的立方体间隙，因此此类储氢合金的储氢量达到 3.8%（质量分数），因此被认为是很有发展前景的一类储氢材料。

2）镁基储氢材料　尽管过渡金属基储氢合金在常温下具有良好的储氢性能，但是储氢量普遍较低，难以满足车载储氢系统的需要。氧化镁由于具有质量储氢密度（7.6%）和体积储氢密度（110kg/m³）较高、来源丰富、成本低廉以及环境友好等优点，是目前极具研究价值和应用潜力的储氢材料。目前镁基储氢材料的研究重点主要集中在以下几个方面：催化剂优化及新的制备方法；反应过程的有效催化组元及动力学、热力学性能调控；材料的制备机理与性能优化机理分析等。

（2）轻质金属配位氢化物

金属配位氢化物是一种类似无机盐类的化合物，其中 H 原子以共价键的形式与中心金属原子形成一个阴离子配位基团，然后阴离子配位基团与金属阳离子形成金属配位氢化物。一般情况下，金属配位氢化物可以用 $A_xMe_yH_z$ 这个化学通式来表示，其中 A 为 I A 或 II A 族等轻质金属，如 Li、Na、Mg、K、Ca、Al 等；Me 为配位元素，如 B、Al、N 等轻质元素。金属配位氢化物早在五六十年前就开始被人们所熟知，但是由于较高的分解温度和较高的动力学能垒，这些金属配合氢化物在很长一段时间里，被认为没有可逆储氢性能。直到 1997 年研究发现，在 $NaAlH_4$ 中掺入 Ti 盐，可以降低 $NaAlH_4$ 的放氢动力学能垒，而且 Ti 催化剂不仅能够促进放氢性能，还能够实现再吸氢。目前，研究较多的金属配位氢化物有以下三类。

1）以 $[AlH_4]^-$ 为配体的金属铝氢化物，如 $NaAlH_4$、$LiAlH_4$、$Mg(AlH_4)_2$ 等。其中 $NaAlH_4$ 在常温下具有较高的平台压（35℃，$p_{eq}=0.1MPa$）以及两倍于过渡金属基氢化物的储氢量，是目前研究最深入的金属铝氢化物。

2）以 $[BH_4]^-$ 为配体的金属硼氢化物，如 $LiBH_4$、$NaBH_4$、$Mg(BH_4)_2$ 等。金属硼氢化物具有较高的质量储氢密度，目前研究最为广泛的为 $LiBH_4$ 和 $NaBH_4$。但是由于较强的 B—H 共价键以及配体与金属阳离子之间的离子键，金属硼氢化物的热稳定性都很高，导致放氢温度比较高，吸放氢动力学性能都很差，这些金属硼氢化物的吸氢动力学性能仍然不能满足车载储氢体系的要求。

3）以 $[NH_2]^-$ 为配体的金属氮氢化物、氨基硼烷以及氨硼烷基金属化合物，如 $LiNH_2$、$Mg(NH_2)_2$ 以及 $LiNH_2BH_3$ 等。$LiNH_2$ 具有典型的离子型化合物的特征，通过添加金属、金属盐以及氧化物等催化剂，可以明显促进其动力学和热力学性能。

（3）有机液态储氢材料

有机液态储氢材料由于具有原料易储运、易加注以及储氢密度高等优点被认为是一类有应用价值的储氢材料。有机液态储氢的原理是基于不饱和液体有机物与氢的加氢/脱氢反应，加氢（化学键形成）实现氢的储存，脱氢（化学键断裂）实现氢的释放，从而实现氢的可逆存储。液体不饱和有机物作为储氢材料，可以循环利用，常用的有环己烷-苯、甲基环己烷-甲苯、乙基咔唑等体系。但是，目前仍然存在吸/放氢温度高、有机物的安全性能不好等缺点。

3.5　氢能安全

与常规能源相比，氢的很多特性，如宽的着火范围、低的着火能、高的火焰传播速度、大的扩散系数和浮力，决定了氢能系统有不同于常规能源系统的危险特征。

① 泄漏性　氢是最轻的元素，比液体燃料和其他气体燃料更容易泄漏。在燃料电池汽车中，它的泄漏程度因储气罐的大小和位置的不同而不同。氢气从高压储气罐中大量泄漏，会达到声速，泄漏得非常快。由于天然气的体积能量密度是氢气的 3 倍多，所以泄漏的天然气包含的总能量要多。氢的体积泄漏率大于天然气，但天然气的泄漏能量大于氢。

② 爆炸性　氢气是一种最不容易形成可爆炸气雾的燃料，但一旦达到爆炸下限，氢气最容易发生爆燃、爆炸。氢气火焰几乎看不到，在可见光范围内，燃烧的氢放出的能量也很少。因此，接近氢气火焰的人可能感受不到火焰的存在。此外，氢燃烧只产生水蒸气，而汽油燃烧时会产生烟和灰，增加对人的伤害。

③ 扩散性　发生泄漏，氢气会迅速扩散。与汽油、丙烷和天然气相比，氢气具有更大的浮力和更大的扩散性。氢的密度仅为空气的 7%，所以即使在没有风或不通风的情况下，它们也会向上升，在空气中可以向各个方向快速扩散，迅速降低浓度。

④ 可燃性　在空气中，氢的燃烧范围很宽，而且着火能很低。氢-空气混合物燃烧的范围是 4%～75%（体积）。而其他燃料的着火范围要窄得多，着火能也要高得多，因为氢的浮力和扩散性很好，可以说氢是最安全的燃料。

3.5.1 燃料电池汽车的安全

燃料电池汽车是一种电动汽车，它是用燃料电池发动机代替了动力电池组，并增加了供氢系统，目前燃料电池汽车示范项目绝大多数采用了车载高压储氢。耐高压的储氢压力容器技术较成熟的是合金铝容器，外用碳纤维缠绕加强，内胆为抗氢脆的聚合物材料。

氢气是无色无味的气体，与空气混合能形成爆炸混合物；氢气扩散性强，易泄漏不易被察觉。研究表明，氢泄漏事故是影响燃料电池汽车安全的主要问题。由于氢气密度很低，当氢向一个敞开的空间泄漏后，会迅速扩散，而汽油燃料泄漏后向地面滴落，还会渗入缝隙，燃烧迅速、猛烈。因此，燃料电池汽车的储氢技术比汽油储存要安全，只要有完善配套的氢泄漏探测、报警和紧急切断装置，氢用作燃料是安全的。

燃料电池汽车的氢安全系统主要包括：氢供应安全系统、整车氢安全系统、车库安全系统、防静电设施等。在氢供应安全系统中，应该在储氢瓶的出口处，安装过流保护装置，在储氢瓶的总出口处，安装电磁阀，当整车氢报警系统的任意一个探头检测到车内氢浓度达到报警标准时，将自动切断氢气供应；在整车氢安全系统中，安装氢泄漏监测及报警处理系统；在车库安全系统中，安装氢泄漏监测及报警处理系统以及自动送、排风设施。

　　氢是一种非导电物质，不论是液氢还是氢气，流动时由于摩擦都会带电，由于静电积累，当静电位升高到一定数值时就会产生放电现象。为防止静电积累，燃料电池汽车应当在车体底部安装接地导线，将加氢时以及车辆行驶过程中产生的静电放回大地，以保证安全。此外，燃料电池汽车上的氢检测传感器都应选用防爆型的；氢安全系统报警时，严禁使用电源插座、接触器、继电器及机械开关等可能引起电弧的装置，以确保安全。

3.5.2　加氢站的安全

　　标准加氢站主要由氢源、氢气压缩机、储氢罐、高压氢气加注机、泄漏检测报警装置等组成。加氢站应当综合考虑站内氢气压缩机房、储氢罐（高压储氢瓶组）及氢气加注机之间的安全距离，合理安排站内停车场和车辆行走路线，分开设置车辆进出口，要避免进站加氢的车辆堵塞高压氢气（液氢）专用运输车辆的行驶车道，以保证发生事故时高压氢气（液氢）专用运输车辆能够迅速撤离。

　　对于氢气压缩机房建设应当按照 GB 50016—2014《建筑设计防火规范》要求独立设置并采用钢筋混凝土或钢框架、排架承重结构。为便于快速泄压和避免产生二次危害，泄压设施应当采用轻质屋面板、轻质墙体和易于泄压的门窗，并优先采用轻质屋面板的全部或局部作为泄压面积，同时，机房的顶棚应尽量平整、避免死角，上部空间应当通风良好；设置送风机，防止氢气积聚，设置氢泄漏监测及报警处理系统。

　　对于储氢罐（高压储氢瓶组），其位置应与其他建筑保持足够间距，应安装压力表、安全阀，并保证可靠。氢气加注机作为一个相对独立的装置，类似于压缩天然气加注机，除质量流量计以外，还应当安装温度和压力传感器，其设计压力应当根据燃料电池汽车储氢罐的压力确定，并限制加注流量。为防止氢气泄漏形成爆炸性的混合物，加注机设置在室外。同时，加注机附近应设防撞柱或栏杆，以防止意外事故撞击。

　　加氢站内的氢气压缩机房、储氢罐、氢气加注机等部位应当配置灭火器材、消防给水系统，在加氢站内设置消火栓，以用于火灾时的冷却和灭火。可选择使用的灭火剂包括：雾状水、泡沫、CO_2、干粉。使用 CO_2 灭火时要特别当心，因为氢气有可能将 CO_2 还原为 CO 而使人中毒。

3.6　储氢材料的发展趋势

　　氢能是一种清洁、高效、无污染的可再生能源，被视为 21 世纪最具发展潜力的能源。固体储氢材料经过 50 多年的研究和发展，得到越来越广泛的应用，不仅可以用作氢气储存运输的良好容器，而且还有望取代石油等传统能源驱动体系，用于高效环保的氢能汽车。另外，由于工业生产中会产生大量含有氢气的尾气，这些气体如果不能很好地加以处理，污染环境的同时也会造成资源的浪费，可以将尾气通入配备有固体储氢材料的系统中，对其中的氢气进行回收，然后对储氢材料进行加热，释放出所吸收的氢气。同样也可以利用储氢材料来对含有杂质的氢气进行提纯，从而制取高纯度的氢气。固体储氢材料还可以用作镍氢电池的负极材料，利用材料的吸放氢性能，使氢原子通过碱性电解液在正负极之间发生往复运动来完成充放电。氢能的应用可以很好地减少环境污染和重构能源体系，对于提高经济发展水平和建设低碳社会具有不可或缺的推动作用。

目前对于固体储氢材料的研究还处于改进和探索的阶段，对于部分储氢材料的理论研究还不够全面，想要实现规模化的应用仍然面临着巨大的挑战。今后的研究重点应该集中于解决原料成本较高、材料制备工艺复杂、储氢容量高与工作条件适宜难以同时满足等问题。需要开发廉价且多样的原料体系和高效的合成方法。要进一步研究储氢机理和复合材料的结构，充实理论基础，进而指导新型储氢材料的设计和典型储氢材料的改良。组织结构的纳米化可以改变储氢材料的动力学和热力学性质，因此可以从纳米结构出发，发展纳米结构的储氢理论研究，从而优化储氢材料的性能。加入其他元素从而得到多相多尺度结构的储氢材料，由于不同相之间的协同催化作用，储氢性能可以得到明显改善，对于添加的元素种类和加入方法的进一步研究，同样是今后研究的一个重要方向。

思　考　题

1. 简述氢能的特点。
2. 简述常见的制氢方法。
3. 浅谈储氢材料在氢能应用中的作用。
4. 简述主要的储氢方法及特点。
5. 简述氢气在使用时的安全隐患及解决措施。
6. 简述不同的制氢方式在我国的推广应用前景。

第**4**章
太阳能电池

4.1　太阳能电池的概念和结构

　　太阳由太阳核心、辐射层、对流层、太阳大气 4 部分组成，如图 4-1 所示。太阳核心的温度高达 1500 万摄氏度，氢原子在超高温度下发生聚变，释放出巨大的核能。太阳能是一种储量极其丰富的可再生资源，是太阳的热辐射能量，主要表现为太阳光线。太阳能具有取之不尽、用之不竭，可以就地使用，安全清洁等优点；属于环境友好型能源。太阳能的有效利用方式有光-电转换、光-热转换和光-化学转换三种方式，太阳能的光电利用是近些年来发展最快、最具活力的研究领域。

图 4-1　太阳组成示意图

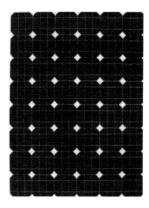

图 4-2　太阳能电池

　　太阳能电池是利用太阳光与材料相互作用产生电能的器件，太阳能电池又称为"太阳能芯片"或"光电池"，是一种利用太阳光直接发电的光电半导体薄片，如图 4-2 所示。它只要被满足一定照度条件的光照到，瞬间就可输出电压及在有回路的情况下产生电流。在物理学上称为太阳能光伏（photovoltaic，缩写为 PV），简称光伏。

太阳能电池的结构多种多样，一般的晶体硅太阳能电池的构造如图 4-3 所示，主要由上电极、下电极、P 型硅、N 型硅以及中间的 PN 结组成。

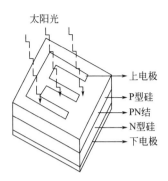

半导体不是电的良导体，电子在通过 PN 结后如果在半导体中流动，电阻非常大，损耗也就非常大。但是如果为了减低电阻而在上层全部涂上金属，太阳光就无法通过，没有光电效应就不会产生电流，因此一般用金属网格覆盖 PN 结，以增加入射光的面积，如图 4-3 中的上电极，也叫表面电极，由电池底部引出的电极便是下电极，也叫背电极。

图 4-3 晶体硅太阳能电池的构造

硅表面非常光亮，会反射掉大量的太阳光，严重降低太阳光的有效利用率。因此，太阳能电池会在硅表面涂上一层反射系数非常小的保护膜，实际工业生产中基本都是用化学气相沉积方法沉积一层氮化硅膜，厚度在 100nm 左右，将反射损失减小到 5%，甚至更小。另外，为了提高入射光能的利用率，除了在半导体表面涂上保护膜外，还可以把电池表面做成绒面或者 V 形槽。绒面太阳能电池是在＜100＞取向的硅表面用择优腐蚀方法制成一个个由＜111＞小平面围成的小四角锥体，如图 4-4 所示。当太阳光入射到锥体的一个小面可反射到另一锥体的一个小面上而不致损失掉，表面反射率可降低至约 20%，而平的硅表面反射率为 35% 左右，在表面增涂保护膜可使反射率降至 5% 左右。反射率的降低增加了短路光电流（I_{sc}）和开路电压（V_{oc}），提高了太阳能电池的效率（η）。V 形槽多结太阳能电池是在＜100＞取向硅表面上通过热生长 SiO_2 择优腐蚀制得许多梯形的 P^+NN^+ 结或 P^+PN^+ 结串联构成电池，形成一个个 V 形槽。入射光在一个 V 形槽内反射多次，相当于提高了光入射的有效厚度。

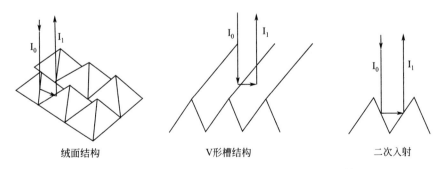

图 4-4 太阳能电池的绒面结构、V 形槽结构及二次入射原理

I_0—入射光线；I_1—反射光线

太阳能电池一般分为 P^+/N 和 N^+/P 两种结构。其中带有"＋"上标的第一位符号表示电池表面光照层-扩散顶区的半导体材料类型，第二位符号表示电池

衬底的半导体材料类型。太阳能电池输出电压的极性以 P 端为正，以 N 端为负。当太阳能电池独立作为电源使用时，它应处于正向供电状态工作；当它与其他电源混合供电时，太阳能电池极性的接法不同决定了电池是处于正向偏置还是处于反向偏置的形式。

一个单体太阳能电池只能提供大约 $0.45 \sim 0.50V$ 的电压、$20 \sim 25mA$ 的电流，远远低于实际供电电源的需要。于是人们又将很多电池（通常是 36 个）并联或串联起来使用，形成太阳能光电板，大约产生 $16V$ 的电压。如果需要，还可把多个电池组件再组合成光伏阵列来使用。太阳能电池的单体、组件和阵列如图 4-5 所示。

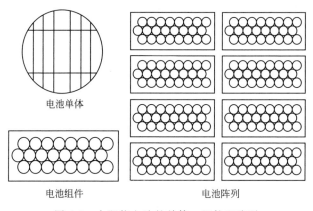

图 4-5 太阳能电池的单体、组件和阵列

4.2 太阳能电池的工作原理

太阳能电池是通过光伏效应或者光化学效应直接把光能转化成电能的装置。能产生光伏效应的材料有许多种，如单晶硅、多晶硅、非晶硅、砷化镓、铜铟硒等，它们的发电原理基本相同。光化学电池是由光子能量转换成自由电子，电子通过电解质转移到另外的材料，然后向外供电的。目前以光伏效应工作的薄膜式太阳能电池为主流，而以光化学效应原理工作的太阳能电池则还处于萌芽阶段。本章以硅太阳能电池为例，讨论光伏发电的原理。

4.2.1 硅半导体的结构

硅的原子序数为 14，它的原子核周围有 14 个电子，每个硅原子各有 4 个最外层电子，通常称其有 4 个价电子。当硅原子与硅原子相遇时，它们分别与周围另外 4 个硅原子的价电子组成共价键，这 4 个硅原子的地位是相同的，所以它们以对称的四面体方式排列起来，组成了金刚晶格结构。硅与硅之间形成的共价键结构示意图如图 4-6 所示。由于共价键中的电子同时受两个原子核引力的约束，具有很强的结合力，不但使各自原子在晶体中严格按一定形式排列形成点阵，而且自身没有足够的能量不易脱离公共轨道。

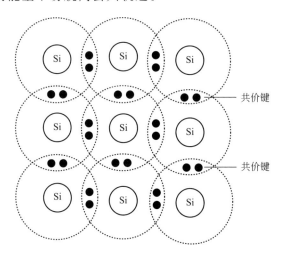

图 4-6　硅与硅之间形成的共价键结构示意图

4.2.2　本征半导体

本征半导体是完全不含杂质且无晶格缺陷的纯净半导体。但实际半导体不可能绝对纯净，所以本征半导体一般是指其导电能力主要由材料的本征激发决定的纯净半导体。更通俗地讲，完全纯净的、不含杂质的半导体称为本征半导体，常见的有硅、锗这两种元素的单晶体。

在绝对零度温度下，本征半导体电子填满价带，导带是空的。因此，这时本征半导体和绝缘体的情况相同，不能导电。但是，材料处于绝对零度是一个特例。在一般情况下，由于温度的影响，价电子在热激发下有可能克服原子的束缚跳出来，使共价键断裂。这个电子离开原来的位置在整个晶体内活动，也就是说价电子由价带跳到导带，成为能导电的自由电子；与此同时，在价键中留下一个空位，称为"空穴"，也可以说价带中留下了一个空位，产生了空穴，如图 4-7 所示。

空穴可被相邻满键上的电子填充而出现新的空穴，也可以说价带中的空穴可被其相邻的价电子填充而产生新的空穴。这样，空穴不断被电子填充，又不断产生新的空穴，结果形成空穴在晶体内的移动。空穴可以被看成是一个带正电的粒子，它所带的电荷与电子相等，但符号相反。这时自由电子和空穴在晶体内的运动都是无规则的，所以并不产生电流。如果存在电场，自由电子将沿着与电场方向相反的方向运动而产生电流，空穴将沿着与电场方向相同的方向运动而产生电流。因电子产生的导电叫做电子导电；因空穴产生的导电叫做空穴导电。这样的

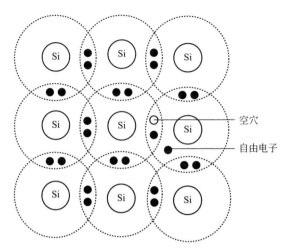

图 4-7　共价键断裂的硅晶体

电子和空穴称为载流子。本征半导体的导电就是由于这些载流子（电子和空穴）的运动，所以称为本征导电。本征半导体的导电能力很小，硅在 300K 时的本征电阻率为 $2.3 \times 10^5 \Omega \cdot cm$。半导体中有自由电子和空穴两种载流子传导电流，而金属中只有自由电子一种载流子，这也是两者之间的差别之一。

4.2.3　P 型半导体和 N 型半导体

在常温下本征半导体中只有为数极少的电子-空穴对参与导电，部分自由电子遇到空穴会迅速恢复共价键结构，所以从外特性来看它们是不导电的。实际使用的半导体都掺有少量的某种杂质，使晶体中的电子数目与空穴数目不相等。为增加半导体的导电能力，一般都在 4 价的本征半导体材料中掺入一定浓度的硼、镓、铝等 3 价元素或磷、砷、锑等 5 价元素，这些杂质元素与周围的 4 价元素组成共价键后，即会出现多余的电子或空穴。

其中掺入少量 3 价元素 B 的半导体，由于 B 原子只有 3 个价电子，在硅晶体中就会出现一个空穴，这个空穴因为没有与其配对电子而变得很不稳定，形成 P 型半导体，如图 4-8 所示。P 型半导体也称为空穴型半导体，即空穴浓度远大于自由电子浓度的杂质半导体。在 P 型半导体中，位于共价键内的空穴只需外界给很少能量，即会吸引价带中的其他电子摆脱束缚过来填充，电离出带正电的空穴，由此产生出因空穴移动而形成带正电的空穴传导电流。在 P 型半导体中，空穴为多子，自由电子为少子，主要靠空穴导电。掺入的杂质越多，多子（空穴）的浓度就越高，导电性能就越强。

同样，硅掺入少量 5 价元素 P 的半导体，由于 P 原子有 5 个价电子，在共价键之外会出现多余的电子，形成 N 型半导体，如图 4-9 所示。位于共价键之外的

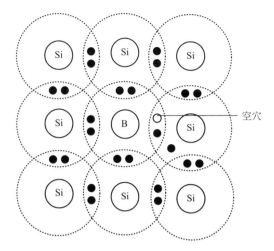

图 4-8　P 型半导体原子结构示意图

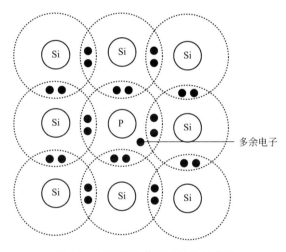

图 4-9　N 型半导体原子结构示意图

电子受原子核的束缚力要比组成共价键的电子小得多，只需得到很少能量，便会被激发到导带中去。在 N 型半导体中，自由电子为多子，空穴为少子，主要靠自由电子导电，掺入的杂质越多，多子（自由电子）的浓度就越高，导电性能就越强。由此可见，不论是 P 型还是 N 型半导体，虽然掺杂浓度极低，它们的半导体导电能力却比本征半导体大得多。

　　由前述可知，在半导体的导电过程中，载流子可以是带负电的电子，也可以是带正电的空穴。每立方厘米中电子或空穴的数目就叫做"载流子浓度"，它是决定半导体电导率大小的主要因素。

　　在本征半导体中，电子的浓度和空穴的浓度是相等的，在含有杂质和晶格缺陷的半导体中，电子和空穴的浓度不相等。我们把数目较多的载流子叫做

"多数载流子"，简称"多子"；把数目较少的载流子叫做"少数载流子"，简称"少子"。

4.2.4 PN 结

在一块完整的硅片上，用不同的掺杂工艺使其一边形成 P 型半导体，另一边形成 N 型半导体。当 P 型半导体和 N 型半导体结合在一起时，如图 4-10（a）所示，在两种半导体的交界面区域里会形成一个特殊的薄层，界面的 P 型一侧带负电，N 型一侧带正电。这是由于 P 型半导体多空穴，N 型半导体多自由电子，出现了浓度差。N 区的电子会扩散到 P 区，P 区的空穴会扩散到 N 区，一旦扩散就形成了一个由 N 区指向 P 区的"内电场"，从而阻止扩散进行，如图 4-10（b）所示。达到平衡后，就出现这样一个特殊的薄层区域，称之为"空间电荷区"，形成电势差，从而形成 PN 结。扩散越强，空间电荷区越宽。

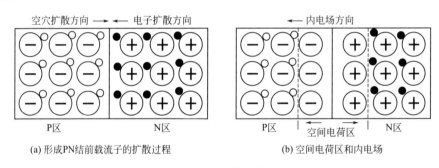

(a) 形成PN结前载流子的扩散过程　　　　(b) 空间电荷区和内电场

图 4-10　PN 结示意图

○空穴；●电子

由于存在内电场，在空间电荷区内将产生载流子的漂移运动，使电子由 P 区拉回 N 区，使空穴由 N 区拉回 P 区，其运动方向正好和扩散运动的方向相反。开始时，扩散运动占优势，空间电荷区内两侧的正负电荷逐渐增加，空间电荷区增宽，内电场增强；随着内电场的增强，漂移运动也随之增强，阻止扩散运动的进行，使其逐步减弱；最后，扩散的载流子数目和漂移的载流子数目相等而运动方向相反，达到动态平衡。此时在内电场两边，N 区的电势高，P 区的电势低，这个电势差称作 PN 结势垒，也叫"内电势差"或"接触电势差"，用符号 V_D 表示。

电子从 N 区流向 P 区，P 区相对于 N 区的电势差为负值。由于 P 区相对于 N 区的电势为 $-V_D$，（取 N 区电势为零），所以 P 区中所有电子都具有一个附加电势能

$$电势能 = 电荷 \times 电势 = (-q) \times (-V_D) = qV_D$$

通常将 qV_D 称作"势垒高度"。势垒高度取决于 N 区和 P 区的掺杂浓度，掺

杂浓度越高，势垒高度就越高。

当 PN 结加上正向偏压（即 P 区接电源的正极，N 区接负极），此时外加电压的方向与内电场的方向相反，使空间电荷区中的电场减弱。这样就打破了扩散运动和漂移运动的相对平衡，有电子源源不断地从 N 区扩散到 P 区，空穴从 P 区扩散到 N 区，使载流子的扩散运动超过漂移运动。由于 N 区的电子和 P 区的空穴均是多子，所以此时通过 PN 结的电流（称为正向电流）很大。

当 PN 结加上反向偏压（即 N 区接电源的正极，P 区接负极），此时外加电压的方向与内电场的方向相同，增强了空间电荷区中的电场，载流子的漂移运动超过扩散运动。这时 N 区中的空穴一旦到达空间电荷区边界，就要被电场拉向 P 区；P 区的电子一旦到达空间电荷区边界，也要被电场拉向 N 区。它们构成 PN 结的反向电流，方向是由 N 区流向 P 区。由于 N 区中的空穴和 P 区的电子均为少子，故通过 PN 结的反向电流很小，而且很快饱和。

可见，电流容易从 P 区流向 N 区，不易从相反的方向通过 PN 结，这就是 PN 结的单向导电性。太阳能电池正是利用了光激发少数载流子通过 PN 结而发电的。

4.2.5　光伏发电工作原理

太阳能电池光伏发电主要是利用半导体的光电效应。其工作原理是：当太阳能电池受到光照时，光在 N 区、空间电荷区和 P 区被吸收，分别产生电子-空穴对。由于从太阳能电池表面到内部入射光强度成指数衰减，在各处产生光生载流子的数量有差别，沿光强衰减方向将形成光生载流子的浓度梯度，从而产生载流子的扩散运动。N 区中产生的光生载流子到达 PN 结区 N 侧边界时，由于内电场的方向是从 N 区指向 P 区，静电力立即将光生空穴拉到 P 区，光生电子阻留在 N 区。同理，从 P 区产生的光生电子到达 PN 结区 P 侧边界时，立即被内电场拉向 N 区，空穴被阻留在 P 区。同样，空间电荷区中产生的光生电子-空穴对则自然被内电场分别拉向 N 区和 P 区。PN 结及两边产生的光生载流子就被内电场分离，在 P 区聚集光生空穴，在 N 区聚集光生电子，使 P 区带正电，N 区带负电，在 PN 结两边产生光生电动势。上述过程通常称作"光伏效应"。因此，太阳能电池也叫光伏电池，其工作原理可分为三个过程：首先，材料吸收光子后，产生电子-空穴对；然后，电性相反的光生载流子被半导体中 PN 结所产生的静电场分开；最后，光生载流子被太阳能电池的两极所收集，并在电路中产生电流，从而获得电能。

如果在电池两端接上负载电路，则被 PN 结所分开的电子和空穴，通过太阳能电池表面的栅线汇集，在外电路产生光生电流，如图 4-11 所示。从外电路看，P 区为正，N 区为负，一旦接通负载，N 区的电子通过外电路负载流向 P 区形成

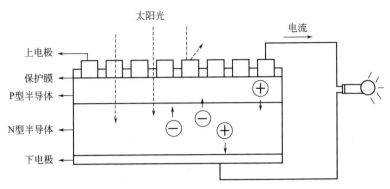

图 4-11 太阳能电池供电原理

电子流；电子进入 P 区后与空穴复合，变回中性，直到另一个光子再次分离出电子-空穴对为止。人们约定电流的方向与正电荷的流向相同，与负电荷的流向相反，于是太阳能电池与负载接通后，电流是从 P 区流出，通过负载从 N 区流回电池。

4.3 太阳能电池的类型

太阳能电池通过光伏效应把太阳的光能直接转化为电能。利用光伏效应，半导体材料吸收比其禁带宽度大的光子能量来激发电子-空穴对，在半导体 PN 结处实现正负电荷的分离，并利用外电极收集，形成光电池。太阳能电池是一项非常成熟的技术，国际上已实现的最高光电转换效率是由三结叠层太阳能电池达到的，在聚光条件下，其转换效率高达 44.7%，即照射到这种太阳能电池上的光能的 44.7% 直接转化成了电能。

太阳能电池分为三代。第一代太阳能电池包括单晶硅太阳能电池和多晶硅太阳能电池，市场上已有供应的光伏组件主要是这一类。第二代太阳能电池包括非晶硅太阳能电池、碲化镉太阳能电池、砷化镓太阳能电池以及铜铟硒太阳能电池。因为这些电池是在衬底上经过多层镀膜工艺制成，它们又被称为薄膜太阳能电池。这些电池的光伏组件在市场上也有供应，其市场占有率在 10%～15% 左右。第三代太阳能电池有多种定义，一种定义是把第一代和第二代之外的所有太阳能电池都称作第三代太阳能电池；另一种较严格的定义是兼具高效率、低成本的太阳能电池才称作第三代太阳能电池。

4.3.1 单晶硅太阳能电池

硅系列太阳能电池中，单晶硅太阳能电池转换效率最高，技术也最为成熟。高性能单晶硅太阳能电池是建立在高质量单晶硅材料和相关的成熟加工处理工艺基础上的。现在单晶硅太阳能电池的工艺已近成熟。在电池制作中，一般都采用表面织构化、发射区钝化、分区掺杂等技术。开发的电池主要有平面单晶硅太阳能电池和刻槽埋栅电极单晶硅太阳能电池。提高转化效率主要是靠单晶硅表面微结构处理和分区掺杂工艺。在此方面，德国弗朗霍夫费莱堡太阳能系统研究所保持着世界领先水平。该研究所采用光刻照相技术将电池表面织构化，制成倒金字塔结构，并在表面把一个 13nm 厚的氧化物钝化层与两层减反射涂层（保护膜）相结合，通过改进电镀过程增加栅极宽度和高度的比例；通过以上制得的电池转化效率超过 23％，最大值可达 23.3％。我国北京太阳能研究所也积极进行高效晶体硅太阳能电池的研究和开发，研制的平面高效单晶硅电池（2cm×2cm）转换效率达到 19.79％，刻槽埋栅电极晶体硅电池（5cm×5cm）转换效率达 18.6％。

单晶硅太阳能电池转换效率无疑是最高的，在大规模应用和工业生产中仍占据主导地位，但由于受单晶硅材料价格及电池工艺烦琐影响，单晶硅成本价格居高不下，要想大幅度降低其成本是非常困难的。为了节省高质量材料，寻找单晶硅电池的替代产品，现在发展了薄膜太阳能电池，其中多晶硅薄膜太阳能电池和非晶硅薄膜太阳能电池就是典型代表。

4.3.2　多晶硅太阳能电池

通常的晶体硅太阳能电池是在厚度 $350\sim450\mu m$ 的高质量硅片上制成的，这种硅片从提拉或浇铸的硅锭上锯割而成，因此实际消耗的硅材料更多。为了节省材料，人们从 20 世纪 70 年代中期就开始在廉价衬底上沉积多晶硅薄膜，但由于生长的硅晶粒太小，未能制成有价值的多晶硅太阳能电池。为了获得大尺寸晶粒的多晶硅薄膜，人们一直没有停止过研究，并提出了很多方法。目前制备多晶硅薄膜太阳能电池多采用化学气相沉积法，包括低压化学气相沉积（LPCVD）和等离子增强化学气相沉积（PECVD）工艺。此外，液相外延法（LPE）和溅射沉积法也可用来制备多晶硅薄膜太阳能电池。

化学气相沉积法制备多晶硅主要是以 SiH_2Cl_2、$SiHCl_3$、$SiCl_4$ 或 SiH_4 为反应气体，在一定的保护气氛下反应生成硅原子并沉积在加热的衬底上，衬底材料一般选用 Si、SiO_2、Si_3N_4 等。研究发现，在非硅衬底上很难形成较大的晶粒，并且容易在晶粒间形成空隙。解决这一问题的办法是先用 LPCVD 在衬底上沉积一层较薄的非晶硅层，再将这层非晶硅层退火，得到较大的硅晶粒，然后再在这层晶粒上沉积厚的多晶硅薄膜。因此，再结晶技术无疑是很重要的一个环节，目前采用的技术主要有固相结晶法和中区熔再结晶法。多晶硅薄膜太阳能电池除采用了再结晶工艺外，另外采用了几乎所有制备单晶硅太阳能电池的技术，这样制得的太阳能电池转换效率明显提高。德国弗朗霍夫费莱堡太阳能系统研究所采用中区熔再结晶技术在硅衬底上制得的多晶硅电池转换效率为 19%，日本三菱公司用该法制备的多晶硅薄膜太阳能电池转换效率为 16.42%。

液相外延（LPE）法的原理是通过将硅熔融在母体里，降低温度析出硅膜。美国通用电气公司（GE）采用 LPE 制备的多晶硅薄膜太阳能电池转换效率达 12.2%。中国光电发展技术中心陈哲良采用液相外延法在冶金级硅片上生长出硅晶粒，并设计了一种类似于晶体硅薄膜太阳能电池的新型太阳能电池，称之为"硅粒"太阳能电池，但尚未有相关性能方面的报道。

多晶硅薄膜太阳能电池由于所使用的硅远少于单晶硅，又无效率衰退问题，并且有可能在廉价衬底材料上制备，其成本远低于单晶硅太阳能电池，而效率高于非晶硅薄膜太阳能电池，因此，多晶硅薄膜太阳能电池不久将会在太阳能电池市场上占据主导地位。

4.3.3　非晶硅太阳能电池

非晶硅太阳能电池是 20 世纪 70 年代中期发展起来的一种电池结构。它通过在一个或多个腔室中连续沉积多层薄膜就可以完成太阳能电池结构以及电极等所有功能层的制作。整个电池结构只有 $1\sim2\mu m$ 左右，材料使用量是传统晶体硅的 $1/200$。此外，非晶硅太阳能电池还具有很多突出的优点，比如可以连续、大面积批量生产；非晶硅太阳电池的衬底材料可以是玻璃、不锈钢等，成本低；它还可以利用单片集成技术制作较高电压的电池组件；薄膜材料是用 SiH_4 等气体辉光放电分解得到的，原材料价格低。非晶硅薄膜太阳能电池的研究和产业化在 20 世纪末发展迅猛，它是第一个实现大规模生产的薄膜太阳能电池，它在建筑一体化、柔性电池以及半透明电池方面具有很多独特优势。目前，学术界和产业界关注的焦点仍然是非晶硅太阳能电池效率的持续提升和器件稳定性的提高。

非晶硅作为太阳能材料尽管是一种很好的电池材料，但由于其光学带隙为 $1.7eV$，导致材料本身对太阳辐射光谱的长波区域不敏感，这样一来就限制了非晶硅太阳能电池的转换效率。此外，其光电效率会随着光照时间的延续而衰减，即所谓的光致衰退效应，进而使得电池性能不稳定。解决这些问题的途径就是制备叠层太阳能电池，叠层太阳能电池是由在制备的单结太阳能电池上再沉积一个或多个子电池制得的。叠层太阳能电池可以提高光电转换效率，并解决了单结电池不稳定性的关键问题，主要原因是：①它把不同禁带宽度的材料组合在一起，提高了光谱的响应范围；②顶电池层较薄，光照产生的电场强度变化不大，保证该层中的光生载流子抽出；③底电池产生的载流子约为单电池的一半，光致衰退效应减小；④叠层太阳能电池各子电池是串联在一起的。

非晶硅薄膜太阳能电池的制备方法有很多，其中包括等离子体增强化学气相沉积（PECVD）、反应溅射法、低压化学气相沉积（LPCVD）等，反应原料气

体为 H_2 稀释的硅烷（SiH_4），衬底主要为玻璃及不锈钢片，制成的非晶硅薄膜经过不同的电池工艺过程可分别制得单结太阳能电池和叠层太阳能电池。

非晶硅的首次成功生长是利用了射频电场导致的辉光放电分解 SiH_4，这个方法就是人们通常所说的 PECVD，在此之后，人们又尝试开发了多种沉积薄膜的方法，但是基于 13.56MHz 射频场的射频，PECVD 仍然是目前实验室和产业界最广泛使用的非晶硅生长方法。近年出现的新兴生长方法主要是为了提升材料的生长速率，以及获得微晶硅薄膜。

为了在未来的产业竞争中不被淘汰，非晶硅太阳能电池需要继续大幅提高器件的转化效率，同时改善电池在光照下的衰减特性。虽然三结非晶硅薄膜太阳能电池的初始效率的纪录达到 16.3%，稳定后的效率纪录达到 13.4%，但是这和其他薄膜太阳能电池相比仍然有巨大的差距，比如碲化镉薄膜太阳能电池的效率已经到达 19.6%，铜铟硒薄膜太阳能电池的效率达到 20.8%，为了和多晶硅太阳能电池的性能（20.3%）可以相比拟，薄膜电池的效率也必须达到 20% 左右，所以非晶硅太阳能电池还必须填补这个巨大的效率鸿沟。

非晶硅薄膜太阳能电池如果要有更大的发展空间，以下这些问题可能需要首先解决。

① 必须进一步加深对光致衰减问题的理解，开发能够减少或者控制光致衰减的新工艺和新方法。当今，人们已经采用了很多妥协性的工程方法来降低器件的衰减，主要是在器件结构的设计上尽量降低非晶硅活性层的厚度，通过增强内电场使衰减效应减弱，但是这不可避免地减少了光吸收。如果可以使制备的材料本身在光照下变得稳定，那么非晶硅活性层就可以加厚从而提升电流密度，器件的效率就可以进一步提升。

② 非晶硅器件的填充因子理论预测结果是 85%，但目前器件的填充因子仅为 77%，填充因子的提升将大大缩短实验效率与预期效率之间的差距。影响器件性能的一个因素是非晶硅活性层中空穴的迁移率，迁移率太低，串联电阻就偏大。空穴迁移率的提升，最终还是要依靠对材料中缺陷的更深入研究和材料制备工艺的提升。

③ 必须解决硅锗晶体质量较差的问题。随着锗的掺入，非晶硅薄膜质量急剧变差，带尾态的宽度变大，同时带隙中的缺陷态吸收也变得很明显，当锗的含量高于 40% 的时候，材料质量已经恶化到不能制作出光伏器件。锗的掺入也使得材料和器件的光致衰减效应更明显。为了实现对长波太阳光能量的利用，需要更小带隙能量的材料，这需要进一步通过生长工艺的优化，提升锗的掺杂量，同时大幅降低缺陷密度。

④ 在硅锗晶体质量没有更大改善之前，应该投入更多力量研究利用微晶硅取代双结和多结电池中的非晶硅锗作为窄带隙材料的可行性。由于微晶硅需要的

厚度较厚，所以必须开发高质量薄膜的快速沉积工艺。另外，对于单结的微晶硅电池来说，目前的器件电压仍然只有 540mV，未来的一个努力方向就是把单结微晶硅电池的电压提升到 600mV 以上，这需要对微晶硅材料本身有更深入的认识。

⑤ 透明电极需要具有更好的陷光效应，同时，还应该研究最适合于微晶硅成膜的透明导电薄膜表面状态。要寻找进一步降低透明导电薄膜吸收损失的途径，还要避免在利用表面粗糙化提升电流密度的时候，并联电阻降低引起的器件电压损失。透明导电薄膜在高功率氢等离子中的稳定性问题也需要进一步改善。

⑥ 发展更快速的薄膜沉积方法仍是未来的重要方向。在获得更快速沉积速率的同时，保持器件效率不变甚至有所提高将最具挑战性。快的生长速度是成功实现低成本大规模生产的关键。

⑦ 利用等离子体增强或者光子晶体的反射背电极也是很重要的研究方向。

4.3.4 碲化镉太阳能电池

碲化镉（CdTe）是禁带宽度为 1.5eV 的半导体材料，从和地球表面的太阳光谱匹配的角度来讲，该禁带宽度处于最适合制作高效率光伏器件的范围，从理论上讲，碲化镉太阳能电池的转化效率可以达到 30% 左右，更重要的是，CdTe 既可以被掺杂为 N 型导电，也可以靠本征缺陷或者外部掺杂实现 P 型导电，这使得它非常适合于制作太阳能电池。CdTe 薄膜可以利用很简单的设备和实验方法制备，原料和生产成本较低，经过几十年的技术发展，目前其实验室的器件效率已经达到 21%，大面积组件的制作工艺也已经趋于成熟。

碲化镉太阳能电池是一种以 P 型碲化镉（CdTe）和 N 型硫化镉（CdS）的异质结为基础的薄膜太阳能电池，是在玻璃或柔性衬底上依次沉积多层薄膜而形成的光伏器件。与其他太阳能电池相比，碲化镉薄膜太阳能电池结构比较简单，一般而言，这种电池是在玻璃衬底上由五层结构组成，即透明导电氧化物层（TCO 层）、CdS 窗口层、CdTe 吸收层、背接触层和背电极层，如图 4-12 所示。玻璃衬底主要对电池起支撑、防止污染和使太阳光入射到其上面的作用；TCO 层，即透明导电氧化层，主要起透光和导电的作用；CdS 窗口层为 N 型半导体，

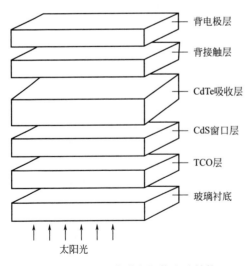

图 4-12 CdTe 薄膜太阳能电池结构

与 P 型 CdTe 组成 PN 结；CdTe 吸收层是电池的主体吸光层，与 N 型的 CdS 窗口层形成的 PN 结是整个电池最核心的部分；背接触层和背电极层用来降低CdTe 和金属电极的接触势垒，引出电流，使金属电极与 CdTe 形成欧姆接触。

　　CdTe 薄膜太阳能电池是目前光伏市场上除了晶体硅以外的第二大产品体系，组件平均效率为 12%~13%。CdTe 太阳能电池是否能够在未来的产业竞争中一直保持竞争力，将取决于其电池组件的效率能否继续提升以大幅降低光伏发电的成本，这离不开 CdTe 电池在实验室效率上的新突破，通过技术进步提升产品竞争力。为了实现这样的目标，人们必须对一些与缺陷相关的基本问题有更深入的理解，从而建立生产工艺参数和器件效率以及长期稳定性之间的确切关系。特别要关注的是器件的老化问题，虽然在室温下工作 CdTe 电池的老化寿命可以达到 20 年以上，但是采用铜背接触工艺的器件在较高温度下的长期稳定性仍有待提高。

　　在 CdTe 太阳能电池的发展前景上，Te 的资源储量问题一直备受关注。Te是地球上的稀有元素，发展 CdTe 薄膜太阳能电池面临的首要问题就是地球上Te 的储藏量是否能满足 CdTe 太阳能电池组件的工业化规模生产及应用。此外，重金属元素 Cd 也使很多人担心 CdTe 太阳能电池的生产和使用对环境的影响。

4.3.5　砷化镓太阳能电池

　　砷化镓（GaAs）的禁带宽度为 1.4eV，正好为高吸收率太阳光的值，因此是很理想的太阳能电池材料。砷化镓太阳能电池的结构经历了由单结向多结的转变。常用的单结砷化镓太阳能电池有 GaAs/GaAs 和 GaAs/Ge 电池。单结 GaAs电池只能吸收特定光谱的太阳光，其转换效率不高。不同禁带宽度的 III-V 族材料制备的多结 GaAs 电池，按禁带宽度大小叠合，分别选择性吸收和转换太阳光谱中不同波长的光，可大幅度提高太阳能电池的光电转换效率。理论计算表明：双结 GaAs 太阳能电池的极限效率为 30%，三结 GaAs 太阳能电池的极限效率为38%，四结 GaAs 太阳能电池的极限效率为 41%。

　　GaAs 太阳能电池主要具有以下特点。

　　① 光电转换效率高。砷化镓的禁带宽度（1.4eV）较硅的（1.2eV）宽，其光谱响应特性和太阳光谱匹配能力亦比硅好，因此，GaAs 太阳能电池的光电转换效率高。

　　② GaAs 的吸收系数大。GaAs 是直接跃迁型半导体，而硅是间接跃迁型半导体。在可见光范围内，GaAs 的光吸收系数远高于硅。同样吸收 95% 的太阳光，GaAs 太阳能电池的厚度只需 $5\sim10\mu m$，而硅太阳能电池则需要大于$150\mu m$。因此，GaAs 太阳能电池可以做得更薄。

③ 耐高温性能好。GaAs 的本征载流子浓度低，GaAs 太阳能电池的最大温度系数为$-2.3×10^{-3}℃^{-1}$，比硅太阳能电池温度系数$-4.4×10^{-2}℃^{-1}$小很多。200℃高温时，硅太阳能电池已不能工作，而 GaAs 太阳能电池的效率仍有约 10%。

④ 抗辐射性能好。GaAs 是直接跃迁型半导体，少数载流子的寿命短，所以，由高能射线引起的衰减较小。在电子能量为 1MeV，通量为$1×10^{15}cm^{-1}$辐照条件下，辐照后与辐照前的太阳能电池输出功率比，GaAs 单结太阳能电池大于 0.76，GaAs 多结太阳能电池大于 0.81，而高效空间硅太阳能电池仅为 0.7。

⑤ 在获得同样转换效率的情况下，GaAs 开路电压大，短路电流小，不容易受串联电阻影响。这种特征在大倍数聚光和流过大电流的情况下尤为优越。

⑥ GaAs 太阳能电池的缺点是 GaAs 单晶晶片价格比较昂贵；Si 的密度为$2.329g/cm^3$，而 GaAs 密度为$5.318g/cm^3$，质量大，不利于空间应用；GaAs 比较脆，易损坏。

4.3.6 铜铟镓硒太阳能电池

铜铟镓硒（CIGS）是光学吸收系数极高的半导体材料，以 CIGS 为吸收层的薄膜电池适合光电转换，不存在光致衰退问题，转换效率和多晶硅一样，且具有价格低廉、性能良好和工艺简单等优点。

CIGS 薄膜太阳能电池的基本结构为：衬底/Mo/CIGS/CdS/i-ZnO/Al：ZnO/Ni-Al，如图 4-13 所示。衬底一般采用玻璃，也可以采用柔性薄膜。一般采用真空溅射、蒸发或者其他非真空的方法，分别沉积多层薄膜，形成 PN 结构而构成光电转换器件。从光入射层开始，各层分别为：金属栅状电极、减反射膜、窗口层（ZnO）、过渡层（CdS）、光吸收层（CIGS）、金属背电极（Mo）、玻璃衬底。经过 30 多年的研究，CIGS 太阳能电池发展了很多不同结构。最主要差别在于窗口材料的不同选择。最早是用 N 型半导体 CdS 作窗口层，其禁带宽度为 2.42eV，一般通过掺入少量的 ZnS，成为 CdZnS 材料，主要目的是增加带隙。但是，Cd 是重金属元素，对环境有害，而且材料本身带隙偏窄。近年来的研究发现，窗口层改用 ZnO 效果更好，ZnO 带宽可达到 3.3eV，CdS 的厚度降到只有约 50nm，只作为过渡层。

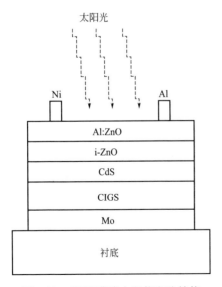

图 4-13 CIGS 薄膜太阳能电池结构

为了增加光的入射率，最后在电池表面蒸发一层减反膜（一般采用 MgF_2），电池的效率会得到 $1\%\sim2\%$ 的提高。

衬底一般采用碱性钠钙玻璃（碱石灰玻璃），主要是这种玻璃含有金属钠离子。Na 通过扩散可以进入电池的吸收层，这有助于薄膜晶粒的生长。Mo 作为电池的底电极要求具有比较好的结晶度和低的表面电阻，制备过程中要考虑的另外一个主要方面是电池的层间附着力，一般要求 Mo 层具有鱼鳞状结构，以增加上下层之间的接触面积。CIGS 层作为光吸收层是电池的最关键部分，要求制备出的半导体薄膜是 P 型的，且具有很好的黄铜矿结构，晶粒大、缺陷少是制备高效率电池的关键。CdS 作为缓冲层，不但能降低 i-ZnO 与 P-CIGS 之间带隙的不连续性，而且可以解决 CIGS 和 ZnO 晶格不匹配的问题。Al:ZnO 作为电池的上电极，要求具有低的表面电阻，好的可见光透过率，与 Al 电极构成欧姆接触。防反射层 MgF_2 可以降低光在接收面的反射，提高电池的效率。i-ZnO 和 CdS 层作为电池的 N 型层，同 P 型 CIGS 半导体薄膜构成 PN 结。

CIGS 太阳能电池主要具有以下特点。

① CIS 是一种直接带隙的半导体材料，其能隙为 1.04eV，对温度的变化不敏感。光吸收系数高达 $10^5 cm^{-1}$，是已知的半导体材料中光吸收系数最高的，对于太阳能电池基区光子的吸收、少数载流子的收集来说是非常有利的条件。这就是 $CdS/CuInSe_2$ 太阳能电池具有这样高的短路电流密度的原因。电池吸收层的厚度可以降低到 $2\sim3\mu m$，这样可以大大降低原材料的消耗。

② 掺入适量 Ga 取代 In 制成 CIGS 四元固溶半导体，可以通过调整 Ga 的含量使半导体的禁带宽度在 $1.04\sim1.70eV$ 变化，非常适合于调整和优化禁带宽度。如在膜厚方面调整 Ga 的含量，形成梯度带隙半导体，会产生背表面场效应，可获得更多的电流输出。

③ 转换效率高。1996 年，美国 NERL 制出了转换效率达 17.7% 的 CIGS 电池，2007 年，美国可再生能源实验室用三步共蒸法制备的 CIGS 薄膜太阳能电池，光电转化效率达到了 19.9%。日本的青山学院大学、松下电器也制成了转换效率超过 18% 的 CIGS 电池。德国在 CIGS 的研究方面也几乎处于同一水平。而且在德国和日本已经进行了一定规模的民用的产业化生产，电池模块的转换效率达 13%～14%，这比除了单晶硅以外的其他太阳能电池模块的转换效率都高。

④ CIGS 的 Na 效应。对于 Si 系半导体，Na 等碱金属元素是避之唯恐不及的半导体杀手，而在 CIGS 系中，微量的 Na 掺杂可以优化 CIGS 电池的电学性能，尤其能提高 P 型 CIGS 的传导率，也会提高转换效率和成品率，因此使用钠钙玻璃作为 CIGS 的基板，除了成本低、膨胀系数相近以外，还有 Na 掺杂的考虑。

⑤ CIGS 可以在玻璃基板上形成缺陷很少的、晶粒巨大的高品质结晶。而这种晶粒尺寸是其他的多晶薄膜无法达到的。

⑥ 电池的稳定性好。CIS 具有非常优良的抗干扰、抗辐射能力，没有光致衰退效应，该类太阳能电池的工作寿命长。

⑦ 制造成本较低。价格低廉，电池制造成本和能量偿还时间均低于晶体硅太阳能电池。

4.3.7 染料敏化太阳能电池

染料敏化太阳能电池（DSSC）原理不同于 PN 结太阳能电池，它更像是模拟光合作用。自从 1991 年瑞士洛桑联邦理工学院的 Gratzel 和 Brian 等将二氧化钛纳米晶多孔膜电极引入 DSSC 以后，这种太阳能电池很快得到研究人员的青睐，其发展相当迅速。DSSC 的成本仅为硅光电池的 $1/10 \sim 1/5$，使用寿命可达 15 年以上，该类电池与传统的晶体硅太阳能电池相比，具有结构简单、成本低廉、易于制造、光稳定性好、对光强度和温度变化不敏感、对环境无污染等优点。目前，由卟啉锌和钴配合物氧化还原电对组成的 DSSC 的光电转换效率已达到 13%，由钌系染料与碘电对组成的 DSSC 的光电转换效率达到了 11.4%，由碘化铅甲铵盐（$CH_3NH_3PbI_3$）等钙钛矿型纳米颗粒材料作为光敏化剂，结合固态空穴导电材料，获得了超过 15% 的电池效率。

在常规的 PN 结太阳能电池（如硅太阳能电池）中，半导体起两个作用，其一为吸收入射光，捕获光子激发产生电子和空穴；其二为传导光生载流子，通过结效应，电子和空穴分开。但是，对于 DSSC 而言，这两种作用是分别执行的。首先光的捕获由光敏染料完成，而传导和收集光生载流子的作用则由纳米半导体来完成。在该类太阳能电池中，TiO_2 是一种宽禁带的 N 型半导体，其禁带宽度为 3.2eV，只能吸收波长小于 375nm 的紫外光，可见光不能将它激发，需要对它进行一定的敏化处理，即在 TiO_2 表面吸附染料光收剂，从而实现有效的光电转化。吸附在纳米 TiO_2 表面的光敏染料吸收太阳光跃迁至激发态，激发态电子迅速注入紧邻的较低能级的 TiO_2 导带中，实现电荷分离，发生电子的迁移，这是产生光电流的关键。

染料敏化太阳能电池主要由纳米多孔半导体薄膜、染料光敏化剂、氧化还原电解质、对电极和导电基底等几部分组成。纳米多孔半导体薄膜通常为金属氧化物（TiO_2、SnO_2、ZnO 等），聚集在有透明导电膜的玻璃板上作为负极，带有透明导电膜的玻璃上镀铂作为正极，染料光敏化剂吸附在纳米多孔二氧化钛膜表面上，正负极间填充的是含有氧化还原电对的电解质。染料分子受太阳光照射后将电子注入半导体中，电子扩散至导电基底，然后流入外电路中，失去电子的染料被电解质还原再生，而电解质在对电极接受电子后又被还原，从而完成一个循环。

染料光敏化剂依据其结构，一般分为有机（如天然或合成的有机染料）和无机（如多吡啶钌/锇配合物、金属卟啉、酞菁、无机量子点等）两种。与有机染料相比，无机染料的热稳定性和化学稳定性更高。染料光敏化剂分子中一般含有羧基、羟基等极性基团，在使用过程中能紧密吸附在半导体表面，对可见光的吸收性能好，在长期光照下具有良好的化学稳定性，与半导体相关物理性质相匹配，且能溶解于与半导体共存的溶剂中。金属钌（Ru）的联吡啶配合物系列、金属锇（Os）的联吡啶配合物系列、酞菁和菁类系列、卟啉系列、叶绿素及其衍生物等都可作为光敏化染料。

4.3.8　有机太阳能电池

有机聚合物材料具有柔性好、重量轻、成本低、制作容易、光谱响应宽以及材料来源广等优点，对大规模利用太阳能、提供廉价电能具有重要意义。有机太阳能电池，是由有机聚合物材料构成核心部分的太阳能电池，主要是以具有光敏性质的有机聚合物作为半导体的材料，以光伏效应而产生电压形成电流，实现太阳能发电的效果。有机太阳能电池的电子给体一般为有机导电高分子聚合物或敏化染料，电子受体为非金属（如富勒 C_{60} 或其他有机聚合物等），载流子传输介质为金属或半导体化合物，光电转换的过程是在给体/受体界面完成，因此电池可以做得很薄。

有机太阳能电池的优点主要有以下几点：

① 化学可变性大，原料来源广泛；

② 有多种途径可改变和提高材料光谱吸收能力，扩展光谱吸收范围，并提高载流子的传送能力；

③ 加工容易，可采用旋转法、流延法大面积成膜，还可进行拉伸取向使极性分子规整排列，采用 LB 膜技术在分子生长方向控制膜的厚度；

④ 容易进行物理改性，如采用高能离子注入掺杂或辐照处理可提高载流子的传导能力，减小电阻损耗提高短路电流；

⑤ 电池制作的结构多样化；

⑥ 价格便宜，有机高分子半导体材料的合成工艺比较简单，如酞菁类染料早已实现工业化生产，因而成本低廉，这是有机太阳能电池实用化最具有竞争能力的因素。

有机太阳能电池与传统的化合物半导体电池、普通硅太阳能电池相比，其优势在于更轻薄灵活，而且成本低廉。但其转化效率不高，使用寿命偏短，一直是阻碍有机太阳能电池市场化发展的瓶颈。

4.4 太阳能电池生产过程中的污染问题

4.4.1 晶体硅太阳能电池生产过程中的污染问题

晶体硅太阳能电池组件从原料到产品经历以下生产工艺过程：石英砂生产→工业硅冶炼→高纯硅冶炼→硅锭制作→硅片切割→制绒→扩散→刻蚀→背电极制作→钝化和减反膜→测试封装。各个环节都产生一定的污染物。

（1）石英砂生产

一般石英砂的生产过程如下。

① 破碎。石料从矿山开采出来后，首先由粗碎机进行初步破碎。矿山爆破和采矿工具在使用时会产生强烈的噪声。

② 分离。初步破碎后的粗料由胶带运输机输送至细碎机进行进一步破碎，然后由振动筛分离，将满足制砂机进料粒度的石料送进制砂机，实现制砂，即普通石英砂。这个过程中有大量的粉尘产生，其主要成分是 SiO_2。这些粉尘被人大量吸入后会填充肺部，导致矽肺病。

③ 精选。由制砂机出来的石料进一步精选，含硅量较高的石英砂被分离出来，形成精制石英砂。

④ 加工。进一步对精选过的石英砂进行加工，如酸洗、提纯等，生产出不同类型的石英砂制造品，如酸洗石英砂、硅微粉等。提纯石英砂常用的酸有 $H_2C_2O_4$、HCl、HF、HNO_3、H_2SO_4 和 $HClO_4$ 等，处理温度为 $80\sim90$℃。这个过程中存在的危害包括高温强酸对操作人员健康的影响、未反应完全的酸液的排放，以及采用碱中和处理后的废渣对环境的影响。

（2）工业硅冶炼

常用的工业硅采用焦炭还原 SiO_2 的方法生产。一般情况下，工业硅的产率为 $80\%\sim85\%$。在这个过程中，CO、CO_2、SO_2、C_2H_6 等气体会释放出来。另外，冶炼 1t 工业硅约产生 $2000\sim2600\text{m}^3$ 粉尘烟气，其主要成分是纳米至微米尺度的 SiO_2 颗粒。烟气过滤后得到的滤渣中含有 $96.5\%SiO_2$，其余的是金属氧化物、硅的碳化物和硫化物。滤渣作为固体废弃物处理，含硅的矿渣可作为副产品销售。石英砂在电弧炉中冶炼得到纯度为 98% 的工业硅，其化学反应方程式为

$$SiO_2 + C \longrightarrow Si + CO_2 \tag{4-1}$$

（3）高纯硅冶炼

为了达到高纯度的需要，工业硅必须进一步提纯。改良西门子法是目前主流的生产方法，理论上能得到 60% 的高纯硅，但一些关键技术我国还没有完全掌握，实际上只能得到 $15\%\sim30\%$ 的高纯硅，大部分的硅随着烟气排放出去了。

此外，改良西门子法还会排放出 H_2、HCl、$SiHCl_3$、$SiCl_4$ 和 Si 等产物，其中 $SiCl_4$ 是主要污染物，它是一种无色或淡黄色发烟液体，易潮解，具有酸性腐蚀性，对眼睛和上呼吸道会产生强烈刺激，皮肤与之接触后可引起组织坏死，属于危险物质。

（4）硅锭的铸造

铸造多晶硅锭常用的方法是定向凝固法，单晶硅常用的是直拉法。在这些过程中，坩埚不能重复利用，因此带来了大量的废弃污染物。

（5）硅片的切割

在切片过程中，25%～50%（质量分数）的硅锭都损失掉了。切片要用到矿物油和 SiC 的颗粒，这些材料以及 25%～50%（质量分数）的硅废料成为废弃污染物。每吨废砂浆中含有 8%～9%（质量分数）的高纯硅、35%（质量分数）的聚乙二醇和 33%（质量分数）的 SiC 微粉，此外，还有从切割线上掉下来的金属碎片。

（6）硅片的清洗和制绒

在这个过程中，对于多晶硅，会用到有腐蚀性的 HF、HNO_3、$NaOH$，对于单晶硅，还会用到异丙醇等有机溶剂，如果接触都会对操作者的暴露部位造成腐蚀。如果用到 HNO_3，还会产生 NO 温室气体。

（7）扩散

这个步骤需用到 $POCl_3$ 和 B_2H_6 等原料。$POCl_3$ 是一种腐蚀性很强的液体，B_2H_6 容易爆炸，所以操作者要做好防护措施。这一工艺中产生的废气的主要成分是 $POCl_3$、PCl_5 和 Cl_2。

（8）刻蚀

化学刻蚀法用到 HF 和 HNO_3，酸液处理不当会造成污染。如果采用 CF_4 等离子刻蚀，污染物有 CF_4、F_2、CO_2。

（9）钝化和减反膜

表面钝化和减反膜采用等离子体增强化学气相沉积（PECVD）的方法来沉积 Si_3N_4。这一步骤会用到 NH_3 和 SiH_4。NH_3 具有刺激性，SiH_4 易爆炸。此外，PECVD 需要用 CF_4、SF_6 或 C_2F_6 等气体对反应腔室进行清洗，这些气体如果发生泄漏会引起温室效应。

（10）电极的组装和检测

在电池封装之前需要进行测试，不合格的电池被回收或者作为固体废物丢弃。检测通过的电池需要进行封装，这一过程中需要用到乙烯-醋酸乙烯共聚物、铜锡焊带以及铝制框架等。在层压过程中会有异丙醇、2-甲基丙烷、2-甲基丁醇等有机物释放出来。

4.4.2　非晶硅太阳能电池生产过程中的污染问题

非晶硅太阳能电池组件的生产工艺包括：导电玻璃的生产与清洗→PECVD

法沉积 Si→背电极溅射→电池的组装和检测。非晶硅薄膜电池中硅的用量仅为普通多晶硅电池中硅的 1/100，生产硅阶段的污染可以不计。生产过程的污染主要产生于导电玻璃的生产与清洗及非晶硅的沉积阶段。

（1）导电玻璃的生产与清洗

导电玻璃一般分为 FTO（SnO_2：F）和 ITO（In_2O_3：SnO_2）。在生产过程中需要消耗大量电能，电能依靠传统能源生产，在发电过程中会产生大量的重金属粒子和 SO_2、CO_2 等温室气体。FTO 的生产过程会使用到氟利昂、HF 和 NH_4OH 等，如果泄漏会对环境和人员造成危害。玻璃清洗过程会产生废液。

（2）非晶硅的沉积

非晶硅生产中主要的污染环节来自 PECVD 沉积。

① SiH_4 问题。非晶硅的生产需要用大量的硅烷。SiH_4 生产过程中容易造成环境污染。SiH_4 易燃易爆，与空气接触可以燃烧生成白色无定形的 SiO_2 烟雾。

② 其他气体。在 PECVD 过程中会使用到 H_2、AsH_3、PH_3、B_2H_6 和 GeH_4 等，这些气体一旦发生泄漏，后果会相当严重。在 PECVD 过程中 SiH_4 的利用率只有 10%，大量的气体随尾气排出。PECVD 的尾气主要是未完全反应的 NH_3、SiH_4、H_2、B_2H_6 和 PH_3 等，这些气体都容易燃烧，燃烧产物主要是 P_2O_5、B_2O_3、H_2O 等气体和 SiO_2 粉尘。

③ 清洗反应室用到的含 F 特殊气体将会对环境造成很大的影响。PECVD 经常需要快速地清洗反应室，需要用到含 F 气体，如 CF_4、C_2F_6 和 NF_3 等，这些气体比 CO_2 的危害更大。

4.4.3　CdTe 太阳能电池生产过程中的污染问题

在 CdTe 太阳能组件的生产过程中，使用以下生产工艺：Cd 和 Te 的生产→导电玻璃的制作与清洗→CdS/CdTe 薄膜的沉积→$CdCl_2$ 处理→刻蚀→背接触层和背电极制作→电池的组装与测试。其中导电玻璃的制作与清洗及电池的组装与测试同非晶硅电池相似。而背接触层一般采用真空蒸镀的办法沉积 ZnTe:Cu，背电极采用电子束蒸发 Ni，这个环节较为环保。

（1）Cd 和 Te 的生产

CdTe 是通过 Cd 和 Te 加工而成的，这两种物质都是冶炼金属的副产品，矿物冶炼会产生污染。在焙烧的过程中，会产生夹带 Cd、Pb 和其他金属颗粒物的 SO_2。在浸洗、纯化和电解沉积的过程会排放废水和固体废渣。

（2）CdTe/CdS 薄膜的沉积

在 CdTe 电池的工艺中，人们关注最多的是原料中 Cd 的化合物，如 $CdCl_2$、CdTe 和 CdS。Cd 是 CdTe 的前驱体之一，吸入 Cd 会造成肺炎、肺肿甚至死亡。Cd 化合物的物理状态是决定其毒性的重要因素，纳米级的颗粒或者粉尘都会对人造成较大的危害。同时，易挥发的和可溶的 Cd 化合物容易沉积在器壁上，需要定期清洗。另一部分会随废气排放，在这个过程中，如果出现填料、气体的泄漏，会对工人带来危害。

目前常用于工业生产 CdS/CdTe 薄膜的方法有两种：电沉积 CdTe 和化学法沉积 CdS。在电沉积法制备 CdTe 的过程中，电解质是镉盐、H_2SO_4 和 TeO_2，反应过程中通过连续的电解质补充来维持对 Cd 离子的浓度要求。由于沉积反应只发生在阴极的表面，Cd 和 Te 的利用率很高，仅仅不到 1% 的 Cd 和 Te 被浪费。因此，如果正常操作，电沉积的方法对环境的危害是比较小的。只有在偶然情况下，当电解液污染或者溢出时，会造成环境污染。化学法制备 CdS 的原料利用率很低（<5%），反应器中剩余的 Cd 可以转化成沉淀然后重复利用。但是由于化学法生成的 CdS 颗粒较小，一般为纳米级，故难以沉降，需要经过特殊处理才能得到固体沉淀。

（3）$CdCl_2$ 处理

CdTe/CdS 薄膜沉积之后，需要在 $CdCl_2$、Cl_2 或 HCl 的气氛下热处理，以提高薄膜的结晶质量。在这个过程中，操作人员要注意针对 Cd 盐粉尘和 Cl_2 的防护。

（4）刻蚀

常用的刻蚀试剂有 Br_2-甲醇、HNO_3-H_3PO_4 和 $K_2Cr_2O_7$-H_2SO_4。除了含有 Cr^{6+}、Cr^{3+}、Cd^{2+}、TeO_2 和 Te 的反应剩余废液需要处理外，刻蚀过程中还会产生 NO 对环境有害。

4.4.4　GaAs 太阳能电池生产过程中的污染问题

GaAs 太阳能电池的生产工艺包括：Ga 与 As 的冶炼→GaAs 基片的生长→切割→打磨→研磨→抛光→有机金属化学气相沉积→电极制作→上电极光刻和腐蚀→电池的组装和检测。

（1）Ga 与 As 的冶炼

砷铜矿中含铜 48.42%、砷 19.02%（质量分数），通过湿法处理，再经过一系列化学洗涤、沉淀等方法得到 As。提炼过程中用到大量的酸碱液，废液经处理后不会产生污染，但在操作过程中要做好防护工作，避免这些腐蚀性液体对人员的伤害。Ga 的生产绝大部分来自铝矿。通过溶剂萃取将 Ga 从铝矿中分离出来，然后经过真空蒸馏、浓缩以及腐蚀性溶剂去铁，最后通过电解得到 Ga，提炼过程中会有氯气产生。

（2）GaAs 基片的生长

GaAs 单晶的生长方法有：液封直拉法、水平横拉法、垂直梯度凝固法、蒸气压控制直拉法，这些方法都要涉及高温，在处理的过程中会产生含 As 废气。

（3）GaAs 基片的制作

在 GaAs 基片的整个生产过程中，原料利用率较低，制作过程中的废水中含有 GaAs 颗粒，粒径为 $0.2 \sim 20 \mu m$，另外还有五价 As 和三价 As 离子存在。制作工艺包括切割、打磨、研磨、抛光，这些过程会产生一定的粉尘、废液造成环境污染。

（4）有机金属化学气相沉积

有机金属化学气相沉积的方法是比较常用的制备 GaAs 薄膜的方法，这种方法会用到 PH_3 和 AsH_3 等有毒的氢化物，因此需要有效的管理和防御措施来应对突发事件的出现。此外，如果由于非常规操作使得金属有机物意外释放到空气中，它将会与水或其他氧化剂及不兼容的物质发生反应生成有害物质。操作者在生产过程中有可能接触到金属氧化物、金属粉尘、碳氢化合物、中间氧化产物、中间还原产物等，若严重暴露在这些物质中可能导致热烧伤、刺激皮肤、眼睛、鼻子和上呼吸道系统。

（5）电极制作

GaAs 电池的电极一般通过蒸镀的方法镀金，需要一系列的光刻和选择性腐蚀处理。光刻过程中会用到丙酮以及显影液，会产生废液。刻蚀一般采用等离子体干法刻蚀或者化学湿法刻蚀，干法刻蚀需要用到 $SiCl_4$、Cl_2、SF_6 和 BCl_3 等气体，湿法刻蚀一般选用 H_3PO_4、HCl、H_2O_2 或 NH_4OH 等。

4.4.5　CIGS 太阳能电池生产过程中的污染问题

CIGS 太阳能电池组件的生产工艺包括：金属提炼→玻璃清洗→钼电极制作→沉积 CIGS→沉积 CdS→沉积 ZnO-AZO→电池的组装和测试。

（1）金属提炼

CIGS 电池生产主要用到的原料为 Cu、In、Ga 和 Se，其中，In 通常以 Zn 的伴生矿形式存在，是炼 Zn 过程中的副产品。目前广泛应用的分离方法是溶剂萃取法，在分离的过程中会经过一系列的酸洗和碱洗，产生大量的酸碱废液。高纯 In 一般采用电解精炼法，此法可得到纯度大于 99.99% 的 In，而且生产过程中无有毒气体产生，环境友好。想得到高纯的 Cu（质量分数为 99.97% ~ 99.99%），可以采用电解铜的方法，该过程使用大量的硫酸，操作者需要采取安全措施。Se 通常以 Cu 伴生矿形式存在，是炼 Cu 过程中的副产品，电解精炼铜矿剩下的不溶物，经过盐酸洗涤，然后在 SO_2 的气氛下凝析，再通过过滤等方法最终得到 Se。

Mo 主要提炼于矿物原料辉钼矿，其含量为 59.94%。一般采用焙烧法，然后经过一系列湿式、干式提纯得到 Mo。焙烧过程中会有 SO_2 产生，会对大气产生污染，湿式提纯中会用到酸碱试剂，产生的废水经过处理后不会产生污染。

（2）玻璃清洗及钼电极制作

CIGS 电池选用的衬底一般为普通的钠钙玻璃，较导电玻璃的生产过程，污染很小。在清洗环节中，会产生废弃的碱液、酸液、有机废液，如处理得当，不会对环境造成污染。钼电极通常采用直流溅射的方法来制备，该过程不产生污染。

（3）沉积 CIGS

共蒸发法沉积 CIGS 使用无毒的单质 Cu、In、Ga、Se，不产生环境污染物或其他有害物质。溅射后硒化过程中会使用到剧毒的 H_2Se 气体，操作人员要注意防止 H_2Se 意外泄漏。为了降低 H_2Se 的危害，CIGS 沉积应该在一个负压的环境中进行，而且要制定应急措施。

（4）沉积 CdS

一般采用化学沉积法，原料利用率不高。

（5）沉积 ZnO-AZO

通过磁控溅射法制备窗口层（ZnO）和上电极（AZO）时，使用的电源为射频电源，操作人员需要注意对射频辐射的防护。

4.4.6 DSSC 太阳能电池生产过程中的污染问题

DSSC 太阳能电池组件的生产工艺为：导电玻璃的生产→光阳极的制作→染料吸附→对电极的制作→电池的组装→电池的密封→注射电解液。

（1）导电玻璃的生产

DSSC 电池一般采用透明导电玻璃来作为衬底材料，相对于 DSSC 的其他生产环节，这一步是 DSSC 电池中主要的污染环节，电能消耗和 SO_2、CO_2 气体产生等都会对环境和人员带来危害。

（2）光阳极的制作

光阳极原料为纳米 TiO_2，如果是现场制作，就要用到钛酸异丙酯等活性物质，而这类烷氧基金属盐对水非常敏感，极易吸潮水解，暴露于空气中冒白烟。如果用粉状的纳米 TiO_2，由于颗粒尺寸小，如操作人员不慎吸入，颗粒会进入体内，难以排出，影响人员健康。

（3）染料吸附

染料的生产和使用都会带来危害，染料的溶解要用到易燃的有机溶剂，操作时要引起注意。另外一个问题是染料泄漏的环境问题，如果染料降解，那么染料分子上的吡啶环将会对环境造成不好的影响。

（4）对电极的制作

在导电玻璃上镀铂有两种方法：①电镀法，该方法会用到六氯合铂酸盐，该药品易潮解，如果在工厂中配制六氯合铂酸的盐溶液，操作要格外谨慎。②印刷法，该方法采用含添加剂的六氯合铂酸，如果在开放的空间里操作，将会释放出含碳化合物。

（5）电池的组装

这一步是将光阳极和对电极组装在一起，若采用有机的黏合剂，则操作员也应该做好防护工作。

（6）电池的密封

这一步将会用到热塑性塑料、水玻璃、玻璃熔块等，热塑性塑料加热时会释放出含氯的有毒气体。

（7）注射电解液

电解液中含有乙腈、乙氧基丙腈等，这些都是有毒易燃的溶剂。暴露于这些溶剂会对操作人员身体健康带来不好的影响。混合碘化物和碘单质的溶液具有很大的腐蚀性，电解质泄漏也会对环境造成不好的影响。

思　考　题

1.简述太阳能电池的基本概念及类型。

2.简述硅太阳能电池的基本组成及作用。

3.简述硅太阳能电池的工作原理。

4.简述如何对太阳能电池表面进行处理，以提高太阳光的利用率。

5.比较本征半导体和杂质半导体的主要区别。

6.简述 CIGS 太阳能电池主要特点。

7.简述 CIGS 太阳能电池的结构和原理。

8.简述有机太阳能电池的优缺点。

9.分析单晶硅太阳能电池生产过程对环境的主要污染及预防办法。

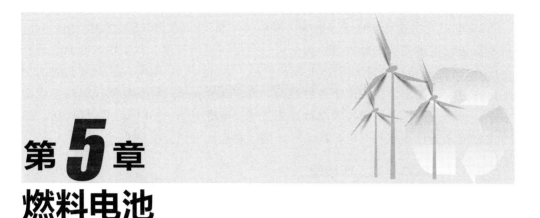

第**5**章
燃料电池

5.1 概述

简单地说，燃料电池（fuel cell）是一种将存在于燃料与氧化剂中的化学能直接转化为电能的发电装置。燃料和空气分别送进燃料电池内，电就被奇妙地生产出来了。它从外表上看有正负极和电解质等，像一个蓄电池，但实质上它不能"储电"而是一个"发电厂"。所需燃料（氢或通过甲烷、天然气、煤气、甲醇、乙醇、汽油等石化燃料或生物能源重整制取）和氧（或空气）由外界输入，但是燃料电池的工作方式又与常规的化学电源不同，更类似于汽油、柴油发电机。它的燃料和氧化剂不是储存在电池内，而是储存在电池外的储罐中。原则上，当电池发电时，要连续不断地向电池内送入燃料和氧化剂，排出反应产物，同时也要排除一定的废热，以维持电池工作温度恒定，燃料电池就能连续放电。因此燃料电池是名副其实的一种将储存在燃料和氧化剂中的化学能直接转化为电能的发电装置。燃料电池本身只决定输出功率的大小，储存的能量则由储罐内的燃料与氧化剂的量决定。它没有热机过程，不受卡诺循环的限制。

现在我们赖以生存的能源体系中，80%都依靠化石燃料——煤和石油。煤和石油是不可再生资源，会被用尽，且煤和石油的大量使用，使得全球气候产生异常变化，环境污染日益加剧。随着世界经济发展和人口增长，能源消耗迅速增加，估计在今后十年，全球对能源的需求将增加 40%。燃料电池有其独特优势，例如，将燃料电池用于交通工具，污染物排放量将减少 40%～99%。燃料电池能大大减少 CO_2 的产生量，帮助许多国家实现其京都议定书目标，所以它越来越受到各国的重视。特别是以氢/氢化合物为燃料的可直接发电的燃料电池更以其设计简单、重量轻、能源利用率高、经济实惠而备受青睐。

19 世纪英国法官和科学家威廉·罗伯特·格罗夫的工作是燃料电池的起源，格罗夫进行电解实验的装置被认为是第一个燃料电池装置。我国燃料电池的研究始于 1958 年原电子工业部天津电源研究所，20 世纪 70 年代在航天事业的推动下出现过一次高潮，然而由于各种原因，许多研究在 20 世纪 70 年代末就止步不前了，导致我国燃料电池技术与世界先进水平差距拉大。20 世纪 90 年代初，迅速发展起来的民用燃料电池，推动了中国燃料电池的研究发展。

5.1.1 燃料电池工作原理

燃料电池主要由阳极、阴极、电解质和外部电路 4 部分组成，其阳极和阴极分别通入燃料气和氧气（空气），阳极上燃料气放出电子，外电路传导电子到阴极并与氧气结合生成离子，在电场作用下，离子通过电解质转移到阳极上再与燃料气进行反应，最后形成回路产生电。与此同时，因为燃料自身的反应及电池存在的内阻，燃料电池也要排出一定的热量，以保持电池恒定的工作温度。从外表上看像一个蓄电池，但实质上它不能"储电"而是一个"发电厂"。其中，阴阳极不仅可以传导电子，还能作为氧化还原反应的催化剂。为便于反应气体的通入和产物的排出，两极往往采用多孔结构。电解质则主要起到传递离子和分离燃料气、氧气的作用，一般情况下为致密结构。

燃料电池电极表面的电化学反应通常包含以下几个过程：①反应物向电极表面的迁移过程；②反应物在电极（或电催化剂）表面的吸附过程；③电极表面的电子转移过程；④吸附在电极（或电催化剂）表面产物的脱附过程；⑤产物由电极表面向本体的迁移过程。除电极表面的电化学反应过程外，单体电池内的传质过程、水热平衡管理过程等也与电池的极化损失、能量转换效率密切相关。由此可见，仅有燃料电池本体还不能维持工作，还必须有一套相应的辅助系统，包括反应剂供给系统、排热系统、排水系统、电性能控制系统及安全装置等。靠这些辅助系统，燃料电池本体才能得到所需的燃料和氧化剂，并不断排除燃料电池反应所生成的水和热。因此，燃料电池是一个多尺度、多相、传递过程与电化学反应高度耦合的多功能反应器。

5.1.2 燃料电池的特点

① 能量转化效率高。效率高达 $50\%\sim60\%$，通过对余热的二次利用，总效率可高达 $80\%\sim85\%$。

② 无污染，可实现零排放，工作过程的唯一产物是水。

③ 效率随输出变化的特性好。部分功率下运行效率可达 60%，短时过载能力可达到 200% 额定功率。

④ 运行噪声低，可靠性高，无机械运动部件，工作时仅有气体和水的流动。

⑤ 构造简单，便于维护保养。模块化结构，组装和维护方便；没有运动部件，磨损之类故障少。

⑥ 燃料（氢气）来源广泛。制备方法多样，可通过石油、甲醇等重整制氢，也可通过电解水、生物质等方法获取氢气。

⑦ 燃料补充方便。可以采用甲醇等液体为燃料，利用现有的加油站系统，采用与汽车加油大体相同的燃料补充方式短时间内完成燃料的补充。

⑧ 环境适应性强。它的功率密度高、过载能力大、可不依赖空气，因此可两栖使用，适应多种环境及气候条件。

燃料电池的特点决定了它具有广阔的应用前景。首先，它可以用作小型发电设备；其次，作为长效的"电池"；三是电动汽车上的应用。燃料电池首先用作发电设备，是因为其价格有可能与一般的发电设备相竞争。燃料电池在电动汽车上的商业应用前景是远期的，短期内燃料电池汽车在价格上难以与其他汽车相竞争。现在燃料电池研究与开发在技术上集中在四个方面：①电解质膜；②电极；③燃料；④系统结构。日美欧各厂家开发面向便携式设备的燃料电池，尤其重视电解质膜、电极和燃料方面的材料研究与开发。

5.2　燃料电池的类型

燃料电池的分类有很多种方法，有按电池工作温度的高低分类，有按燃料电池的种类分类，也有按照电池的工作方式分类的。通常按电解质的不同将燃料电池分为五大类：碱性燃料电池（AFC）、质子交换膜燃料电池（PEMFC）、磷酸盐燃料电池（PAFC）、熔融碳酸盐燃料电池（MCFC）和固体氧化物燃料电池（SOFC）。

碱性燃料电池以氢氧化钠或者氧氧化钾的水溶液作为电解质，电解液渗透于多孔而惰性的基质隔膜材料中，导电离子为 OH^-，氢气作为燃料气，纯氧作为氧化剂，电池的工作温度一般在 $60\sim90℃$ 范围。碱性燃料电池一般使用的电催化剂主要是贵金属（如铂、钯、金、银等）和过渡金属（如镍、钴、锰等）或者由它们组成的合金，发电效率 $60\%\sim65\%$。虽然碱性燃料电池是目前研究最早、技术最成熟的燃料电池之一，但是它只能使用纯氢作为燃料，因为重整气中的 CO 和 CO_2 都可以使电解质中毒。此外，碱性电解质的腐蚀性强，导致电池寿命短。以上特点限制了碱性燃料电池的发展，至今仅成功地开发运用于航天或军事领域。

质子交换膜燃料电池是一种燃料电池，在原理上相当于水电解的"逆"装置。其单电池由阳极、阴极和质子交换膜组成，阳极为氢燃料发生氧化的场所，阴极为氧化剂还原的场所，两极都含有加速电极电化学反应的催化剂，质子交换膜作为电解质。工作时相当于一直流电源，阳极即电源负极，阴极即电源正极。质子交换膜燃料电池以具有质子传导功能的固态高分子膜为电解质，以氢气和氧气分别作为燃料和氧化剂，发电效率 45％～50％。与碱性燃料电池一样，质子交换膜燃料电池也需要使用铂等贵金属作为催化剂，并且对 CO 毒化非常敏感。质子交换膜燃料电池的工作温度在 80℃左右，可在接近常温下启动，激活时间短。电池内唯一的液体为水，腐蚀的问题较小。质子交换膜燃料电池是目前备受关注的燃料电池之一，被认为是电动车和便携式电源的最佳候选，制约其商业化的主要问题是质子交换膜以及催化剂等材料价格昂贵。

磷酸盐燃料电池一般以 Pt/C 为电极基材，电解质为吸附于 SiC 上的 85％的磷酸溶液，氢气作为燃料气，可用空气作为氧化剂，发电效率 40％～45％。由于磷酸在低温时离子电导较低，所以磷酸盐燃料电池的工作温度在 150～200℃左右。其主要优点是产生热量高，产生 CO 的量少。缺点是电导率较低且有漏液问题。与碱性燃料电池不同，磷酸盐燃料电池允许燃料气和氧化剂中 CO_2 的存在，可使用由天然气等矿物燃料经重整或者裂解的富氢气体作为燃料，但其中 CO 的含量不能超过 1％，否则会使催化剂中毒。磷酸型燃料电池目前的技术已经成熟，千瓦级的发电装置已进入商业化推广阶段。

熔融碳酸盐燃料电池采用多孔 Ni/Al/Cr 作阳极，NiO 为阴极，熔融的碳酸钾或碳酸锂为电解质，并加入 $LiAlO_2$ 做稳定剂。工作温度在碳酸盐熔点以上（650℃左右），电解质呈熔融态，电荷移动很快，在阴阳电极处电化学反应快，因此可不用昂贵的贵金属作催化剂。熔融碳酸盐燃料电池具有内部重整能力，对燃料适应广，可直接使用天然气或煤气作为燃料使用，发电效率 45％～60％，可同汽轮发电机组组成联合循环，进一步提高发电效率。其优点是高效、耐 CO 毒化，主要缺点是启动时间长。此外，熔融碳酸盐具有腐蚀性，而且易挥发，导致电池寿命较短。目前熔融碳酸盐燃料电池已接近商业化，试验电站的功率达到兆瓦级。

固体氧化物燃料电池又称高温燃料电池，是全固态结构电池，通常以 YSZ（氧化钇稳定的氧化锆）为电解质，Ni-YSZ 金属陶瓷为阳极，掺杂 Sr 的 $LaMnO_3$ 为阴极。电解质允许氧离子自由通过，而不允许氢离子和电子通过。其电子导电性很差，低温时比电阻很大，因此，工作温度要维持在 800～1000℃才能有较高的发电效率，从而要求采用高温密封材料。由于电池为全固态结构，其外形具有灵活性，可以制成管式和平板式等形状，并且避免了电解质流失和腐蚀等问题。高温运行使得燃料可以在电池内部进行重整，理论上可以使用所有能够发生电化学氧化反应的气体作为燃料。此外，固体氧化物燃料电池的高温余热可以回收或者与热机组成热电联供发电系统，发电效率约 50％。其优点是高效、耐 CO 毒化、可以不用贵金属催化剂。缺点是启动时间长、工作温度高，带来材料耐高温、耐腐蚀问题。因此，降低工作温度是未来固体氧化物燃料电池的主要研究方向。

还有一种分类方法是按电池工作温度对电池进行分类，可分为：低温燃料电池（工作温度一般低于 100℃），它包括碱性燃料电池和质子交换膜燃料电池；中温燃料电池（工作温度一般在 100～300℃），它包括磷酸型燃料电池；高温燃料电池（工作温度在 600～1000℃），它包括熔融碳酸盐燃料电池和固体氧化物燃料电池。

5.3 碱性燃料电池（AFC）

AFC 是最早得到实际应用的一种燃料电池，早在 20 世纪 60 年代，美国航空航天局（NASA）就成功地将培根型碱性燃料电池用于阿波罗宇宙飞船上了，不但为飞船提供电力，也为宇航员提供饮用水。碱性燃料电池的电解质中电流载体是氢氧根离子（OH^-），从阴极迁移到阳极与氢气反应生成水，水再反扩散回阴极生成氢氧根离子。

以氢氧作燃料的 AFC，氢气是燃烧物质，纯氧或脱除微量二氧化碳的空气是氧化剂。氧化极的电催化剂采用对氧电化学还原具有良好催化活性的 Pt/C、Ag、Ag-Au、Ni 等，并将其制备成多孔气体扩散电极。氢电极的电催化剂采用具有良好催化氢电化学氧化的 Pt-Pd/C、Pt/C、Ni 或硼化镍等，并将其制备成多孔气体电极。双极板材料采用无孔碳板、镍板或镀镍甚至镀银、镀金的各种金属（如铝、镁、铁）板，在板面上可加工各种形状的气体流动通道构成双极板。

由于碱性燃料电池的电解质在工作过程中是液态，而反应物为气态，电极通常采用双孔结构，即气体反应物一侧的多孔电极孔径较大，而电解液一侧孔径较小，这样电解液可以通过细孔中的毛细作用力保持在隔膜区域内，这种结构对电池的操作压力要求较高。电解液通常用泵在电池和外部之间循环，以清除电解液内的杂质，将电池中生成的产物水排出电池和将产生的热量带出。

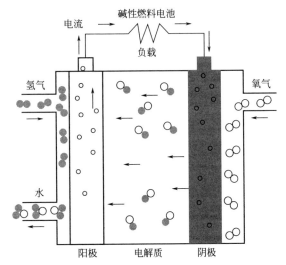

图 5-1 碱性燃料电池工作原理图

5.3.1 AFC 的工作机理

以氢氧作燃料的 AFC，其工作原理如图 5-1 所示，在阳极，氢气与电解液中的 OH^- 在电催化剂的作用下，发生氧化反应生成水和电子，电子通过外电路达到阴极，在阴极电催化剂的作用下，参与氧的还原反应，生成的 OH^- 通过燃料电池内部从阴极流向阳极，电子的流动方向和阴离子的流动方向一致形成一个闭合回路。其阳极和阴极发生的电化学反应如下

$$阳极 \quad H_2 + 2OH^- \longrightarrow 2H_2O + 2e^-$$

$$阴极 \quad \frac{1}{2}O_2 + H_2O + 2e^- \longrightarrow 2OH^-$$

上述反应不同于酸性燃料电池的另一点是水在氢电极处生成。为防止稀释电解质，阳极侧生成的水要及时排除。此外，在阴极处，氧的还原又需要水。水的管理问题通常按电极防水性和在电解液中保持含水量的需求予以分解。阴极反应从电解液中消耗水，而阳极反应则排出其水生成物。过剩的水在燃料电池堆汽化。

AFC 可分为多孔基体型及自由电解液型两类。前者是将电解液吸在作为电极间隔离层的多孔性材料中。后者电解液存于空室内，外设循环系统，将反应生成的热及水散发掉。

5.3.2 AFC 的特点

和其他类型的燃料电池相比，碱性燃料电池有一些显著的优点。

① 性能可靠，可用非贵金属作催化剂，是燃料电池中生产成本最低的一种电池。不像在酸性燃料电池中必须采用铂作为电催化剂，而可以采用非贵金属催化剂，也具有足够高的活性。阳极常采用多孔镍作为电极材料和催化剂，阴极可用银作为催化剂。这样可以降低燃料电池的成本。

② 反应速率高，在碱性电解液中，氢气的氧化反应和氧气的还原反应交换电流密度比在酸性电解液中要高，反应更容易进行；一般选定在 $0.8 \sim 0.95V$，电池的效率可以高达 $60\% \sim 70\%$，如果不考虑热电联供，AFC 的电效率是几种燃料电池中最高的。

③ 通过电解液完全的循环，电解液被用作冷却介质，易于热管理；更为均匀的电解液的集聚，解决了阴极周围电解液浓度分布问题；提供了利用电解液进行水管理的可能性；若电解液已被二氧化碳过度污染，有替换电解液的可能性。当电解液循环时，燃料电池被称为"动态电解液的燃料电池"，这种循环使碱性燃料电池动力学特性得到了进一步的改善。

④ 碱性燃料电池可以在一个宽的温度（$80 \sim 230℃$）和压力 $[(2.2 \sim 45) \times 10^5 Pa]$ 范围内运行。因其可以在较低的温度（大约 $80℃$）下运行，故它的启动也很快，但其电力密度却比质子交换膜燃料电池的密度低十几倍。

与其优点相比，碱性燃料电池的缺点也同样非常显著。

① 碱性燃料电池最大的问题在于 CO_2 的毒化。电池对燃料中 CO_2 敏感，碱性电解液对 CO_2 具有显著的化合力，电解液与 CO_2 接触会生成碳酸根离子（CO_3^{2-}），这些离子并不参与燃料电池反应，且削弱了燃料电池的性能，影响输出功率。碳酸的沉积和阻塞电极也将是一种可能的风险，这一问题可通过电解液的循环予以处理。可使用 CO_2 除气器从空气流中排除 CO_2 气体，这种方法成本高、复杂。

② 循环电解液的利用，增加了泄漏的风险。氢氧化钾是高腐蚀性的，具有一定的危险性，容易渗漏造成环境污染。循环泵、热交换器以及最后的气化器的结构均更为复杂。另一问题在于，如果电解液过度循环或单元电池没有完善地绝缘，则在两单元电池间将存在内部电解质短路的风险。

③ 需要冷却装置维护其较低的工作温度。

5.3.3 AFC 催化剂

与酸性介质相比，在碱性介质中电流密度更大，燃料的渗透率更低。由于在碱性燃料电池中阳极催化剂易被燃料发生氧化反应产生的中间产物（如 CO 等）毒化，因此要寻求催化活性高、稳定性好的催化剂。有研究采用改良的多元醇制备出不同形态的 Pd 催化剂，如纳米多面体（NP）、纳米棒（NB）和纳米颗粒（NR），使 Pd 催化剂表现出更好的稳定性和催化活性。

为了提高催化剂在碱性介质中的电催化性能，催化剂的合成过程中通常采用掺杂 1 种或 2 种金属、金属氧化物或非金属来制备合金催化剂。作为既要负载有效催化组分又要与导电基体相连接的中间物，载体的作用非常重要，其有利于提高催化剂的比表面积、改善催化剂活性组分分散度。因此，通过制备高比表面积、稳定性好、导电性优良的催化剂载体也可以提高催化剂的电催化性能。

（1）合金催化剂

① 掺杂金属的合金催化剂　在碱性燃料电池中，通过掺杂 1 种或 2 种金属、金属氧化物或非金属制备合金催化剂，以发挥不同元素的协同作用，提高金属的利用率和燃料电池阳极催化剂的电催化活性、稳定性；通过改变合金催化剂的制备方法，可提高载体上催化剂的负载量和分散程度。采用乙二醇还原法将 Pd 和 Ru 负载在多壁碳纳米管（MWCNT）上，制备出碱性甲醇燃料电池 PdRu/MWCNT 阳极催化剂，在碱性溶液中表现出对甲醇电氧化反应较高的催化活性和较好的抗中毒能力。Ru 的加入不仅改善了 Pd 纳米粒子在碳载体表面的分散性，而且在 Ru 的作用下，Pd 的氧化态也有所升高。

② 金属氧化物修饰的合金催化剂　纳米金属氧化物（TiO_2、CeO_2 等）不仅具有较好的化学稳定性和耐腐蚀性，而且还表现出催化增强作用，和金属催化剂之间存在强相互作用和溢流效应。Mao 等使用浸渍还原法在碱性溶液中合成了

用于乙醇氧化的具有高电催化活性的碳负载 PdSn-SnO$_2$。PdSn-SnO$_2$/C 的 XRD 分析结果显示，Pd 的衍射峰相对于 Pd/C 催化剂的相应峰移向较低的衍射角，表明 Sn 掺杂可收缩 Pd 晶格。PdSn-SnO$_2$/C 纳米催化剂在碱性介质中也显示出比 Pd-Sn/C 和 Pd/C 更高的对乙醇电氧化的活性。这主要是因为，化学反应中间物种，如吸附在固液界面的反应中间产物（OH$_{ads}$）对 SnO$_2$ 表面的吸附-解离改变了电子效应，并加速了乙醇在 Pd 表面的吸附，从而提高了整体乙醇氧化动力学，并有助于催化活性的改善。由于 Pd 和 MgO 之间的协同作用，在 Pd/C 催化剂中添加 MgO 也可以显著提高乙醇电氧化反应的反应活性，同时耐中毒性也有所提高，当质量比 m(Pd)：m(MgO)＝2：1 时，催化剂表现出最好的催化性能。

③ 非金属修饰的合金催化剂　这是一类含有金属和非金属元素的电催化剂，Jiang 等制备了 Pd-Ni-P 电催化剂用于乙醇氧化反应中，与没有 P 的 Pd-Ni 样品和对照 Pd 黑（Pd-blk）样品相比，Pd-Ni-P 催化剂具有更小粒度的非晶结构。Pd-Ni-P 催化剂在碱性介质中具有比 Pd-Ni 和 Pd-blk 催化剂更具活性的电催化位点。对于 0.1mol/L KOH 中的乙醇氧化反应，Pd-Ni-P 催化剂具有更大的负起始电位，最负值最低的峰值电位和最高的催化电流。

（2）催化剂载体

常用的碱性燃料电池催化剂载体有炭黑（Vulcan XC-72）、碳纳米纤维、碳纳米管和石墨烯等，它们具有良好的导电性和较大的比表面积。由于催化剂载体种类、负载量和分散度的不同均影响催化剂的稳定性和反应活性，研究者尝试在制备催化剂时，在载体中掺杂修饰剂进行改性来进一步提高其催化性能，同时探索开发新型燃料电池催化剂载体种类。

① 炭黑　采用 3-氨基丙基-三甲氧基硅烷（APTMS）对复合载体中的 TiO$_2$ 表面进行氨基化修饰，再通过液相还原制备得到的 Pd/TiO$_2$/C-APTMS 复合催化剂，与传统液相混合还原制备的 Pd/TiO$_2$/C 复合催化剂和 Pd/C 相比，氨基修饰后的 Pd/TiO$_2$/C-APTMS 复合催化剂在碱性溶液中对乙醇氧化具有更高的电催化活性和稳定性。TiO$_2$ 载体与 Pd 纳米粒子之间的协同作用提高了催化剂的抗中毒能力，改善了 Pd 的电催化性能；Pd 负载到 APTMS 修饰的 TiO$_2$ 载体表面，经液相原位还原后有效提高了 Pd 粒子的分散度，并且 Pd 粒子平均粒径相对较小，有利于提高催化剂的活性和金属利用率，从而能够有效提高催化剂对乙醇电氧化的催化活性和稳定性。另外，APTMS 分子与 Pd 粒子之间存在电子作用，也改善了催化剂的活性和稳定性。

② 碳纳米纤维　纳米复合材料也可作为直接甲醇燃料电池（DMFCs）阳极催化剂碳载体的修饰剂。在氮气环境、700℃下，煅烧由乙酸铈（Ⅲ）水合物、乙酸钴（Ⅱ）四水合物和聚乙烯醇组成的溶胶-凝胶，电纺丝制成 Co/CeO$_2$ 纳米颗粒修饰的碳纳米纤维（p-CNF）；通过溶胶-凝胶技术在氮气环境 600℃下煅烧

由乙酸锶（SrAc）、乙酸钴（CoAc）和聚乙烯醇构成的电纺垫，得到 Co/SrCO₃ 纳米棒装饰的 CNF。这两种催化剂均表现出负的起始电位，并且与许多报道的非贵重金属电催化剂相比，甲醇的氧化峰出现在相对较低的施加电压下，在甲醇氧化的电催化活性分析中显示出了良好的催化性能。由 ZnO-CeO₂ 纳米复合材料装饰的碳纳米纤维表现出同样良好的性能。

③ 碳纳米管　碳纳米管的结构与石墨的片层结构相同，共轭效应显著，因此也具有很好的电化学性能。同时碳纳米管具有高比表面积和高化学稳定性等优点，可用做载体负载燃料电池催化剂。Geraldes 等通过电子束照射还原法，制备出负载在多壁碳纳米管（MWCNT）和碳上的 Pd、PdSn（Pd∶Sn 物质的量比为 90∶10）催化剂。室温下，电化学实验（CV 和 CA）显示，MWCNT 负载的 Pd 基电催化剂比 C 负载的 Pd 基电催化剂产生更大的电流。在单燃料电池测试中，与负载在碳上的电催化剂相比，负载在 MWCNT 上的电催化剂又显示出更高的功率密度。其中，PdSn/MWCNT 呈现最佳结果（36mW/cm²）。MWCNT 支持的电催化剂的活性最佳归因于其更高的电导率、更小的纳米颗粒尺寸和在载体上更好的分布。这说明 Pd 基电催化剂使用 MWCNT 代替碳作为载体，并掺杂少量的 Sn，可以改善乙醇氧化反应的电催化活性。

④ 石墨烯　石墨烯作为新型碳材料，具有极高的比表面积（2630m²/g），远高于石墨（10m²/g）、Vulcan XC-72（254m²/g）和碳纳米管（1300m²/g），在室温下电子迁移率可超过 15000cm²/(V·s)。Sun 等采用溶胶-凝胶法制备出 5 种不同纳米尺寸的 Pt/磺化石墨烯（Pt/sG），直接作为碱性乙醇燃料电池（ADEFC）阳极催化剂。实验结果显示，CV 测量曲线中 Pt-sG 具有最高的峰值电流，Pt-sG 的乙醇氧化活性高于炭黑负载的 Pt 催化剂，表明磺化石墨烯在某种程度上可以提高催化剂的催化性能。

⑤ 非碳基催化剂载体　为了研究 Pt 纳米颗粒与非碳杂化载体相互作用对碱性溶液中乙醇氧化反应的影响，Godoi 等在由 CMOₓ 杂化物（MOₓ = TiO₂、ZrO₂、SnO₂、CeO₂、MoO₃ 和 WO₃）负载的相同 Pt 纳米颗粒组成的催化剂上进行实验，发现这些材料中的金属-载体相互作用促进了影响 EOR 活性的电子性质的变化，认为金属-载体相互作用有利于改善燃料电池性能或减少阳极 Pt 的负载量。

碱性燃料电池阳极催化剂在合金材料、载体、形态结构和催化剂的制备方法等方面的研究取得了一定的进展，它们具有更低的贵金属负载量，更高的催化活性和稳定性。对于合金催化剂，选取合适物质量比的金属、金属氧化物或者非金属掺杂到主金属催化剂中，掺杂金属或反应中间产物与主催化剂之间的相互作用可显著提高催化剂的催化活性和稳定性。碳基催化剂载体活性组分间的相互作用较差，而且存在腐蚀现象，容易导致催化剂的团聚而降低燃料电池的性能；非碳基催化剂载体材料与催化剂之间的相互作用机理有待进一步研究。

5.3.4 AFC 电极

燃料电池中，反应物是气相，电解质是液相，而电催化剂是固相，电极反应在气、液、固三相界面上发生。所以，燃料电池技术的重大突破是由于气体扩散电极的发明及发展。要使电池获得较高的电池性能，需要提高三相反应界面的面积，这可以通过利用具有高比表面积物质来制备电极的方法实现。多孔电极具有比其几何面积大几个数量级的真实表面积。有时在制备多孔电极的过程中，先加入一些填充物，制备完成后将填充物除去就留下了丰富的孔道。根据电极基本结构、黏结剂、材料性质等不同，通常有疏水电极和亲水电极两种。

疏水扩散电极是利用黏结剂黏合的碳粉制备而成。碳粉通常为高比表面积的活性炭或炭黑，带有高活性的催化剂。黏结剂通常采用聚四氟乙烯。这种电极大规模制备比较容易，通常有两层结构：一层高度疏水的气体扩散层和一层充满电解液的润湿层。润湿层提供反应界面，疏水层阻止电解液进入电极，使孔道保持通畅以便气体能顺利扩散到达反应界面。

亲水电极是由烧结的金属粉末制备而成。电极结构由孔径不同的粗孔层和细孔层两层构成。在气体扩散电极一侧为粗孔层，电解液一侧为细孔层，这样电解液就可以依靠毛细力保持在孔径较小的细孔层而不至于进入孔径大的粗孔层而堵塞气体通道。这种金属电极密度较大，但是导电性非常好，可以通过极耳导出电流，非常适合单极结构的电池。通过这种结构，采用具有高比表面积的雷尼金属，可以在低温下有较高的催化活性而不必使用铂催化剂。

5.3.5 AFC 性能影响因素

（1）排水方法

碱性燃料电池的排水方法有以下几种类型。

1）反应气体循环法　通过循环一个或两个电极的反应气体，在外部冷凝成液态水排出，这种排水方法也能起到部分排热的作用。

2）静态排水法　在氢气室一侧有一多孔排水膜，生成的水通过浓差扩散通过氢气室，进入排水膜，在排水膜外侧冷凝并通过排水腔排出电池。

3）冷凝排水法　在氢气室一侧有冷凝板（无孔），外侧的冷凝腔内流过冷却剂，生成的水在冷凝板上凝结成液态排出。这种情况下，反应气体通道是一端封闭的。

4）电解质排水法　通过将电解液循环在外部除水单元里蒸发排水，这种情况下水蒸发所需热量由电堆的废热提供。

循环过量反应气体的排水方法是目前最佳的排水方法，这种方法具有许多优点：电堆设计简单；系统大小没有限制（电解质排水法要求系统至少 5kW，否则电堆的废热不足以用来蒸发水）；水的蒸发对电堆冷却也有贡献；反应物气体浓度在电极上分布均匀；可以在高电流密度下工作等。这种排水方法最适合于疏水电极，与电解液循环配合，这样的系统在一定的范围内可以实现自我调节，已经在多家公司的燃料电池系统中得到了应用。

（2）CO_2 毒化问题

CO_2 毒化的问题是碱性燃料电池面临的主要技术问题之一，被认为是困扰碱性燃料电池地面应用的关键问题。一般认为二氧化碳的影响是直接与碱溶液发生化学反应。

$$CO_2 + 2KOH \longrightarrow K_2CO_3 + H_2O$$

生成的碳酸钾可能会沉淀析出而堵塞雷尼金属催化剂的孔道，或者可能保持液态，但降低了电解液的电导率从而使性能下降。虽然 CO_2 对电池性能的影响原因尚无定论，但实验显示 CO_2 的确有很大影响，大多数情况下这种影响是可逆的。目前可以应用的消除 CO_2 影响的方法是采用氢氧化钠吸收二氧化碳，1kg NaOH 可以将 1000m³ 空气中的 CO_2 从 0.03％ 降到 0.001％。这种方法在技术上是可行的，然而从经济性的角度讲，却不是很好的方案。能否找到其他更有效更经济的脱除二氧化碳的方法将会对碱性燃料电池能否重新引起人们的关注起到较为关键的作用。

5.4　质子交换膜燃料电池（PEMFC）

PEMFC 电池有时也叫聚合物电解质膜、固态聚合物电解质膜或聚合物电解质膜燃料电池。构成 PEMFC 的关键材料与部件为电催化剂、电极（阴极与阳极）、质子交换膜、双极板材料。

PEMFC 以全氟磺酸型固体聚合物为电解质，以 Pt/C 或 Pt-Ru/C 为电催化剂，以氢或净化重整气为燃料，以空气或纯氧为氧化剂，并以带有气体流动通道的石墨或表面改性金属板为双极板。

5.4.1　PEMFC 的工作机理和特点

PEMFC 的电极反应类同于其他酸性电解质燃料电池。阳极催化层中的氢气在催化剂作用下发生电极反应。PEMFC 工作时，在阳极区氢气通过气体扩散层抵达阳极催化层，并在电催化剂的作用下发生氧化反应。阳极产生的电子经过外电路抵达阴极区，产生的 H^+ 通过质子交换膜抵达阴极区，二者与空气中的氧气在阴极催化层中发生还原反应，如图 5-2 所示。生成的水不稀释电解质，而是通过电极随反应尾气排出。其阳极和阴极发生的电化学反应如下。

$$\text{阳极} \quad H_2 \longrightarrow 2H^+ + 2e^-$$

$$\text{阴极} \quad \frac{1}{2}O_2 + 2H^+ + 2e^- \longrightarrow H_2O$$

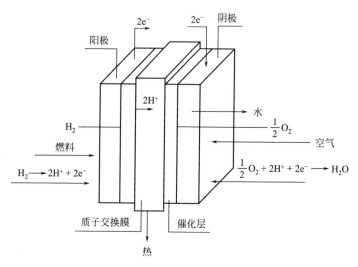

图 5-2 质子交换膜燃料电池的工作原理

PEMFC 作为一种新型的动力源，具有如下特点：

① 能量转化效率高。通过氢氧化合作用，直接将化学能转化为电能，不通过热机过程，不受卡诺循环的限制。

② 可实现零排放。其唯一的排放物是纯净水（及水蒸气），没有污染物排放，是环保型能源。

③ 运行噪声低，可靠性高。质子交换膜燃料电池组无机械运动部件，工作时仅有气体和水的流动。

④ 维护方便。质子交换膜燃料电池内部构造简单，电池模块呈现自然的"积木化"结构，使得电池组的组装和维护都非常方便；也很容易实现"免维护"设计。

⑤ 发电效率受负荷变化影响很小，非常适合于用作分散型发电装置（作为主机组），也适于用作电网的"调峰"发电机组（作为辅机组）。

⑥ 氢气来源极其广泛，是一种可再生的能源资源。可通过石油、天然气、甲醇、甲烷等进行重整制氢；也可通过电解水制氢、光解水制氢、生物制氢等方法获取氢气。

⑦ 氢气的生产、储存、运输和使用等技术日趋成熟、安全、可靠。

此外，与传统的电池相比较，它们还具有能量密度大、无需充电以及使用时间长等特点。在当前石油、天然气、煤等燃料紧张，城市污染严重的情况下，

PEMFC 燃料电池的这些优点使得它成为解决能源和环境问题的一条重要途径。

PEMFC 燃料种类单一，要求燃料具有较高的安全性，燃料的生产、储存和运输过程复杂；燃料电池要求很高，需要高质量密封，容易导致制造过程困难；造价很高，PEMFC 的催化剂主要是贵金属铂（Pt），使用过程中会因 CO 的干扰而失效；PEMFC 使用过程中必须配备辅助电池系统才可以持续发电，缺点主要是不能充电和回收利用。

5.4.2　PEMFC 的用途

PEMFC 应用十分广泛。实际上，凡是需要能源、动力的地方都可以应用 PEMFC。PEMFC 的主要应用领域可分为以下三大类。

一是用作便携电源、小型移动电源、车载电源、备用电源、不间断电源等，适用于军事、通信、计算机、地质、微波站、气象观测站、医院及娱乐场所等领域，以满足野外供电、应急供电以及高可靠性、高稳定性供电的需要。

PEMFC 电源功率最小的只有几瓦，如手机电池。据报道，PEMFC 手机电池的连续待机时间可达 1000h，一次填充燃料的通话时间可达 100h。适用于便携计算机等便携电子设备的 PEMFC 电源的功率范围大致在数十瓦至数百瓦（东芝）。军用背负式通信电源的功率大约为数百瓦级。卫星通信车用的车载 PEMFC 电源的功率一般为数千瓦级。

二是可用作助动车、摩托车、汽车、火车、船舶等交通工具动力，以满足对车辆船舶排放的环保要求。

PEMFC 的工作温度低，启动速度较快，功率密度较高（体积较小），因此很适于用作新一代交通工具动力。这是一项潜力十分巨大的应用。世界各大汽车集团竞相投入巨资，研究开发电动汽车和代用燃料汽车。从目前发展情况看，PEMFC 是技术最成熟的电动车动力源，PEMFC 电动车被业内公认为是电动车的未来发展方向。燃料电池将会成为继蒸汽机和内燃机之后的第三代动力系统。PEMFC 可以实现零排放或低排放；其输出功率密度比目前的汽油发动机输出功率密度高得多，可达 1.4kW/kg 或 1.6kW/L。

用作电动自行车、助动车和摩托车动力的 PEMFC 系统，其功率范围分别是 300～500W、500W～2kW、2～10kW。游览车、城市工程车、小轿车等轻型车辆用的 PEMFC 动力系统的功率一般为 10～60kW。公交车的功率则需要 100～175kW。

PEMFC 用作潜艇动力源时，与斯特林发动机及闭式循环柴油机相比，具有效率高、噪声低和红外辐射低等优点，对提高潜艇隐蔽性、灵活性和作战能力有重要意义。美国、加拿大、德国、澳大利亚等国海军都已经装备了以 PEMFC 为动力的潜艇，这种潜艇可在水下连续潜行一个月之久。

三是可用作分散型电站。PEMFC 电站可以与电网供电系统共用，主要用于调峰；也可作为分散型主供电源，独立供电，适于用作海岛、山区、边远地区或新开发地区电站。

与集中供电方式相比，分散供电方式有较多的优点：①可省去电网线路及配电调度控制系统；②有利于热电联供（由于 PEMFC 电站无噪声，可以就近安装，PEMFC 发电所产生的热可以进入供热系统），可使燃料总利用率高达 80%以上；③受战争和自然灾害等的影响比较小；④通过天然气、煤气重整制氢，使得可利用现有天然气、煤气供气系统等基础设施为 PEMFC 提供燃料，通过生物制氢、太阳能电解制氢方法则可形成循环利用系统（这种循环系统特别适用于广大的农村地区和边远地区），使系统建设成本和运行成本大大降低。因此，PEMFC 电站的经济性和环保性均很好。国际上普遍认为，随着燃料电池的推广应用，发展分散型电站将是一个趋势。

质子交换膜燃料电池应用前景广阔，市场潜力巨大，对产业结构升级、环境保护及经济的可持续发展均有重要意义。鉴于其重要性，质子交换膜燃料电池已经被美国列为使美国保持经济繁荣和国家安全而必须发展的 27 项关键技术之一，并被美国、加拿大等发达国家认定为 21 世纪首选的清洁能源系统。2000 年，燃料电池还被美国《时代周刊》评为 21 世纪对人类社会有重要影响的十大技术之一。

5.4.3　PEMFC 的催化剂

PEMFC 商业化发展的进程缓慢，其障碍之一是所用催化剂中的核心组分（金属铂）昂贵而导致其成本过高。因此，降低催化剂中的铂用量或用廉价金属取代铂对质子交换膜燃料电池的商业化发展起到重要作用。人们在降低铂含量、提高其利用率方面进行了大量改性研究，主要集中在两个方面：一是通过改性催化剂的结构降低铂用量获得性能更好的催化剂，如核壳结构、纳米结构、合金催化剂等。二是改性催化剂载体材料制备活性组分高度分散的高性能催化剂，如采用新的载体如碳纳米管、碳纳米纤维、石墨烯等。

（1）铂催化剂

铂催化剂的活性，依赖于其粒径大小、在载体上的分散度以及粒径分布。为了得到好的铂粒径大小及分布，研究人员研发出许多铂催化剂的合成方法。通过改变合金催化剂、使用低铂催化剂和非铂催化剂等；或改变催化剂的结构，如核壳结构、纳米薄膜及纳米线等，从纳米尺度上对金属催化剂的结构进行设计和裁剪，改变金属催化剂的物理化学性质，获得性能更好的催化剂。

1）Pt-M 合金催化剂　对于氧化还原反应（oxygen reduction reaction，ORR）而言，Pt/C 电催化剂是公认最好的电催化剂，并被广泛使用。然而由于铂用量较大以及催化稳定性不足，使得 PEMFC 成本居高不下。采用 Pt 和过渡金属 Ti、Cu、Ni、Co、W、Sn 等的合金作为 ORR 电催化剂可提高电池性能，其中 Pt-Ru/C 催化剂是抗 CO 中毒性能较好的催化剂，由于钌加入铂晶格后，使 CO 在合金表面的吸附状态有所改变，降低了吸附性能，起到了活化吸附态 CO 的作用。而 $Pt_{0.5}Ru_{0.5}$ 对 CO 的氧化电势最低，Pt：Ru＝1：1（物质的量比）被认为是铂和钌的最优比。

合金种类以及合金化程度显著影响铂的电子结构，通过脉冲电沉积作用可有效提高催化剂的分散性和活性，使催化剂的结构发生改变。由于 Pt-Co 对 ORR 活性较高，Pt-Co 合金作为 PEMFC 阴极催化剂越来越受研究者追捧。Sieversa 将铂和钴交替溅射到具有微孔的气体扩散层，合成高活性的介孔质子膜燃料电池催化剂，这种 Pt-Co 催化剂的 ORR 催化动力学增大达 16 倍。Yaldagarda 等利用恒流脉冲将铂和钴层积在石墨烯的纳米板的气体扩散层制成 Pt/Co/GDP/GD 催化剂，实验发现 Pt-Co 合金与石墨烯纳米片催化剂具有较高的催化活性和高比表面。

聚吡咯有良好的导电性、分散性和稳定性，而且聚吡咯的加入可以控制产物的分散性，同时产生氧化还原反应活性位点。在制备 Pt-M 合金过程中加入聚吡咯（PPy）与碳纳米管（CNT）聚合可以提高燃料电池性能，增强碳载体对于铂的负载量。Kaewsai 等研究了吡啶聚苯并咪唑包裹碳纳米管制备 Pt-PPy-m-PBI/CNT 复合材料用于高温质子膜交换燃料电池，Pt-PPy-m-PBI 增强了碳纳米管对于铂的负载量，其电催化的性能比 Pt/XC-72 要好。

2）核壳结构　　核壳结构 M@Pt 电催化剂可有效提高贵金属铂利用效率、降低其用量，同时，由于核壳结构纳米金颗粒具有特殊的表面电子结构以及核-壳之间存在特殊的相互作用，在电催化领域可展现出更高的活性及稳定性。Zhu 等通过还原法和化学脱金属法，以炭黑 XC-72R 作为载体合成改性芯-壳构造的 CuPd@Pt/C 催化剂。结果表明，改性 CuPd@Pt/C 催化剂在催化氧还原反应电化学催化剂活性比 Pt/C 要高，可以减少铂的使用量。研究还证实 CuPd@Pt/C 表面的铜原子能够延缓 ORR 速率，但为改善电化学活性的目的必须把它们去除。Luo 等利用微波辅助多元醇工艺合成克级的核-壳结构催化剂（Cu@Pt/C），该催化剂铂负载量较低，电催化剂活性比商用 Pt/C 催化剂增加 2 倍。

3）纳米结构　　当人们将宏观物体细分成超微颗粒（纳米级）后，它将显示出许多奇异的特性，即它的光学、热学、电学、磁学、力学以及化学方面的性质与大块物体相比有着显著的不同。因此，越来越多的研究者将活性组分铂制备成纳米材料，发现其电化学活性有着显著提高。Yao 等考察了 PEMFC 新型催化剂层铂纳米线（PtNW）在碳基上的生长情况。铂纳米线沿厚度方向生长长度为 10～20nm，直径为 4nm。通过循环伏安（CV）、电化学阻抗谱（EIS）和偏振实验用来表征铂纳米线电极的电化学性能。结果表明，与常规催化层相比，Pt 纳

米晶面 {111} 取向占主导地位，由于电催化活性主要取决于 {111} 晶体取向，因此，如何控制铂纳米晶体的生长及晶型尤为重要。目前认为铂纳米线或纳米管表现出来良好的活性，除了较高的比表面积外，还有铂纳米的高度分散。Dou 用平行 WO_3 纳米棒和 Pt/C 制成 $Pt/WO_3/C$ 纳米复合材料。电化学和单晶检测表明，$Pt/WO_3/C$ 催化剂比 Pt/C 氧化还原反应活性增强，较高的催化活性可能归功于铂的分散性和较小尺寸，同时该 $Pt/WO_3/C$ 催化剂循环后电化学稳定性较好。

4）载体 载体对负载的金属催化剂的性质如形貌、粒子尺寸、粒径分布、分散性以及合金化程度等有较大的影响。一般来说，优良的催化剂载体应具有良好的导电性、高的比表面积和合理的孔结构、良好的分散性和良好的抗电池中电解质腐蚀的能力。碳载体是使用最广泛的载体，为了保证铂的分散以及控制粒子尺寸，一般将载体做成多种结构类型如纳米管、纳米线、纳米纤维、介孔结构等。Park 等成功制备出了介孔碳分子筛 CMK-3，通过碳化六边形排列的中孔 CMK-3 作为模版，将铂纳米颗粒沉积到 CMK-3 上。孔状 $Pt\text{-}CB_{(1-x)}/Pt\text{-}CMK\text{-}3_x$ 混合催化剂（$x=0$、0.4、0.5、0.7 和 1.0）被用于 PEMFC 的阴极催化剂以增强质量传递和耐久性。$Pt\text{-}CB_{(0.5)}/Pt\text{-}CMK\text{-}3_{(0.5)}$ 的催化性能比单独使用 Pt-CMK-3 和 Pt-CB 分别增强了 62% 和 322%；Pt-CMK-3 和不同 Pt-CMK-3/Pt-CB 混合催化剂的耐久性能要比 Pt-CB 更好。因此，介孔材料 CMK-3 能够很好地替代商业 Pt-CB。

石墨烯材料因其独特的超薄片层结构、超高比表面积、良好的导电性等重要特性，而被认为在制备高性能燃料电池催化剂方面具有重要的潜在应用价值。Lei 等用聚二烯丙基二甲基（PDDA）合成 Pt/石墨烯催化剂，用于 PEMFC。引入 PDDA 在石墨烯载体上铂纳米颗粒分散良好，从而提高了电化学表面积和增强了电催化活性。PDDA 既改性铂纳米粒子也修饰石墨烯载体，相比 Pt/石墨烯催化剂，其电化学氧化循环性和耐久性能明显提高。

二氧化钛具有良好的机械性，在酸性和氧化环境下具有良好的稳定性，有利于铂颗粒的沉积和分散，一般以钛作为催化剂的载体，做成纳米材料，使其规则排列，如纳米管、纳米线、纳米片。Chen 等将 SnO_2 和铂纳米粒子沉积在氮掺杂的纳米管上构造成 $Pt/SnO_2/CN_x$ 混合催化剂，通过控制温度选择性地将晶体型和不定型的 SnO_2 沉积在铂催化剂上，实验发现，添加 SnO_2 可以有效增加铂催化剂的电化学稳定性，此外，晶体结构的 SnO_2 比不定型更能有效稳定铂催化剂，原因是晶体型的 SnO_2 增加了铂催化剂的电化学表面积，从而导致更高的催化活性。单电池测试也证实 SnO_2 负载的铂催化剂（Pt/SnO_2）的性能要优于传统的 Pt/C 催化剂。

（2）非贵金属催化剂

目前，贵金属 Pt 基催化剂仍然是 PEMFC 使用最为普遍的催化剂，尽管

PEMFC 技术在近几年取得了重大的突破，但其昂贵的价格及易中毒的缺点是造成 PEMFC 难以大规模商业化的重要原因。为了降低 PEMFC 的成本，研究人员通过改善催化剂结构来减少 Pt 负载量、提高 Pt 利用率和催化剂的稳定性。然而，由于 Pt 基催化剂的价格较高，而且抗甲醇和 CO 中毒性能较差，越来越多的研究者开始对具有高活性和高稳定性的非贵金属催化剂进行研究。非贵金属催化剂的稳定性与其阴极催化层的导电性有很大的关系，并随着阴极催化层导电性的增大而增大。目前有几类非贵金属氧 ORR 催化剂引起了研究人员的高度重视：金属氮碳催化剂、过渡金属氧化物、过渡金属硫化物、过渡金属碳化物和氮化物等。

1）金属氮碳催化剂（M-N-C）　在非贵金属催化剂中，M-N-C 具有比表面积大、孔径分布合理和 ORR 催化活性较高等优点。同时，该类催化剂能有效降低 PEMFC 的成本，也具备寿命长和抗甲醇的优势，非常有希望替代价格高昂的 Pt 基催化剂。M-N-C 首次作为 ORR 催化剂是从对金属大环化合物的研究开始，自从 JASINSKI 发表了过渡金属 M-N-C 具有 ORR 催化效果之后，研究人员开始广泛关注 M-N-C 催化剂。M-N-C 中的非贵金属 M 一般可以是 Fe、Co、Ni、Cu、Mn 等，特别是以 Co 和 Fe 为中心原子的 M-N-C 非贵金属催化剂研究较多。M-N-C 催化剂的催化机理和活性中心一直是该类催化剂的研究重点，但目前尚不明确。不同金属的加入对活性位点形成所起的作用不同，Co 的加入可能只是单纯辅助氮原子更好地掺入碳晶格中，不直接参与形成活性中心，而 Fe 可以与周围的氮配位（Fe-N$_x$），直接参与形成活性中心。

影响 M-N-C 催化剂性能的因素包括催化剂的制备方法、金属及其盐的种类、氮源种类、碳载体类型和热处理条件等。采用模板法制备 M-N-C 催化剂材料，可以增加比表面积，引入足够的活性位点，从而提高 M-N-C 催化剂的 ORR 催化活性。MUN 等通过采用软模板法合成了有序介孔结构的 Fe-N-C 催化剂，这种有序介孔为催化剂提供了较高的比表面积和活性位点，采用该 Fe-N-C 催化剂制作的膜电极（membrane electrode assembly，MEA）功能密度比用商业化 Pt/C 催化剂的 MEA 提高了 40%。OSMIERI 等利用酞菁铁（Ⅱ）为 Fe、N 和 C 源，采用介孔 SiO$_2$ 为模板，制备了高比表面积和孔隙率达到 50% 的 Fe-N-C 催化剂，其 ORR 催化按 4 电子过程进行，起始电位为 0.83V，略低于商业化 Pt/C 催化剂。Fe-N-C 催化剂的耐久性和抗甲醇性能要明显好于商业化 Pt/C 催化剂。

N 掺杂石墨烯（N/GR）被认为是一种有效的非金属氧化还原催化剂，然而 N/GR 的 N 掺杂率非常低，仅有少数 N 原子掺入石墨烯骨架中，从而导致 N/GR 催化剂的 ORR 催化活性不高。LIANG 等通过密闭热解法制备了高 N 掺杂率的 Co/N/GR 催化剂，该催化剂表现出了良好的 ORR 催化活性，且较商业化 Pt/C 催化剂具有更好的稳定性和抗甲醇性能。原因主要是由于 Co 纳米颗粒支撑 N/GR 骨架以及 N 掺杂原子增多，为 Co/N/GR 提供了较大的比表面积，尽可能地暴露 Co 纳米颗粒和 N 掺杂活性位点，且该催化剂的 ORR 催化按 4 电子过程进行。

由于合成金属大环化合物难度大、成本高等原因，研究人员逐渐采用低成本的前驱体来将其替代，将不同形式的过渡金属、N、C 前驱体进行热解来合成 M-N-C 催化剂。氮源主要有聚苯胺、聚吡咯、聚多巴胺等，这些含氮有机聚合物有序化比较高，在热解过程中容易形成有序化且稳定的 N 掺杂 C 活性层。其中，聚吡咯最早被用作合成 M-N-C 催化剂的前驱体，随后研究人员发现采用聚苯胺热解合成的 M-N-C 催化剂 ORR 催化活性更好、更稳定。MUTYALA 等通过将铁盐和聚苯胺在惰性气氛中碳化得到 Fe-N-CNFs 催化材料，其 ORR 催化按 4 电子过程进行，在碱性溶液中循环 2000 次，波电位下降 10mV，同样测试条件下商业化 20%（质量）Pt/C 则下降了 42mV，且 Fe-N-CNFs 催化剂的耐久性和抗甲醇性能也要高于该商业化催化剂。

虽然采用前驱体热解方法制备的 M-N-C 催化剂具有良好的 ORR 催化活性，但是其制备工艺复杂，热解产物的形貌和结构很难得到控制，材料性能的一致性难以得到保证。如何优化制备工艺并获得形貌和结构可控、催化性能一致的催化材料是 M-N-C 催化剂的主要研究方向。另外，M-N-C 催化氧化还原过程的活性位点和催化机理还存在争议，也有待继续深入研究。

2）过渡金属氧化物催化剂　过渡金属氧化物具有低成本、高活性和环保等特点，是一种可靠的燃料电池阴极催化剂材料。其中，Mn 基和 Co 基氧化物催化剂的 ORR 催化活性最好。在 Mn 氧化物中，MnO、Mn_2O_3、Mn_3O_4、MnO_2 和 MnOOH 等均具有较高的 ORR 催化活性，且 Mn 氧化物催化剂的 ORR 催化活性和 Mn 价态相关。研究结果表明，不同价态的 Mn 氧化物催化剂可以通过调整烧结工艺来合成，其 ORR 催化活性随 Mn 价态的上升而不断增强，且高电位下得到的 Mn 氧化物催化剂的 ORR 催化活性要明显高于低电位下获得的。在 Co 氧化物催化剂中，CoO 和 Co_3O_4 具有较高的 ORR 催化活性。

LIANG 等采用水热法在氮掺杂的碳载体上负载 Co_3O_4、CoO 纳米颗粒，提高了金属氧化物的导电性，并利用其协同效应增强 ORR 催化活性。通过 X 射线近边吸收精细结构分析可知，该催化剂形成了金属-碳-氧和金属-碳-氮共价键，电子由氮传至金属氧化物，从而赋予了金属氧化物良好的导电性和电化学活性。将不同价态的过渡金属氧化物复合形成尖晶石结构的催化剂是过渡金属氧化物催化剂的研究重点。另外，通过利用 Mn^{3+} 取代 Co_3O_4 中的部分 Co^{3+}，合成具有尖晶石结构的 $MnCo_2O_4$ 催化剂，该催化剂的 ORR 活性得到明显提高。近年来，钙钛矿型氧化物因同时具有电子和离子导电性，越来越多地被用作高温燃料电池中的氧化还原催化剂，其中 $Ba_{0.5}Sr_{0.5}Co_{0.8}Fe_{0.2}O_{3-x}$ 基钙钛矿型氧化物被认为是此类材料中最具潜力的氧还原催化剂。材料固有的化学性质及微观结构对过渡金属氧化物的 ORR 催化性能起决定性作用。其中，部分过渡金属氧化物的 ORR 催化活性和稳定性与 Pt/C 催化剂相当。

除了单金属氧化物，含两种及以上过渡金属的氧化物也具有优异的 ORR 催化活性。YANG 等通过前驱体热解得到晶体结构和形态可控的多孔尖晶石 $Co_xMn_{3-x}O_4$。其中，立方 $Co_xMn_{3-x}O_4$ 纳米棒具有优异的 ORR 催化活性，其 ORR 起始电位达到 0.9V，半波电位达到 0.72V，非常接近商业化 Pt/C 催化剂的催化性能，同时，还具有比商业化 Pt/C 催化剂更好的稳定性，10000 次循环后其催化性能基本上没有衰减。而具有四方结构的 $Co_xMn_{3-x}O_4$ 催化活性略低于立方 $Co_xMn_{3-x}O_4$ 纳米棒。这是由于立方结构表面金属位点对 O_2 的吸附能力要比四方结构更强，所以在同样表面积下，立方结构具有更多的活性位点。

尽管过渡金属氧化物催化剂的成本低、选择性高、催化性能好，是一类很有发展潜力的非贵金属催化剂。但是，过渡金属氧化物催化剂的制备工艺复杂且氧化物易缓慢分解及纳米粒子的氧化物容易团聚，电流密度要远低于商业化 Pt/C 催化剂，这些都将是过渡金属氧化物催化剂需要解决的问题。

3) 过渡金属硫化物、碳化物及氮化物催化剂　过渡金属硫化物是硫族化合物催化剂中 ORR 催化活性最好的一类，采用纳米 Co_9S_8 包覆 N 掺杂石墨化碳所合成的 Co_9S_8-N-C 催化剂在碱性介质中的 ORR 催化活性相比 Pt/C 催化剂要更好。WANG 等采用氧化还原石墨烯负载 $Co_{1-x}S$ 纳米颗粒制备的催化剂，在酸性和碱性溶液中都具有较好的 ORR 催化活性。其中，在酸性溶液中的 ORR 起始电位达到了 0.8V，电流密度也比较高，但该催化剂的稳定性与商业化 Pt/C 催化剂相比还有较大的差距。因此，提高过渡金属硫化物催化剂在酸性溶液中的稳定性将是今后的主要研究方向。

金属碳化物和氮化物由于具有较好的导电性和耐腐蚀性，被广泛应用于阴极 ORR。表面碳化物或氮化物的形成可以调控催化剂的电子结构，使得 d 带收缩以及电子密度增大而更接近费米能级。这样加快了电子向氧吸附物种的转移，从而使得活性金属更容易还原氧。例如钼、钨的碳化物和氮化物因具有和 Pt 非常相似的 d 带电子结构而具有较好的 ORR 催化性能。ZHONG 等研究发现 Mo_2N 和 W_2N 在酸性溶液中具有一定的 ORR 催化活性，同时还具有非常好的稳定性。QI 等对 MoN 和 Mo_2N 的 ORR 催化性能和机理进行了研究，发现在酸性溶液中，MoN 和 Mo_2N 的 ORR 催化起始电位分别为 0.75V 和 0.70V，抗甲醇性和稳定性都非常好。另外，研究人员还发现 Fe-C、Fe-N 和 CoMo-N 等碳化物和氮化物也具有不错的 ORR 催化活性。但是，这些碳化物和氮化物催化剂在酸性溶液中的 ORR 催化稳定性比较差，还需要进一步提高。随后人们发现双金属氧氮化合物由于其协同增强效应而具有可观的 ORR 催化活性。CAO 等采用溶液浸

渍法合成了 $Co_xMo_{1-x}O_yN_z/C$ 催化剂，无论是在酸性溶液还是在碱性溶液中，该催化剂都具有较好的 ORR 催化活性，其在酸性溶液中的 ORR 起始电位为 0.645V，稳定性也非常好。ANDO 等合成的碳载双金属 Co-W-O-N 催化剂在 0.5mol/L H_2SO_4 中的 ORR 起始电位达到 0.74V，其催化活性要高于碳负载单金属 Co 或 W 氧氮化合物催化剂。

过渡金属碳化物和氮化物催化剂的价格低廉、资源丰富，具有一定的催化活性和良好的抗甲醇性能，具备替代 Pt 基催化剂的潜力。但是，过渡金属碳化物和氮化物催化剂在酸性溶液中的催化活性和稳定性比较差，这将是过渡金属碳化物和氮化物催化剂今后的主要研究方向。

5.4.4 PEMFC 双极板

双极板是质子交换膜燃料电池组中除膜电极外的第二个关键部件，占据了电池组很大一部分的质量和成本，它的作用主要体现在分隔氧化剂和燃料、传导电流、支撑膜电极以保持电池堆结构稳定，因此双极板必须具有阻气性、良好的导电性与耐蚀性以及一定的力学性能（强度）。为了满足这些功能需要，理想的双极板应具有高的热/电导率、耐蚀性、低密度、良好的力学性能以及低成本、易加工等特点。但目前生产的双极板存在耐蚀性和导电性匹配性差、生产成本高和寿命短等问题。实现双极板材料的导电性和耐蚀性的合理匹配，即在保证导电性合理的前提下，实现高的耐蚀性，保障整个体系的服役寿命，是燃料电池商业化的关键环节之一。

目前广泛用作质子交换膜燃料电池双极板的基体材料主要有石墨材料、金属材料及复合材料三种。这三种材料制成的双极板有不同的优缺点，但综合而言均不能满足双极板的性能要求。针对以上问题，近几年来研究者利用掺杂或表面改性的方法，在弥补双极板材料的性能不足方面取得了较多的成果，很多改进后的材料已经可以满足美国能源部提出的性能要求。

（1）金属双极板材料

金属及合金有良好的力学性能和导电性能，且价格便宜；在服役环境中金属表面容易形成钝化膜，虽然这些钝化膜减缓了腐蚀速率，但这些钝化膜的电导率低，从而导致燃料电池的输出功率和使用寿命降低。金属材料在服役条件下的导电性和耐蚀性具有矛盾性，如何解决这对矛盾，实现材料的导电性和耐蚀性的合理匹配，是金属双极板技术提升的一大瓶颈。目前，解决导电性与耐蚀性问题的最有效方法是金属表面进行涂层改性，涂层后的金属双极板能在保证良好导电性的同时提高双极板的耐蚀性，保障整个体系的服役寿命提升。但是不同金属材料表面涂层改性后表现出的性能各有差异，因此，选择合适的基材与涂层材料是金属双极板实现广泛运用的关键。

　　金属双极板基体材料主要包括不锈钢、铝、钛合金。这类材料强度高、韧性好，且具有良好的导电性和加工性能。例如，金属双极板的导电性可达石墨的 $10 \sim 100$ 倍，并且由于具有优异的力学性能，金属双极板的厚度可以小于 $1mm$，从而可大幅度降低电池组的体积。但是金属材料在电池环境中（pH＝2～3，$T=80℃$）容易发生腐蚀，造成电池性能下降。Hermann 等研究了不锈钢、钛、铝、镍等多种合金双极板，结果表明，在合金表面都形成了电阻率极高的氧化层，且接触电阻随着氧化层的增厚而增加，造成电池输出功率明显下降。Davies 等比较了不同合金的界面电阻，发现在 2.2MPa 的压力下，不同合金的界面电阻以 321 不锈钢＞304 不锈钢＞347 不锈钢＞316 不锈钢＞纯 Ti＞310 不锈钢＞904 不锈钢＞Inone1800 高温合金＞Inone1601 高温合金的顺序递减，且与氧化层厚度递减顺序一致。此外，Iversen 对一系列不锈钢基体材料的表面进行了测量，发现 Mn 元素有助于形成具有较高导电性能的钝化膜，并且在钝化膜外部区域存在的镍会与氧形成镍氧化物，这些氧化物与铬/铁氧化物结合会改善钝化膜的导电性能。事实上，大量实验数据表明，普通不锈钢不适合用作双极板材料，这是由于不锈钢中的不导电氧化物会导致高的接触电阻。相比不锈钢而言，镍基耐蚀合金（超合金）在电池环境中表现出优异的耐蚀性，并且超合金的接触电阻低于石墨。Scholta 等的研究结果表明，纯钛双极板在水蒸气中的接触电阻与石墨双极板相当，在热水中略高于石墨，但在电池长时间运行过程中，纯钛的电位会明显下降，从而导致电池性能恶化。纯钛基体在表现出良好耐蚀性的基础上，进一步添加 Nb、Ta 等元素，可改善钛合金表层 TiO_2 钝化膜的导电性。

　　金属双极板有良好的强度，基本可以满足双极板的力学性能要求。但是，金属双极板在质子交换膜燃料电池环境中的耐蚀性差，且溶解的金属离子会毒化质子交换膜，导致电池的性能下降。通过在金属材料中添加一些合金元素可以提高金属双极板的耐蚀性，原因是这些合金元素在服役环境中会形成氧化物，这些氧化物在金属表面起到了隔离钝化作用，降低了材料的腐蚀速率。但是这些氧化物的电导率低，使得燃料电池的输出功率和使用寿命降低。材料成分不同，表面形成氧化膜的厚度也有差异，且氧化膜的增厚顺序与接触电阻的增高顺序基本一致。由此可见，金属双极板在提高耐蚀性的同时，其导电性下降，且耐蚀性的提高与电导率的下降成反比。虽然在金属中加入合金元素可以改善钝化膜的导电性，但是不能满足双极板的性能要求。因此，金属材料不能直接作为双极板使用。

　　针对金属材料导电性与耐蚀性之间的矛盾，目前解决的方法主要是对金属双极板进行表面改性，其中研究最多的是金属表面涂层。由于涂层材料与金属及合金基体表现出的力学及物理化学性能各异，因此必须选择与基体有着良好匹配性和结合性的涂层材料,以避免在电池环境下产生电化学腐蚀。在此,将涂层材料按照不锈钢基体和轻金属及合金基体进行分类介绍。

1) 不锈钢双极板涂层 不锈钢具有优异的导电/热性、耐蚀性和力学性能,是双极板材料的首选。但是这类材料在电池环境下耐腐蚀性能差,表面生成的钝化膜的电导率低,接触电阻每增加 $25m\Omega \cdot cm^2$,电池功率就会损失 2%~5%。如何选择合适的涂层或采用恰当的表面处理方法,在提高不锈钢双极板耐腐蚀性能与化学稳定性的同时又能降低接触电阻,成为研究与开发的技术关键。不锈钢的涂层材料主要包括石墨、导电高分子、金属氮化物、金属碳化物、贵金属等。通过在不锈钢表面上镀膜,可明显改善双极板材料的耐蚀性和导电性。目前常用的不锈钢材料主要有 SS304、SS316 和 SS446 合金。没有涂层的 SS304、不锈钢基体材料在电池环境下的腐蚀电流密度是 $2.6\mu A/cm^2$,接触电阻是 $1400m\Omega \cdot cm^2$;当在 SS304 基体上涂覆 NbC 层时,其腐蚀电流密度和接触电阻可分别降至 0.051~$0.058\mu A/cm^2$ 和 $8.47m\Omega \cdot cm^2$,显著提高了 SS304 基体的耐蚀性和电导率。当其表面镀上一层高分子聚合物 [如聚吡咯(Polypyrrole)或聚苯胺(Polya-niline)] 时,其腐蚀电流密度和接触电阻会比镀层 NbC 进一步降低(腐蚀电流密度为 0.1~$1.0\mu A/cm^2$,接触电阻为 0.08~$1.0m\Omega \cdot cm^2$)。除此之外,性能优良的涂层材料还有 Ni-Mo、Ni-Mo-P、碳等,这些涂层材料都基本满足双极板的性能要求。但是,有些涂层材料的性能较差,例如 TiN 镀层(接触电阻为 $30m\Omega \cdot cm^2$)、Ti_2N-TiN(接触电阻为 $31m\Omega \cdot cm^2$)、混合石墨碳(接触电阻为 $50m\Omega \cdot cm^2$)等,这些涂层材料虽然在很大程度上降低了 SS304 不锈钢的接触电阻,但仍不能满足双极板接触电阻的性能要求。相对 SS304 不锈钢基体而言,SS316 不锈钢的接触电阻略低($123m\Omega \cdot cm^2$),但腐蚀电流密度较高($5.7\mu A/cm^2$),在表面镀涂层能大幅改善其耐蚀性和导电性能。如:表面镀 NbC,腐蚀电流密度为 0.051~$0.058\mu A/cm^2$、接触电阻为 $8.47m\Omega \cdot cm^2$;表面镀 CrN+Cr_2N,其腐蚀电流密度可降至 $0.136\mu A/cm^2$、接触电阻可降至 $7.0m\Omega \cdot cm^2$,这些涂层与基体结合表现出良好的耐腐蚀性和电阻率。与上述涂层材料不同,通过在 C 膜中掺杂 Cr 元素,形成的涂层材料镀在 SS316 不锈钢基体上表现出十分优异的耐蚀性和电导率(表面镀覆含 Cr 元素的碳层后,其腐蚀电流密度为 0.00316~$0.316\mu A/cm^2$、接触电阻为 $2.8m\Omega \cdot cm^2$),完全可以满足双极板性能指标。这种通过在 C 膜中掺入其他合金元素形成的涂层可以作为不锈钢双极板的备用材料之一。此外,性能较好的涂层材料还有 Ti-(Ti,Cr)N-CrN、Zr-C/a-C(不定形碳)、Cr-N-C、Cr-C 等,这些涂层也均有良好的耐蚀性和电导率,都可以作为 SS316 不锈钢双极板的备用涂层材料。然而,TaN_x(腐蚀电流密度为 1~$10\mu A/cm^2$、接触电阻为 42~$82m\Omega \cdot cm^2$)、PbO_2(腐蚀电流密度为 1.37~$5.34\mu A/cm^2$)以及 CrN(接触电阻为 $23m\Omega \cdot cm^2$)等涂层材料不满足双极板性能要求,可能是由于涂层材料与基体的结合性差，从而引起腐蚀电流密度和接触电阻的升高。

在 SS304 不锈钢和 SS316 不锈钢上镀涂层都使得不锈钢的性能明显提升，很多镀涂层后的不锈钢材料都能达到双极板的性能指标。但是，相同材料的涂层与不同材料的不锈钢结合后表现出的腐蚀电流密度和接触电阻是有差异的。例如，同时在 SS304 不锈钢和 SS316 不锈钢上镀 TiN，SS304 不锈钢的腐蚀电流密度和接触电阻分别为 $0.0145\mu A/cm^2$、$30m\Omega \cdot cm^2$，而 SS316 不锈钢的腐蚀电流密度和接触电阻分别为 $1.0\sim2.5\mu A/cm^2$ 和 $10m\Omega \cdot cm^2$。对比发现，镀涂层后的 SS316 不锈钢的接触电阻比镀涂层后的 SS304 不锈钢低，但腐蚀电流密度比 SS304 不锈钢高。这说明相同涂层与不同合金基体之间的结合力和相容性是有差异的。与之类似的情况还有在 SS304 不锈钢和 SS316 不锈钢上镀 CrN（在 SS304 不锈钢上镀 CrN 后的腐蚀电流密度为 $0.00029\mu A/cm^2$、接触电阻为 $19m\Omega \cdot cm^2$，在 SS316 不锈钢上镀 CrN 后的腐蚀电流密度为 $0.1\sim0.3\mu A/cm^2$、接触电阻为 $23m\Omega \cdot cm^2$）。因此，在金属基体上镀涂层，不仅要考虑涂层材料的性能，还要考虑涂层材料与基体之间的匹配性和结合性。

相比 SS304 和 SS316 不锈钢，SS446 不锈钢的腐蚀电流密度（$10\sim15\mu A/cm^2$）和接触电阻（$190m\Omega \cdot cm^2$）相对较高，且价格较贵，因此近几年对该类双极板材料的研究较少。在降低腐蚀电流密度和电导率方面，比较好的方法是表面渗氮，通过表面改性处理，SS446 不锈钢的腐蚀电流密度可降至 $0.1\sim1.0\mu A/cm^2$，接触电阻可降至 $6.0m\Omega \cdot cm^2$。表面渗氮处理显著改善了 SS446 不锈钢的耐蚀性和导电性，其也能成为双极板备选材料之一。

2）轻金属双极板涂层　作为轻金属，钛及钛合金、铝及铝合金具有比强度高、导热导电性好、易加工等特点，是制作双极板的良好材料，在提高电池组的比功率方面更占优势，尤其适合于特殊用途的质子交换膜燃料电池的双极板。在此，主要介绍铝合金基体及涂层材料和钛合金基体及涂层材料。

① 铝合金基体与涂层　相比不锈钢而言，铝合金的优势在于低密度（比不锈钢轻 65%）、低电阻率（不锈钢的 1/5）、高热传导率（不锈钢的 8 倍）、易加工，但铝合金在电池环境下的耐蚀性差，不能满足双极板的性能要求，因此，铝合金要在双极板上运用必须进行表面处理。

同种涂层镀在不同基体上，其耐蚀性和导电性会有明显的差异。例如，将 Ni-Co-P 涂层分别镀在纯 Al、AA1050 合金、AA6061 合金、AA3004 合金表面，常温下，其腐蚀电流密度分别为 $4.0\mu A/cm^2$、$1.96\mu A/cm^2$、$32.03\mu A/cm^2$ 和 $11.94\mu A/cm^2$，接触电阻分别为 $142.35m\Omega \cdot cm^2$、$27.05m\Omega \cdot cm^2$、$77.75m\Omega \cdot cm^2$ 和 $209.25m\Omega \cdot cm^2$。因此，涂层材料必须与基体有良好的结合性和匹配性才能表现出良好的综合性能，满足双极板的服役条件。镀涂层后的 Al 合金材料在不同温度下的模拟电池环境中的性能差异较大。例如，在纯铝表面镀覆一层 Ni-Co-P

后，将其分别置于 25℃ 和 70℃ 的模拟电池环境中，其腐蚀电流密度分别为 $4.0\mu A/cm^2$、$565.4\mu A/cm^2$；在 AA1050 表面涂覆一层 Ni-Co-P 后，置于 25℃ 的电池环境中，其腐蚀电流密度分别为 $1.96\mu A/cm^2$，置于 70℃ 的电池环境中，其腐蚀电流密度为 $662.3\mu A/cm^2$。类似的合金还有 AA6061、AA3004 等。由此可见，温度对镀 Al 合金涂层的影响非常明显，因此在选择 Al 合金涂层时，也应将服役温度作为重要衡量指标。

② 钛合金基体与涂层　钛合金材料具有密度小、比强度高、耐腐蚀、易加工等优点，但钛合金在高温或酸性条件下表面也会形成钝化膜，导致膜电极扩散层和双极板间的接触电阻增大，降低燃料电池的输出功率。由于钛合金表面容易形成电导率低的钝化膜，因此，钛合金不能直接作为双极板投入使用。与不锈钢和铝合金类似，钛合金可以通过在表面镀涂层的方法提高其耐蚀性和电导率，以满足双极板的性能要求。没有涂层的 Ti-6Al-4V 在模拟电池环境下的腐蚀电流密度为 $5.48\sim7.46\mu A/cm^2$，接触电阻为 $87m\Omega\cdot cm^2$，通过在其表面镀覆一层 ZrC 或 ZrCN，其腐蚀电流密度分别为 $0.39\mu A/cm^2$ 和 $0.336\sim15.7\mu A/cm^2$，接触电阻分别降为 $9.6m\Omega\cdot cm^2$ 和 $11.2\sim11.71m\Omega\cdot cm^2$。纯 Ti 在模拟电池环境下的腐蚀电流密度和接触电阻分别为 $0.042\mu A/cm^2$ 和 $37m\Omega\cdot cm^2$，在其表面镀 TiN 后的腐蚀电流密度和接触电阻分别为 $0.0086\mu A/cm^2$ 和 $2.4m\Omega\cdot cm^2$。相比上述涂层材料而言，在 Ti-6Al-4V 表面镀 Zr 则表现出较高的接触电阻（$40m\Omega\cdot cm^2$），不能满足双极板的性能要求。

不同金属材料在电池环境中的性能是不相同的，如何选择合适的双极板基材也是燃料电池广泛应用的关键。通过比较 SS304 不锈钢、SS316 不锈钢、AA5083、AA5052、Ti-6Al-4V 和纯 Ti 作为金属双极板基体材料在模拟电池环境下的腐蚀电流密度和接触电阻，可知不锈钢和钛合金在模拟电池环境下的腐蚀电流密度接近，但接触电阻有明显的差别，从大到小的顺序为 SS304、SS316、Ti-6Al-4V、纯 Ti。与不锈钢相比，钛合金有与之接近的腐蚀电流密度，且有更低的接触电阻。因此，综合耐蚀性和导电性来看，钛合金比不锈钢更适合作为双极板基体材料。与不锈钢和钛合金相比，铝合金在模拟电池环境下具有良好的导电性能（SS304＞SS316＞Ti-6Al-4V＞AA5052＞纯 Ti＞AA5083），但腐蚀电流密度过大（AA5083＞AA5052＞Ti-6Al-4V＞SS316＞SS304＞纯 Ti），这可能是由于铝合金表面形成的氧化膜不致密造成的。因此，在综合性能上，不锈钢和 Ti 合金比 Al 合金更适合作为双极板的基体材料。金属表面形成的钝化膜降低了材料的腐蚀速率，但增加了接触电阻，通过在金属表面镀涂层，可以提高金属材料表面的耐蚀性和电导率。通过在不同的金属基体材料表面镀 CrN 后，双极板材料的电流密度和耐蚀性得到了明显改善。镀涂层后不同的合金材料在模拟电池环境下的腐蚀电流密度从大到小的顺序为 AA5083、SS316、SS304，接触电阻从大到小的顺序为 SS304、SS316、AA5083。总体而言，在不锈钢上镀 CrN 获得了优异的性能，且能满足双极板的性能要求。但与不锈钢相比，在铝合金上镀 CrN 表现出较大的腐蚀电流密度，这可能是由于 CrN 涂层和 Al 合金表面接触处产生缺陷造成的。在不同的金属材料表面镀 TiN 后的腐蚀电流密度从大到小的顺序为 AA5052、SS316、SS304、纯 Ti，接触电阻从大到小的顺序为 SS304、AA5052、SS316、纯 Ti。可以看出，纯 Ti 和 SS316 不锈钢表面镀 TiN 在模拟电池环境中表现出十分优异的耐蚀性和导电性。但是，涂层后的 SS304 不锈钢表现出较差的电导率，这可能是由于涂层和基体间的结合性差造成的。涂层后的 AA5052 的接触电阻和腐蚀电流密度均很大，造成这种情况的原因可能是界面接触处存在缺陷，导致电化学腐蚀，使得腐蚀电流密度和接触电阻升高。综合而言，钛合金和不锈钢比 Al 合金更适合作为双极板基体材料。

（2）石墨双极板材料

石墨是最早开发的双极板材料。相比金属及合金双极板而言，石墨双极板具有密度低、耐蚀性好、与碳纤维扩散层之间有很好的亲和力等优点，可以满足燃料电池长期稳定运行的要求。但是，石墨的孔隙率大、力学强度较低、脆性大，为了阻止工作气体渗过双极板，且满足力学性能的设计，石墨双极板通常较厚，导致石墨材料的体积和质量较大。另外，由于石墨材料的加工性能差、成品率低，使得制造成本增加。

纯石墨板一般采用碳粉或石墨粉与沥青或可石墨化的树脂来制备。石墨化的温度通常高于 2500℃，且石墨化过程必须按照严格的升温程序进行，制备周期长，从而导致纯石墨板价格高昂。用可膨胀石墨膨化得到的石墨蠕虫直接压制出不同密度的柔性石墨板，这些柔性石墨的性能稳定、导电性好、耐腐蚀、有自密封作用并且易加工，是很好的流场板材料。Jool 等提出了一种整片石墨板的制备方法，其密封边缘部分无孔或孔极小，但工作部分孔隙率大，从而导致能耗高；上海交通大学燃料电池研究所的王明华等采用真空加压方法用硅酸钠浓溶液浸渍石墨双极板，然后加热使之转变为 SiO_2，这种方法大大降低了空隙率；美国的 Emanuelson 等使用石墨粉和炭化热固性酚醛树脂混合注塑制备双极板。采用这种方法制得的双极板强度达到了燃料电池所需的要求，但电阻率大，比纯石墨双极板大 10 倍左右；Jisanghoon 等采用石墨薄片叠加的方式，将石墨与支撑材料板组合在一起制作双极板，这种双极板材料的电流密度和电池电压有明显的提高；Lawrance 采用在石墨板上涂覆薄层金属的方法来避免材料中的树脂降解。

由此可知，石墨双极板材料具有良好的耐蚀性和电导率，可以满足双极板长期运行的要求，但是石墨材料的加工性能差，制造成本高，近几年的研究虽然使得石墨双极板的力学性能和成本有了很大改善，但还是不能满足双极板的力学性能和成本要求，这仍是限制石墨双极板广泛运用的最大瓶颈。

（3）复合双极板材料

相比金属双极板和石墨而言，复合双极板综合了上述两种双极板的优点，具有耐腐蚀、易成形、体积小、强度高等特点，是双极板材料的发展趋势之一。但是目前生产的复合双极板的接触电阻高、成本高，这是科研工作者目前正在攻克的难题。复合双极板材料一般由高分子树脂基体和石墨等导电填料组成，其中，树脂作为增强剂和黏结剂，不仅可增强石墨板的强度，还可以提高石墨板的阻气性。Lawrance 等采用氟塑料与石墨制成复合材料，其力学强度表现优异，导电/热及耐腐蚀性能都达到了燃料电池的要求，但这种双极板的生产周期长，成本高，不适于商业化生产；Wilson 等采用石墨/乙烯基树脂制备双极板，该双极板具有成本低、导电性好及制备简单等优点，但生产周期长，稳定性不够好。相比之下，采用液晶高分子和石墨混合，利用液晶高分子的低黏度注射成形双极板，其体电导率高，而且成形周期短。Pellegri 等采用环氧树脂等热固性树脂制作复合材料双极板，其力学强度优异，但电阻较大。Blunk 等采用环氧树脂和膨胀石墨制备复合材料，其显示了较低的电阻，但弯曲强度达不到要求。阴强等采用碳纤维/酚醛树脂复合材料制作的双极板具有良好的导电性和力学性能，但制作工艺复杂，价格昂贵。华东理工大学的张世渊等采用粉体聚芳基乙炔树脂作为黏结剂，以石墨作为导电填充物，混合热压成形制备了聚芳基乙炔/石墨复合双极板。结果表明，当复合双极板中石墨的质量分数为70%时，其密度、导电性、透气性和弯曲强度等方面的综合表现最佳。近年来，一种高性能碳-碳复合材料正在兴起，黄明宇等采用凝胶注模工艺将中间相碳微球和碳纤维共混，制备出了碳-碳复合材料双极板，这种双极板的性能稳定，而且制作成本低。

综上可知，金属双极板、石墨双极板和复合双极板材料各有其优势和不足，石墨材料有良好的耐腐蚀性和导电性，但其加工成本过高。相比石墨材料，复合材料具有较低的成本、良好的耐腐蚀性，但是目前加工出来的双极板的电导率低，不能满足双极板的性能要求，需要科研人员进一步提高复合材料的导电性。镀涂层后的金属双极板在保证合理导电性的前提下，明显提高了双极板的耐腐蚀性，使得燃料电池整个体系的服役寿命大幅度提升。但金属表面镀涂层无疑增加了制造成本和工艺的复杂性，如何在保证耐腐蚀性和电导率的基础上提高双极板的服役寿命，且进一步降低成本和工艺的复杂性，是金属双极板下一步需要解决的问题。

（4）PEMFC 双极板发展趋势

通过在金属表面镀涂层可以使金属材料在燃料电池环境中的耐蚀性和电导率明显提高，且很多镀涂层后的金属材料可以满足双极板的性能要求，但是有些涂层材料与基体结合，表现出较差的耐腐蚀性或导电性。因此，金属材料要满足双极板的性能要求，必须选择性能优良的基体材料和与之相匹配的涂层。目前，金属基体材料中研究最多的有不锈钢、钛合金以及铝合金三种。不锈钢具有价格低、力学性能优异等优点，是基体材料中的首选。钛合金和铝合金的比强高、耐腐蚀性好，可以用于特殊用途的质子交换膜燃料电池的双极板材料。涂层材料种类很多，不同涂层材料与金属基体的匹配性和结合力各有差异，因此，寻找出一种适合基体的涂层材料是解决金属双极板耐腐蚀性和导电性问题的关键。在金属材料表面镀涂层虽然提高了双极板在燃料电池环境下的耐腐蚀性和电导率，但这种方法增加了双极板制造成本和工艺的复杂性。如何在保证良好导电性和耐腐蚀性的前提下降低成本和工艺的复杂性，保障整个电池体系的服役寿命提升，是质子交换膜燃料电池下一步需要解决的问题。

5.4.5　PEMFC 的应用前景

经过多年的基础研究与应用开发，质子交换膜燃料电池用作汽车动力的研究已取得实质性进展，微型质子交换膜燃料电池便携电源和小型质子交换膜燃料电池移动电源已达到产品化程度，中、大功率质子交换膜燃料电池发电系统的研究也取得了一定成果。由于质子交换膜燃料电池发电系统有望成为移动装备电源和重要建筑物备用电源的主要发展方向，因此有许多问题需要进行深入的研究。就备用氢能发电系统而言，除质子交换膜燃料电池单电池、电堆的质量、效率和可靠性等基础研究外，应用研究主要包括适应各种环境需要的发电机集成制造技术、质子交换膜燃料电池发电机电气输出补偿与电力变换技术、质子交换膜燃料电池发电机并联运行与控制技术、备用氢能发电站制氢与储氢技术、适应环境要求的空气（氧气）供应技术、氢气安全监控与排放技术、氢能发电站基础自动化设备与控制系统开发、建筑物采用质子交换膜燃料电池氢能发电电热联产联供系统以及质子交换膜燃料电池氢能发电站建设技术等。采用质子交换膜燃料电池氢能发电将大大提高重要装备及建筑电气系统的供电可靠性，使重要建筑物以市电和备用集中柴油电站供电的方式向市电与中、小型质子交换膜燃料电池发电装置，太阳能发电，风力发电等分散电源联网备用供电的灵活发供电系统转变，极大地提高建筑物的智能化程度、节能水平和环保效益。

5.5　磷酸盐燃料电池（PAFC）

PAFC 是当前商业化发展得最快的一种燃料电池。正如其名字所示，这种电池使用液体磷酸为电解质，通常位于碳化硅基质中。磷酸盐燃料电池的工作温度要比质子交换膜燃料电池和碱性燃料电池的工作温度略高（150～200℃），但仍需电极上的白金催化剂来加速反应。其阳极和阴极上的反应与质子交换膜燃料电池相同，但由于其工作温度较高，所以其阴极上的反应速度要比质子交换膜燃料电池的阴极的速度快。

5.5.1 PAFC 的工作机理和特点

PAFC 采用的是 100％磷酸电解质，其常温下是固体，相变温度是 42℃，磷酸在水溶液中易解离出氢离子，并将阳极反应中生产的氢离子传输至阴极。在阳极，燃料气体中的氢气在电极表面反应生成氢离子并释放出电子，电子向阴极运动，因此，在阴极上，经电解质传输的氢离子及经负载电路流入的电子和外部提供的氧气在催化剂的作用下反应生成水分子。具体的电极反应表达如下

$$阳极 \quad H_2 \longrightarrow 2H^+ + 2e^-$$
$$阴极 \quad 1/2O_2 + H^+ + 2e^- \longrightarrow H_2O$$

PAFC 把燃料（主要是氢）的氧化反应分成正极反应和负极反应两个电化学反应进行。因此，PAFC 的运行需要具备以下条件：

① 正极和负极之间的电子导电性能高，电阻小；

② 离子导电性高，电子导电性低的电解质与两电极接触，电荷由离子从电解质中输出；

③ 氢气与氧气分别供给各自的电极，电极催化剂（固体）、氢气或氧气（气体）、电解质（液体）在其三相界面起反应；

④ 氢与氧不直接接触。

PAFC 具有如下特征：

① 排气清洁：燃料并不燃烧就可以发电，因此，几乎没有 NO_x 和 SO_x 等大气污染物的产生；

② 发电效率高：燃料电池发电是把燃料的化学能直接变换成电能，能量变换损失少；

③ 低噪声，低振动。

总之，PAFC 发电效率高，环境负担低，而且稳定性良好；余热利用中获得的水可作为人们日常生活用热水；启动时间短，安全性优良。

5.5.2 PAFC 电极

目前 PAFC 的电极采用疏水剂黏结型气体扩散电极设计，在结构上可分成扩散层、整平层与催化层三层。扩散层通常为疏水处理后炭纸或炭布等多孔材料所制成。扩散层有两项主要功能，第一项功能是通过扩散层的多孔结构使得反应气体能够顺利扩散进入电极，并均匀地分布在催化层上，以提供最大的电化学反应面积；第二项功能是将反应所产生的电子导离阳极以进入外电路，并同时将外电路来的电子导入阴极，因此，气体扩散层必须是电的良导体。这两项功能的设

计目标在于使得电极能够产生最大的电流密度。整平层是在扩散层表面上涂覆一层炭粉与疏水剂的混合物，目的是为了使催化层能够平整地被覆在扩散层上。催化层则是发生电化学反应的场所，也是电极的核心，为了使电催化反应能够顺利进行，在电极上的催化层必须具备以下几项特性：

① 催化层必须透气，即具有高的气体渗透性；

② 催化粒子必须均匀地分布在能接触到气体分子的表面；

③ 催化层必须与电解质接触，以确保反应产生的离子顺利地通过；

④ 催化载体的导电性要高，以利于电子转移，因为在触媒粒子上，反应所需的或产生的电子必须通过导电性物质与电极沟通；

⑤ 催化的稳定性要好，高分散、细颗粒的铂表面自由能大，很不稳定，需要掺入一些催化剂以降低其表面自由能，或者掺入少量含有能与催化剂形成化学键或弱结合力的元素的物质。

早期，PAFC 的触媒层是以聚四氟乙烯黏合铂黑所构成，铂载量高达 $9mg/cm^2$ 以上，目前则是将铂分布在高导电度、抗腐蚀、高比表面积、低密度和廉价的炭黑上而形成高度分散的铂/炭触媒，如此使铂利用率大为提高，进而使铂用量大幅度降低。以目前的技术，阳极的铂载量可以降低到约为 $0.10mg/cm^2$，阴极约为 $0.50mg/cm^2$。PAFC 电极的制作技术大致叙述如下。

① 扩散层的疏水处理：将载好的炭纸称重，多次浸入已稀释好的聚四氟乙烯溶液中，取出阴干后再置入烘箱内烘干，以去除使浸渍在炭纸中的聚四氟乙烯所含的接口活性剂，同时使聚四氟乙烯热熔烧结并均匀分散在炭纸的纤维上，进而达到良好的疏水效果。将烘干冷却后的炭纸称重，可求得疏水处理的程度与孔隙率。一般而言，PAFC 护散层的厚度在 $200\sim400\mu m$ 之间，内部多孔结构的大结构微孔孔径为 $2\sim50\mu m$，细孔孔径则为 $3\sim5nm$。

② 气体扩散层表面平整处理：由于烘干后的炭纸或炭布表面凹凸不平，会影响催化层的品质，因此，有必要对炭纸表面进行平整处理。整平方法是用水或水与乙醇的混合物作为溶剂，置入适量的炭黑与聚四氟乙烯乳液后以超声波振荡，混合均匀，再使其沉淀，清除上部清液后，将沉淀物涂抹到进行过疏水处理的炭纸或炭布上，并予以整平。整平层的厚度为 $1\sim2\mu m$。

③ 催化浆料制作：将聚四氟乙烯、异丙醇作为（分散剂）及水按一定比例混合成水溶液；然后将适量的铂/炭混合粉末连同磁石一并放进混合溶液瓶内，置于磁石加热搅拌器上混合均匀为止。当浆料太稠时，可以加入适量异丙醇予以稀释，倘若太稀则加长搅拌时间。

④ 气体扩散电极制作：利用浆涂、喷印、网印等方法，将催化浆料均匀涂布至疏水处理后的炭纸上，而成为气体扩散电极。涂布完毕后，置于通风橱内晾干；紧接着再置入高温炉内在常压下烘干并压实处理。冷却称重，可求得电极上

单位面积铂载量。一般而言，催化层的厚度约为 $50\mu m$。

5.5.3 PAFC 双极板

双极板具有输送反应气体、分隔氢气和氧气及传导电流的作用，在其两面加工的流场将反应气体均匀分配至电极各处。由于磷酸具有腐蚀性，双极板不能采用一般的金属材料制作，目前常用的双极板材料是无孔石墨。无孔石墨的制作方式是先将石墨粉与树脂混合，在 900℃ 左右的高温下将树脂部分炭化而成，然而在实际应用中发现，这种方法制作的双极板材料在磷酸电池的工作条件下会发生降解。为了解决这一问题，将热处理温度提高到了 2700℃，从而使石墨粉与树脂的混合物接近完全石墨化，这种方法制作的材料在典型的 PAFC 工作条件下（温度为 190℃，体积分数为 97％的磷酸电解质，氧气工作压力为 0.48MPa，电池工作电压为 0.8V）可以稳定地工作 40000h 以上，这个结果显然已经达到了燃料电池的长期运转目标。然而，这种高温处理的无孔石墨双极板的生产成本太高，为降低双极板的制作成本，目前大都采用复合双极板。所谓复合双极板就是以两侧的多孔炭流场板夹住中间一层分隔氢气与氧气的无孔薄板，以构成一套完整的双极板。这种设计除了有效分隔氢气与氧气之外，在 PAFC 中，多孔流场板的内部还可以存贮少许的磷酸电解质，当电池隔膜中的磷酸因蒸发等原因损失时，存贮在多孔放板中的磷酸就会依靠毛细力的作用迁移到电解质隔膜内，以延长电池的工作寿命。

5.6 熔融碳酸盐燃料电池（MCFC）

MCFC 是第二代燃料电池，能够将 H_2、CH_4、煤制气等燃料的化学能通过电化学反应直接转化为电能，是一种先进的清洁高效发电技术。由于其电解质是一种存在于偏铝酸锂（$LiAlO_2$）陶瓷基膜里的熔融碱金属碳酸盐混合物而得其名。MCFC 是由多孔陶瓷阴极、多孔陶瓷电解质隔膜、多孔金属阳极、金属极板构成的燃料电池，其电解质是熔融态碳酸盐，通常是锂和钾，或锂和钠金属碳酸盐的二元混合物。

5.6.1 MCFC 的工作机理

MCFC 的结构主要包括阴极、阳极、电解质及隔膜。其中阳极一般采用 Ni-Al、Ni-Cr 作为催化剂，阴极采用锂化的 NiO（$Li_xNi_{1-x}O$）作为催化剂，电解质为熔融碳酸盐（Li_2CO_3、Na_2CO_3、K_2CO_3），隔膜采用多孔 $LiAlO_2$ 膜，用于承载熔融碳酸盐。MCFC 的工作机理如图 5-3 所示。工作时，在阴极通入空气和

CO_2，产生碳酸根离子；碳酸根离子穿过电解质到达阳极，在阳极 H_2 与碳酸根离子发生电化学反应，生成 H_2O 和 CO_2，与此同时，电子从阳极通过外电路到达阴极，并对外做电功。发生的电化学反应如下所示

$$\text{阴极}\quad O_2 + 2CO_2 + 4e^- \longrightarrow 2CO_3^{2-}$$

$$\text{阳极}\quad H_2 + CO_3^{2-} \longrightarrow H_2O + CO_2$$

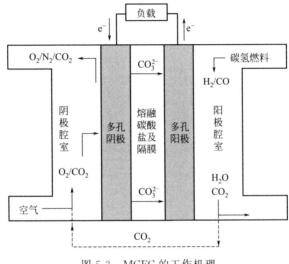

图 5-3　MCFC 的工作机理

5.6.2　MCFC 电极材料

熔融碳酸盐燃料电池主要是由阳极、阴极、电解质基底和（穿孔）集流板或双极板等构成。图 5-4 显示了 MCFC 的结构示意图。MCFC 组装方式是：隔膜两侧分别是阴极和阳极，再分别放上集流板或双极板。

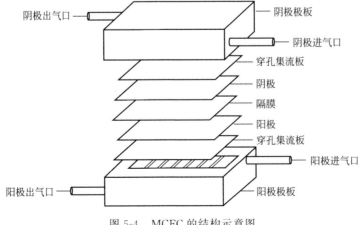

图 5-4　MCFC 的结构示意图

（1）阳极

MCFC 的阳极催化剂最早采用银和铂，为降低成本，后来改用了导电性与电催化性能良好的镍。但镍被发现在 MCFC 的工作温度与电池组装力的作用下会发生烧结和蠕变现象，进而 MCFC 采用了 Ni-Cr 或 Ni-Al 合金等作阳极的电催化剂。加入 2%～10%Cr 的目的是防止烧结，但 Ni-Cr 阳极易发生蠕变。另外，Cr 还能被电解质锂化，并消耗碳酸盐，Cr 的含量减少会减少电解质的损失，但蠕变将增大。相比之下，Ni-Al 阳极蠕变小，电解质损失少，蠕变降低是由于合金中生成了 $LiAlO_2$。

（2）阴极

熔融碳酸盐燃料电池的阴极催化剂普遍采用氧化镍。其典型的制备方法是将多孔镍电极在电池升温过程中就地氧化，而且部分被锂化，形成非化学计量化合物 Li_xNi_{1-x}，电极导电性极大提高。但是，这样制备的 NiO 电极会产生膨胀，向外挤压电池壳体，破坏壳体与电解质基体之间的湿密封。改进这一缺陷的方法有以下几种：

① Ni 电极先在电池外氧化，再到电池中掺 Li，或氧化和掺 Li 都在电池外进行；

② 直接用 NiO 粉进行烧结，在烧结前掺 Li，或在电池中掺 Li；

③ 在空气中烧结金属镍粉，使烧结和氧化同时完成；

④ 在 Ni 电极中放置金属丝网（或拉网）以增强结构的稳定性等。

（3）电解质基底

电解质基底是 MCFC 的重要组成部件，它的使用也是 MCFC 的特征之一。电解质基底由载体和碳酸盐构成，其中电解质被固定在载体内。基底既是离子导体，又是阴、阳极隔板。要求它必须强度高，耐高温熔盐腐蚀，浸入熔盐电解质后能够阻挡气体通过，且又具有良好的离子导电性能。其塑性可用于电池的气体密封，防止气体外泄，即所谓"湿封"（即湿密封）。当电池的外壳为金属时，湿封是唯一的气体密封方法。

（4）集流板（双极板）

双极板能够分隔氧化剂和还原剂，并提供气体的流动通道，同时还起着集流导电的作用，因此也称作集流板或隔离板。它一般采用不锈钢（如 SS316、SS310）制成。在电池工作环境中，阴极侧的不锈钢表面生成 $LiFeO_2$，其内层又有氧化铬，二者均起到钝化膜的作用，减缓不锈钢的腐蚀速度。SS310 不锈钢由于铬镍含量高于 SS316，因而耐蚀性能更好。一般而言，阳极侧的腐蚀速度大于阴极侧。双极板腐蚀后的产物会导致接触电阻增大，进而引起电池的欧姆极化加剧。为减缓双极板阳极侧的腐蚀速度，采取了在该侧镀镍的措施。MCFC 是靠浸入熔盐的偏铝酸锂隔膜密封，称湿密封。为防止在湿密封处造成原电池腐蚀，双极板的湿密封处通常采用铝涂层进行保护。在电池的工作条件下，该涂层会生成致密的绝缘层。

（5）电池整体结构

熔融碳酸盐燃料电池组均按压滤机方式进行组装，在隔膜两侧分置阴极和阳极，再置双极板，周而复始进行，最终由单电池堆积成电池堆。氧化气体和燃料气分别进入各节电池孔道（称气体分布管），MCFC 电池组的气体分布管有两种方式——内气体分布管和外气体分布管。近年国外逐渐倾向采用内分布管方式，并对其进行了改进。氧化与还原气体在电池内的相互流动有并流、对流和错流三种方式，部分 MCFC 采用错流方式。

5.6.3　MCFC 的特点

MCFC 单体及电池堆的结构在原理上与普通的叠层电池类似，但实际上要复杂得多。它的主要特点为：

① 阴、阳极的活性物质都是气体，电化学反应需要合适的气、固、液三相界面。因此，阴、阳电极必须采用特殊结构的三相多孔气体扩散电极，以利于气相传质、液相传质和电子传递过程的进行。

② 两个单电池间的隔离板，既是电极集流体，又是单电池间的连接体。它把一个电池的燃料气与邻近电池的空气隔开，因此，它必须是优良的电子导体并且不透气，在电池工作温度下及熔融碳酸盐存在时，在燃料气和氧化剂的环境中具有十分稳定的化学性能。此外，阴阳极集流体不仅要起到电子的传递作用，还要具有适当的结构，为空气和燃料气流提供通道。

③ 单电池和气体管道要实现良好的密封，以防止燃料气和氧化剂的泄漏。当电池在高压下工作时，电池堆应安放在压力容器中，使密封件两侧的压力差减至最小。

④ 熔融态的电解质必须保持在多孔惰性基体中，它既具有离子导电的功能，又有隔离燃料气和氧化剂的功能，在 4kPa 或更高的压力差下，气体不会穿透。

在实用的 MCFC 中，燃料气并不是纯的氢气，而是由天然气、甲醇、石油、石脑油和煤等转化产生的富氢燃料气。阴极氧化剂则是空气与二氧化碳的混合物，其中还含有氮气。因此，转化器是 MCFC 系统的重要组成部分，目前有内部转化和外部转化两种方式。内部转化又区分为直接内部转化和间接内部转化。

基于上述的特点，MCFC 主要具有如下的优点和缺点：

（1）优点

① 工作温度高，电极反应活化能小，无论氢的氧化或是氧的还原，都不需贵金属作催化剂，降低了成本；

② 可以使用 CO 含量高的燃料气，如煤制气；

③ 电池排放的余热温度高达 673K，可用于循环或回收利用，使总的热效率达到 80%；

④ 可以不需用水冷却，而用空气冷却代替，尤其适用于缺水的边远地区。

（2）缺点

① 高温以及电解质的强腐蚀性对电池各种材料的长期耐腐蚀性能有十分严格的要求，电池的寿命也因此受到一定的限制。

② 单电池边缘的高温湿密封难度大，尤其在阳极区，容易遭受到严重的腐蚀。另外，熔融碳酸盐的一些固有问题，如由于冷却导致的破裂问题等。

③ 电池系统中需要有 CO_2 循环，将阳极析出的 CO_2 重新输送到阴极，增加了系统结构的复杂性。

5.6.4 MCFC 的发电系统

单独的电池堆并不能实现连续稳定的工作，还需要供气装置、冷却装置等子系统来辅助。而且，由于 MCFC 工作温度高，尾气余热利用设计将影响系统能量综合利用效率，因此对 MCFC 系统进行优化设计十分重要。在系统设计中，不仅需要考虑电池堆本体的工作条件，还需考虑尾气余热利用、燃料特性以及环保要求。目前主流的系统方案有 3 种：①热电联产系统；②与燃气轮机相联合的混合发电系统；③可实现 CO_2 捕集的 MCFC 系统。

（1）MCFC 热电联产系统

MCFC 的尾气温度在 400～600℃，为了利用这些高温余热，提高系统的综合效率，将尾气余热直接用于燃料气和空气的加热，并向客户供给热水或蒸汽。该系统同时为客户提供电能和热能，称为热电联产系统。

在实际应用中，电池系统的布置方案会随燃料特性、燃料电池堆组特性以及用户需求的不同而改变。为提高燃料电池堆组阴极入口气体的温度，可以采用空气预热器，使空气经过鼓风机之后与尾气进行换热，从而提高催化燃烧器入口空气的温度，采用空气预热器的 MCFC 系统结构如图 5-5 所示。

为维持催化燃烧器的稳定运行，其入口温度一般应高于 200℃。当空气与阳极尾气混合后的气体温度无法满足该要求时，可以利用经过鼓风机后的空气与催化燃烧器出口的混合气进行换热（图 5-6）。该方法在提高催化燃烧器入口温度的同时并不影响燃料电池阴极入口混合气的温度，但催化燃烧器的出口温度随之提高，因此在实际应用中应保证催化燃烧器的出口温度低于催化剂的最高耐受温度。

此外，还有两种典型的 MCFC 系统布置方案：①阳极循环系统，将部分阳极尾气循环到阳极入口气体中；②阴极循环系统，将部分阴极尾气循环到阴极入口气体中。采用阳极循环系统主要是为了提高燃料利用率，进而提高系统效率；

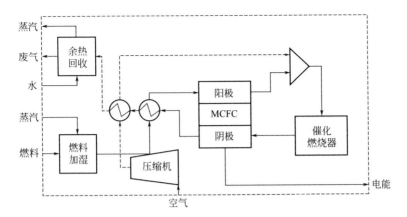

图 5-5　采用空气预热器的 MCFC 系统 I

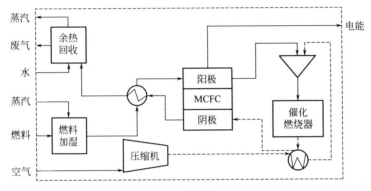

图 5-6　采用空气预热器的 MCFC 系统 II

采用阴极循环系统主要是为了提高阴极入口 CO 的浓度和流量，而且气体量的增大能够降低电池堆组的尾气温度。由德国 MTUCFC Solution 公司开发的 Hot-Module 燃料电池系统采用了阴极尾气循环，并且通过空气与催化燃烧器出口混合气进行换热来调节催化燃烧器入口温度，其系统结构如图 5-7 所示。该系统的发电效率为 49%，系统容量为 250kW～2MW，尾气出口温度＞400℃，可直接用于供给热量，热电联产效率＞80%，在医疗、通信、食品饮料等领域进行了商业化示范。

（2）MCFC 混合发电系统

MCFC 电池堆组工作温度高（650℃），而且排放的尾气温度也较高，为了进一步提高 MCFC 的系统发电效率，MCFC 还可以与燃气轮机（gas turbine，GT）、有机朗肯循环（organic Rankine cycle，ORC）等发电方式进行耦合组成混合发电系统。目前，MCFC 与微型燃气轮机组成的混合发电系统是发展的重点方向，并得到了商业化应用。根据燃气轮机透平入口高温气体来源的不同，MCFCGT 混合发电系统可以分为底层循环系统和顶层循环系统。

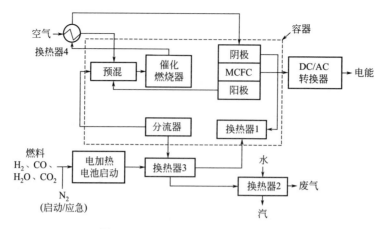

图 5-7　HotModule MCFC 系统结构

MCFC-GT 底层循环系统中，进入燃气轮机透平的高温气体通过高温热交换器获得热量。由于该系统高温热交换器工作在高压，而燃料电池工作在常压，因此称为底层循环系统。图 5-8 给出了 FuelCell Energy 公司开发的一种 MCFC-GT 底层循环系统——DFC/T 系统的结构示意。该系统中，催化燃烧器连接在燃气轮机透平后，透平出口空气和燃料电池阳极出口气体混合后进入常压的催化燃烧室，阳极尾气中剩余的燃料完全燃烧，使得催化燃烧器出口的混合气温度进一步升高。压缩机出口的高压空气首先与燃料电池阴极尾气进行换热升温，再通过高温换热器与催化燃烧器出口的高温混合气进行换热升温，最后通入燃气轮机透平中膨胀做功。此系统中，工作在常压下的催化燃烧室与工作在高压下的高温热交换器的联合代替了常规燃气轮机中的加压燃烧管，为燃气轮机透平提供高温高压气体。该系统 MCFC 工作在常压下，降低了燃烧电池的密封和组装难度，并充分利用了燃料电池和燃烧器出口的高温余热，发电效率达到 58%LHV，发电容量为 3.4MW，是目前 MCFC 混合发电系统的主流发展方向。

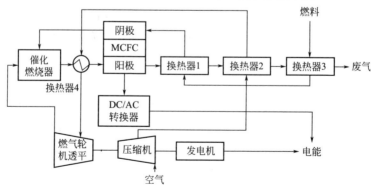

图 5-8　DFC/T MCFC 系统结构

在 MCFC-GT 顶层循环系统中,进入燃气轮机透平的高温气体通过燃料电池阴极反应获得。该系统中燃料电池工作在高压,相当于燃气轮机的燃烧室,因此称为顶层循环系统。图 5-9 给出了 AnsaldoFuel Cells 公司开发的一种 MCFC-GT 顶层循环系统——AFCo 混合发电系统。该系统采用天然气为燃料,燃料电池工作在 0.3~0.4MPa 下,空气经过压缩机加压后首先与透平出口的气体进行换热升温,然后加压空气与催化燃烧反应器出口的高温气体混合后直接进入燃料电池阴极腔室,燃料电池阴极出口的高温尾气则通入燃气轮机透平膨胀做功。此系统中,燃料电池、催化燃烧器均工作在高压下,提高了燃料电池和催化燃烧器的效率,发电效率可达 55%LHV,但是该系统对燃料电池密封、组装特性要求高,发电成本较高。

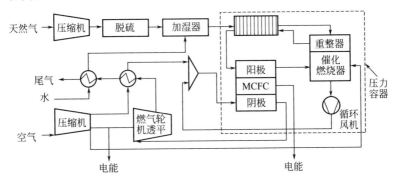

图 5-9　AFCo 混合发电系统

(3) 用于 CO_2 捕捉的 MCFC 系统

降低温室气体 CO_2 的排放以减缓气候变化成为当今国际社会关注的热点。MCFC 工作时,将 CO_2 和空气中的氧气作为氧化剂,CO_2 通过电化学反应从燃料电池阴极迁移至阳极,这一过程能够富集 CO_2 并将其捕获。对此,当前的研究重点包括以下 3 种系统:①与火电厂相结合的 MCFC CO_2 捕集系统;②带 CO_2 捕集的 MCFC 系统;③带 CO_2 捕集的整体煤气化燃料电池系统。其中系统②和系统③均是在 MCFC 系统和整体煤气化燃料电池系统的基础上利用 MCFC 阳极对 CO_2 的富集作用进行 CO_2 的捕集。

以与火电厂相结合的 MCFC CO_2 捕集系统为例。作为 CO_2 分离器的 MCFC 能够有效地与传统火电厂进行集成,组成火电厂熔融碳酸盐燃料电池系统(power plant-MCFC,PP-MCFC),其工作原理如图 5-10 所示。PP-MCFC 系统直接将火电厂排出的尾气经过一定预处理后与空气/O_2 混合后通入 MCFC 阴极,经过电化学反应使尾气中 CO_2 降低到 1%(体积分数)以下,并排放到大气中。在 MCFC 阳极,经过天然气重整的合成气被通入,经电化学反应后,未反应的气体在催化燃烧器中进行完全反应,然后通入 CO_2 捕集装置,分离其中高浓度的 CO_2。

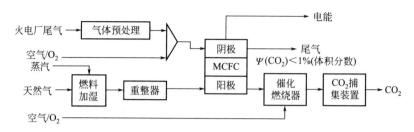

图 5-10　火电厂熔融碳酸盐燃料电池系统结构

PP-MCFC 系统与 MCFC-GT 系统相比，MCFC-GT 系统的主要目的是提高发电效率，而 PP-MCFC 系统则是在保持高发电效率运行的同时实现 CO_2 从火电厂尾气中的有效分离。在 PP-MCFC 系统中，影响系统效率的关键因素在于系统结构和操作条件。MCFC 易于改装到传统火电机组上，从而实现 CO_2 的捕集。采用 MCFC 来实现 CO_2 捕集在电力领域已经进行了应用示范。

5.6.5　MCFC 需解决的关键技术问题

（1）阴极的溶解

MCFC 以 NiO 材料为阴极。而 NiO 在熔盐中有微小溶解度，电池长期运行中 NiO 逐步溶解，溶解产生的 Ni^{2+} 扩散浸入电池隔膜中，被隔膜阳极一侧渗透的 H_2 还原成金属 Ni，而沉积在隔膜中，严重时导致电池短路，从而缩短了电池的寿命。阴极溶解短路机理如下

$$NiO+CO_2 \longrightarrow Ni^{2+} +CO_3^{2-}$$
$$Ni^{2+} +CO_3^{2-} +H_2 \longrightarrow Ni+CO_2 +H_2O$$

为提高阴极抗熔盐电解质的腐蚀能力，国外普遍采取的方法有如下几种：

① 向电解质中加入碱土类金属盐以抑制氧化镍的溶解，如碳酸钡（$BaCO_3$）和碳酸锶（$SrCO_3$）等，以抑制 NiO 的溶解；

② 向阴极中加入 CoO、AgO 或 La_2O_3 等稀土氧化物；

③ 发展新的阴极替代材料，如 $LiFeO_2$、$LiMnO_2$ 和 $LiCoO_2$ 等，也有提出用 SnO_2、Sb_2O_3、CeO_2、CuO 等作阴极替代材料；

④ 改变熔盐电解质的组分配比，以减缓氧化镍的溶解；

⑤ 降低气体工作压力，以降低阴极的溶解速度。

（2）阳极的蠕变

MCFC 的阳极在早期是采用烧结镍作为电极材料。但 MCFC 属高温燃料电池，在这种高的工作温度下，还原气氛中 Ni 会发生蠕变，并不可避免地影响电池的密封和性能。为提高阳极的抗蠕变性能和机械强度，国外采用的主要方法有：

① 向 Ni 阳极中加入 Cr、Al 等元素形成 Ni-Cr 和 Ni-Al 合金等，以达到弥散

强化的目的。

② 向 Ni 阳极中加入非金属氧化物，如 $LiAlO_2$ 和 $SrTiO_3$ 等，利用非金属氧化物良好的抗高温蠕变性能对阳极进行强化。

③ 在超细 $LiAlO_2$ 或 $SrTiO_3$ 表面上化学镀一层 Ni 或 Cu，再将化学镀后的 $LiAlO_2$ 或 $SrTiO_3$ 热压烧结成电极。由于以非金属氧化物作为"陶瓷核"，这种电极的抗蠕变性能很好。

目前国外普遍采用 Ni-Cr 或 Ni-Al 合金作 MCFC 阳极。

（3）熔盐电解质对电池集流板的腐蚀

熔融碳酸盐燃料电池的集流板通常采用 SUS310 或 SUS316 等不锈钢材料。这种材料在数千小时的工作时间内，是不存在问题的，但无法满足大规模商品化所要达到的 40000h 工作寿命的要求。目前，有以下几种方法可提高集流板的抗腐蚀性能：

① 在集流板材料表面包覆一层 Ni 或 Ni-Cr-Fe 耐热合金，或在集流板表面镀 Al 或 Co；

② 在集流板表面先形成一层 NiO，然后与阳极接触的部分再镀一层镍-铁酸盐-铬合金层；

③ 以气密性好、强度高的石墨板作电池集流板。

目前普遍采用的双极板防腐措施是在双极板导电部分包覆 Ni-Cr-Fe-Al 耐热合金，在非导电部分如密封面和公用管道部分镀 Al。

（4）电解质的流失

随着 MCFC 运转工作时间的加长，熔盐电解质将按以下几种方式发生流失：

① 阴极溶解导致流失。阴极在电解质中熔解将导致熔盐电解质中一部分锂盐流失。

② 阳极腐蚀导致流失。Ni-Cr 阳极中的 Cr 将在熔盐电解质中发生一定的腐蚀，生成 $LiCrO_2$，从而导致一部分 Li 盐损失。

③ 双极板腐蚀导致流失。双极板腐蚀将导致一部分熔盐电解质中的锂盐损失。

④ 熔盐电解质蒸发损失导致流失。熔盐电解质中的钾盐蒸气压低，容易蒸发而流失，导致电池运转中电解质逐渐减少。

⑤ 电解质迁移损失导致流失。由于电池公用管道电解，导致电池内部电解质迁移（爬盐），造成电解质流失。一般来讲，对于外公用管道型 MCFC，这种方式的盐流失比较严重；而内公用管道型 MCFC，这种方式的盐流失极少。

为减少电解质的流失，国外在电池的设计上都增加了补益结构，如在电极或极板上加工制出一部分沟槽，采取在沟槽中储存电解质的方法进行补益，使熔盐流失的影响降低到最低程度。

（5）稳定、可靠、廉价的膜和电极制备工艺

MCFC 的膜和电极制备方法最早采用热压法，目前国外普遍采用带铸法。带铸法制备的膜和电极厚度薄，易于放大，有利于大规模工业生产。存在的问题是工艺过程中要使用有机毒性溶剂，会污染环境。为克服这一问题，国外正在尝试采用水溶剂体系。

（6）电池结构及系统的优化

MCFC 按气体流动方式分为并流式、对流式和错流式；按重整方式分为内重整式和外重整式；按气体进出管路分为外公用管道式和内公用管道式。MCFC 内部进行的是十分复杂的传质、传热和电化学反应过程，其结构与系统的优化与设计十分重要，必须认真研究并优化。

5.7 固体氧化物燃料电池（SOFC）

5.7.1 SOFC 的工作机理和特点

燃料电池是一种通过电化学反应将燃料中的化学能直接转化为电能的装置，主要由阳极、电解质和阴极三个主要部件构成。其中，阳极和阴极为多孔材料，分别与燃料气和氧化气接触，电池工作时，还原性的燃料气在阳极失去电子被氧化，释放的电子通过外电路到达阴极，使阴极的氧化性气体得到电子被还原，在此过程中产生的离子（氧离子或质子）通过电解质传递到另一侧，得到一个完整的闭合回路。SOFC 是燃料电池的一种重要的结构形式，它采用固体氧化物作为电解质材料，这些电解质材料高温下可以传导氧离子或质子，其中，前者更为常见，以氧离子导体为电解质的固体氧化物燃料电池工作原理如图 5-11 所示，发生的电化学反应如下所示

$$阴极 \quad O_2 + 4e^- \longrightarrow 2O^{2-}$$
$$阳极 \quad 2O^{2-} + 2H_2 \longrightarrow 2H_2O + 4e^- \text{ 或 } 4O^{2-} + CH_4 \longrightarrow 2H_2O + CO_2 + 8e^-$$

从原理上讲，固体氧化物燃料电池是最理想的燃料电池之一，因为它不仅具有其他燃料电池的高效与环境友好等特点，还具备如下优点：

① 运行温度高（一般为 800～1000℃），阴、阳极的化学反应速率大，并接近于热力学平衡，电极处的极化阻抗小，可以通过大的电流密度，不需要贵重的催化剂。

② 由于固体氧化物电解质的透气性很低，电子电导率低，开路时电压可以达到理论值的 96%。

③ 由于 SOFC 运行温度高，便于利用高温废气，可实现热电联产，燃料利用率高。

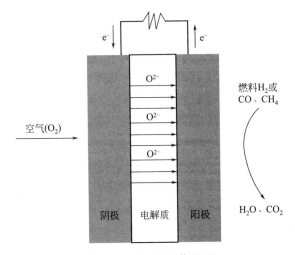

图 5-11　SOFC 工作机理

④ 全固体结构，避免了液态电解质对材料的腐蚀，解决了电解液的控制问题。

⑤ 氧化物电解质很稳定，抗毒性好。电极有相对较强的抗污染能力。

⑥ 可使用多种燃料，包括直接使用碳氢化合物。

⑦ 不要求外围设备条件，如不需要湿度控制、空气调节等。

5.7.2　SOFC 关键材料

SOFC 的关键部件有电解质材料、阳极、阴极以及连接体和密封材料等。电池各个部件所起的作用各不相同，对材料的性质也有各自的要求。由于 SOFC 工作温度通常都在 500℃以上，高温环境下，对电池各部分材料的性能要求更加苛刻，对各部分材料在热膨胀匹配、热稳定性、界面反应等方面提出很高的要求。

（1）电解质材料

电解质是 SOFC 的核心部件，主要作用是传导氧离子，隔绝阴极一侧氧气和阳极一侧氢气。优良的电解质材料应当具备以下性能。

① 具有足够高的离子电导率，尽可能低的电子电导率；

② 在高温、氧化还原气氛中保持稳定；

③ 与电极材料不发生反应，并且热膨胀系数匹配；

④ 致密度足够高，防止两极气体的渗透；

⑤ 机械强度和韧性较高，易加工成形，成本低。

在 SOFC 系统中，电解质扮演传递氧离子或质子，隔离燃料气和氧化气的角色。按照电解质传导粒子不同，SOFC 分为氧离子型（O-SOFC）和质子传导型 SOFC（H-SOFC）。两者区别在于，传统的氧离子传导型 SOFC，阴极产生的氧离子通过电解质层的氧空位定向跃迁到阳极发生氧化反应，电子通过外部电路回到阴极实现对外放电；而质子传导型 SOFC，阳极产生的质子通过电解质层跃迁到阴极，与氧气发生反应生成水。目前采用的电解质材料主要有萤石型电解质（ZrO_2、CeO_2、Bi_2O_3）和钙钛矿型电解质（$LaGaO_3$、$SrCeO_3$、$BaCeO_3$）两大类，其中 $SrCeO_3$、$BaCeO_3$ 电解质属质子传导型。

1）氧化锆（ZrO_2）电解质　氧化锆系列电解质是研究最早、最成熟并且现在应用最多的固体氧化物燃料电池电解质。为了保持电中性，晶体中必须形成相应的带正电荷的氧空位，O^{2-} 通过氧空位在电解质中输运。其他增加氧化锆的氧离子导电性离子的掺杂剂有 Nd^{3+}、Sm^{3+}、Y^{3+}、Yb^{3+}、Sc^{3+} 等。掺杂离子半径与 Zr^{3+} 接近，导电性更好。在上述几种离子中，以 Sc^{3+} 掺杂效果最好，但 Sc_2O_3 掺杂氧化锆时，电解质电导率随着使用时间的延长逐渐降低。

氧化锆电解质是目前最主流的燃料电池电解质材料。然而，纯的氧化锆并非理想材料，氧离子电导率低，结构稳定性差。通常，氧化锆有三种晶型：单斜相（室温）、四方相（1170℃＜温度＜2370℃）以及立方相（温度＞2370℃）。Scott 率先提出将 Y_2O_3 加入氧化锆中在室温下得到了稳定的四方相结构，并且可提高其离子电导率。进一步，人们研究发现二价或三价的金属氧化物在氧化锆中具有良好的溶解度，可实现氧化锆始终稳定保持立方相结构，并且显著提高其氧离子电导率。这是因为氧化物中的金属离子取代了晶格中的 Zr^{4+}，进而增大氧离子空位的浓度。Nguyen 在 807℃下，对比分析了 Y_2O_3、Yb_2O_3、Gd_2O_3 等多种掺杂物对 ZrO_2 离子电导率的影响。结果发现，一定范围内随着氧化物浓度的增大，ZrO_2 离子电导率增大；当氧化物浓度超过一定范围，ZrO_2 离子电导率开始减小；掺杂 Yb_2O_3 的 ZrO_2 离子电导率均高于其他物质。

在 ZrO_2 中掺杂适量的二价或三价阳离子时，如 Ca^{2+} 或 Y^{3+}，在低温下就可以获得稳定的萤石结构，并增加大量氧空位，氧空位的存在可以有效增加 ZrO_2 材料的氧离子导电率。8％（摩尔分数）Y_2O_3 掺杂的 ZrO_2（YSZ）是目前研究最深入、应用最广泛的 SOFC 电解质材料。它在很宽的氧分压范围内几乎都能保持较高的离子电导率，同时，YSZ 材料易于加工致密，与其他电极材料具良好的相容性，这使得 YSZ 成为当今最接近商业化应用的 SOFC 电解质材料。它的缺点是中低温下电导率偏低，只适合高温下（800℃）使用。

同样地，研究人员制备了掺杂 Sc_2O_3 的 ZrO_2（ScSZ），得到了最高的电导率，然而该电解质材料结构稳定性差，在低温时晶型会由立方相转变为菱方相，导致电导率下降。为了解决以上问题，研究人员试图将两种不同的氧化物掺杂进氧化锆中。如 Sarat 等在 ScSZ 中加入 Bi_2O_3 考察了电解质材料的性能变化，发现 Bi_2O_3 可有效提高 ScSZ 的结构稳定性和离子电导率。目前，国内某公司已实现大量出口美国 Sc_2O_3 掺杂的氧化锆电解质粉末。

2）氧化铈（CeO$_2$）电解质　CeO$_2$基电解质材料也是一种立方萤石结构的氧化物。由于它的电导活化能较低，所以，在800℃以下，它的电导率比YSZ电导率高几倍到1个数量级，是很有发展前景的中温SOFC电解质材料。由于纯净的CeO$_2$氧离子空位和间隙氧离子浓度较低，因此离子电导率不高，可以采用掺杂+2价碱土金属离子或+3价稀土金属离子的手段产生大量氧空位，提高材料的离子导电率。目前最为常见的有氧化钐（Sm$_2$O$_3$）掺杂氧化铈（SDC）和氧化钆（Gd$_2$O$_3$）掺杂氧化铈（GDC）电解质材料。CeO$_2$体系的电解质材料主要缺点是在高温低氧分压气氛中，Ce^{4+}易被部分还原为Ce^{3+}，从而在电解质中造成电子电导，引起电池内部部分短路和电池开路电压降低。

氧化铈基电解质展现了诸多良好的特性，但仍存在一些问题，Ce^{4+}在高温还原气氛下容易被还原成Ce^{3+}，产生电子电导，降低电池转化效率；同时，Ce^{4+}被还原过程中离子半径变大，导致晶格变形，从而对其性能造成影响。

3）钙钛矿型电解质　钙钛矿型氧化物（ABO$_3$）具有天然钙钛矿结构，理想情况下为立方晶系，其结构示意图如图5-12所示。A位离子通常为半径较大的La系稀土金属离子，位于顶角，氧离子位于面心，B位离子通常为半径较小的过渡金属离子，位于氧离子构成的八面体的体心。

LaGaO$_3$基电解质是钙钛矿型电解质的典型代表。纯的LaGaO$_3$并没有离子电导性，可通过掺杂离子以改变其导电性能。通常La位可以被Sr^{2+}、Ba^{2+}、Ca^{2+}取代，Ga位可以被Mg^{2+}、Al^{3+}、Fe^{2+}等取代。Tatsumi等选取不同离子分别对La位、Ga位进行取代，发现La位掺杂Sr、Ga位掺杂Mg可显著提高电解质离子电导率，800℃获得的氧离子电导率与1000℃时的YSZ相当；并且1123K

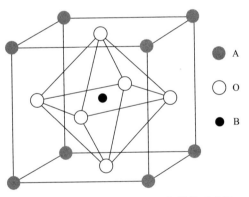

图5-12　ABO$_3$钙钛矿型氧化物结构示意图

时，在很宽的氧分压范围内为纯氧离子导体，低价金属离子的引入可增加晶格氧空位。随后，针对不同掺杂对LaGaO$_3$基电解质氧离子导电性的影响，研究者展开了广泛的研究。研究表明，在Sr^{2+}、Mg^{2+}掺杂的基础上，引入摩尔分数低于10%的Co可进一步提高电解质材料的电导率。

（2）阳极材料

固体氧化物燃料电池阳极主要完成三个功能：一是燃料的电化学催化氧化；二是把燃料氧化释放出的电子转移到外电路去；三是导入和排出气体。在Ni基阳极中前两个任务由Ni单独执行，在Cu基阳极中则由CeO$_2$和Cu分别完成，而第三个功能在两种阳极中都由气孔完成。固体氧化物燃料电池的主要反应发生在阳极和阳极与电解质界面处，所以阳极性能的好坏直接决定电池的性能，作为SOFC的阳极材料，必须满足一系列的要求：

① 有足够的电子电导率，同时具有一定的离子电导率，以扩大电极反应面积；

② 在还原性气氛中可长时间工作，保持尺寸及微结构稳定，无破坏性相变；

③ 与电解质热膨胀匹配，不发生化学反应；

④ 具有多孔结构，从而保证反应气体的输运；

⑤ 对阳极的电化学反应有良好的催化活性。

为了满足以上这些要求，目前普遍采用多孔的金属陶瓷作为SOFC的阳极材料。由于阳极处于还原性气氛中，可以用金属作为阳极材料，如 Ni、Co、Ag、Au 等。为了防止阳极材料在使用过程中的烧结和解决热膨胀系数不匹配问题，加入陶瓷相而制作了金属陶瓷。阳极主要由两种材料组成：一是金属；第二种对大部分电池来说是和电解质相同的材料。固体氧化物燃料电池的主要反应发生在阳极和阳极与电解质界面处，所以阳极性能的好坏直接决定电池的性能。阳极材料应该满足的要求如下：足够的电子电导率；足够的孔隙率，提供燃料气的扩散通道和三相反应点位；高催化活性，有效催化燃料气的电化学氧化反应；使用碳氢化合物为燃料时，还应具有抗积碳能力；在还原气氛和工作温度下具有化学稳定性；与SOFC其他组件具有较好的化学相容性和一致的热膨胀系数。目前常用的阳极材料主要有以下几种。

金属镍具有价格低廉、电子电导性高、催化活性高和稳定等优点，将它与电解质材料 YSZ 按比例混合制备的 Ni-YSZ 金属陶瓷是目前应用最广泛的 SOFC 阳极材料。镍在金属陶瓷阳极中的体积比例一般为 $40\%\sim60\%$，这样才能保证足够高的电子电导。采用 NiO-YSZ 金属陶瓷材料制备的阳极支撑 SOFC 是研究最为成熟的，800℃下以氢气为燃料、空气为氧化剂，电池的输出功率密度可达 $1.0\sim1.9W/cm^2$。但是，这种阳极材料也存在着很多缺陷，比如，Ni 在高温下长期运行会发生团聚现象，导致电极孔结构和电极活性退化，抗硫中毒和抗积碳能力差，不适用于碳氢化合物作为燃料的情况。

金属镍之所以会遇到积碳问题，是因为它对碳氢化合物中的 C—H 键的断裂有很好的催化活性，而金属铜却不具有这种催化活性，同时它还具有很高的电子电导率，可以用作 SOFC 阳极材料。铜基阳极应用的主要困难在于铜的熔点较低，不能采用传统的阳极制备工艺。离子浸渍法被证明是一种行之有效的制备铜基催化剂的工艺，即在事先制备好的多孔电极中浸入相应离子，然后烘干焙烧，最终得到金属陶瓷材料。Park 等采用这种方法制备了 Cu、CeO_2/YSZ 复合阳极，发现这种阳极可以有效催化碳氢化合物的直接电化学氧化并且没有积碳现象。

混合导体氧化物，即离子-电子混合导体氧化物，能够同时传导氧离子和电子，这种材料可以大大增加阳极电化学活性区域，同时，它还可以有效避免以碳氢化合物为燃料时的积碳问题，是一类很有研究价值和应用前景的材料。研究最多的混合导体氧化物阳极材料是 $LaCrO_3$ 基阳极，Jiang 等制备了 $La_{0.75}Sr_{0.25}Cr_{0.5}Mn_{0.5}O_3$-YSZ 复合阳极并以甲烷为燃料进行了研究，结果表明采用这种阳极没有积碳现象发生。

（3）阴极材料

SOFC 阴极功能是催化氧化气体的电化学还原，并将产生的氧离子输送至电解质。SOFC 的阴极材料应满足以下要求：足够的离子导电率和电子导电率；对氧化气体的电化学还原具有足够的催化活性；具有良好的孔隙结构，能够提供氧气输送通道和丰富的活化点位；在高温氧化气氛下具有足够的稳定性；与电解质和连接体材料之间的化学兼容性和热匹配性。

固体氧化物电池工作温度较高，起初可用作阴极材料的一般有 Pt、Ag 等贵金属，20 世纪 70 年代以后由新开发出来的钙钛矿型氧化物所取代，其中 $LaCoO_3$、$LaFeO_3$、$LaMnO_3$、$LaCrO_3$ 掺入碱土金属氧化物后，显示出极高的电子电导率。由于固体氧化物燃料电池长期在高温中运行，$LaCoO_3$、$LaFeO_3$ 容易与 YSZ 发生反应，在界面上生成电导率很小的 $LaZr_2O_7$，这会使固体氧化物燃料电池衰减。当用 Ca^{2+}、Sr^{2+}、Cr^{3+} 等低价阳离子代替 La^{3+} 时，形成更多氧离子空位，从而提高了 $LaMnO_3$ 的电导率，同时，高掺杂量的 $LaMnO_3$ 在氧化气氛下结构更加稳定。目前，应用最多的掺杂物是 Sr，当 Sr 掺杂量在 0.3 左右时，界面反应还会生成电导率更低的 $SrZrO_3$，因此目前首选 $LaMnO_3$ 作为阴极材料。LSM 的电导率随着温度的降低而降低，镧锰化合物作为中温固体氧化物燃料电池阴极材料还有待研究。另外掺杂的 $YMnO_3$ 等材料也被认为可用作固体氧化物燃料电池的阴极材料。降低燃料电池成本的关键之一是研究低温下性能优良的阴极材料，Fe 基、Ni 基材料的热膨胀系数较低，有可能作为中低温固体氧化物燃料电池用阴极材料。阴极材料还存在着许多急需克服的技术难关，包括材料成本、材料的稳定性及其耐用性等方面。

（4）连接材料

SOFC 单电池的输出电压约为 1V。为了获得更高的输出电压和功率，需要连接材料将单电池串联起来形成电池堆。连接材料在 SOFC 电池堆中起着至关重要的作用，它不但要连接相邻两个单电池的阳极和阴极，而且还要能够隔离电池堆中的还原气体和氧化气体。所以，对连接材料有严格的要求：

① 具有非常高的电子电导率，面积比电阻（ASR）低于 $0.1\Omega/cm^2$；

② 在高温、氧化还原气氛下都具有足够高的稳定性，包括尺寸稳定、微观结构稳定和化学稳定；

③ 对氧化气体和还原气体有足够高的致密性；

④ 热膨胀系数与电极、电解质材料相匹配；

⑤ 不与相邻电池组元发生反应或者扩散；

⑥ 足够高的机械强度和抗蠕变性；

⑦ 低成本，易加工成形。

目前 SOFC 最常用的连接材料有两种：一是陶瓷氧化物；二是金属合金。前者以具有钙钛矿结构的 $LaCrO_3$ 基材料为代表。在 A 位掺杂 Mg、Sr 或者 Ca 之后，$LaCrO_3$ 具有非常高的电子电导率，热膨胀系数与 YSZ 电解质接近，并且它在氧化还原气氛下具有很好的稳定性。但是，$LaCrO_3$ 基连接材料也存在着一些缺点：首先，$LaCrO_3$ 是 P 型半导体，电导率随着氧分压的降低而减小；其次，陶瓷材料不易加工成形；最后，也是最致命的缺点，它不易烧结，很难形成致密体。

随着 SOFC 的工作温度降低到 800℃ 以下，金属合金类的连接材料开始被广泛使用，包括 Cr 基合金、Fe-Cr 基合金和 Ni-Cr 基合金等。金属合金连接材料与陶瓷连接材料相比有以下几个优点：机械强度高，热导率高，电子电导率高，易于加工成形，成本低。然而，由于合金中都含有 Cr 元素，Cr 在高温下会以 CrO_3 或者 $Cr(OH)_2O_3$ 形式挥发，对阴极材料产生毒化作用，造成 SOFC 性能下降。

（5）密封材料

在平板式 SOFC 电池堆中，密封材料起着至关重要的作用。它既要阻止氧化剂与燃料气体溢出电池堆，又要阻止氧化剂与燃料气体在电池堆内部混合。所以，SOFC 密封材料应满足以下要求：

① 在电池工作条件下热力学稳定；

② 与相邻组元之间化学相容性良好，热膨胀系数匹配；

③ 黏结性好，并且在热循环过程中不被破坏；

④ 致密度高，防止气体泄漏。

目前使用的密封材料分为刚性密封材料和压缩密封材料两大类。压缩密封最大的优点是密封材料不与电池其他组元刚性接触，因此无需满足热膨胀系数匹配的要求。然而，为了维持气密性的要求，此方法需要在电池工作期间施加压力。刚性密封不需要施加外力，但是此方法对密封材料的黏结性和热膨胀系数要求严格。

5.7.3　SOFC 存在的问题

以前 Ni 基阳极燃料电池大部分是以 H_2 为燃料的，既使用碳氢燃料也是经外重整出 H_2 再喂入电池，这不但危险，而且提高了电池的制造和运作费用。后来发展到电池内部重整，由碳氢燃料催化反应出 H_2 和 CO，H_2、CO 再与由阴极扩散来的 O^{2-} 电化学反应并放出电子。内部重整又对电池阳极提出了新的要求，早期的 Ni 基阳极由于 Ni 是碳沉积反应（如甲烷的热解），不是电池表现快速下降，直至电池失效，就是电池由于碳的沉积，碳与 Ni 生成金属间化合物，之后由于碳的进一步沉积生长损坏电池。

为了解决碳的沉积对电池的损害，研究者们主要做两个方面的研究：一是改变操作条件以减小影响；二是寻找其他的阳极替代 Ni 基阳极。

在寻找 Ni 基阳极的替代阳极方面，有两个方向：一是氧化物阳极；二是其他金属基阳极。CuO 的熔点只有 1148℃，如果烧结温度高于此温度，CuO 呈液态，而该温度下电解质还没烧结致密，故扩散较快。如果 Cu 扩散进入电解质，还原后电解质有电子导电性，这就等于电池内部短路，电池失效。由于 CuO 的低熔点，使 CuO 和电解质很难共烧，于是有人想出了植入法，植入法的问题是在于用 Cu 的盐溶液植入时，空隙直径小，由于表面张力的存在，溶质分布不均匀，造成使用时大的阳极极化，而且 Cu 没有电解质的分散作用极易烧结长大，使电极性能恶化，所以 Cu 基阳极有待于研究。

思　考　题

1. 简述燃料电池的概念及工作原理。
2. 简述燃料电池的类型。
3. 简述碱性燃料电池的工作机理及催化剂类型。
4. 简述质子交换膜燃料电池的工作机理及催化剂类型。
5. 简述质子交换膜燃料电池双极板的特点及类型。
6. 简述磷酸盐燃料电池的工作机理及运行条件。
7. 简述熔融碳酸盐燃料电池的工作机理及结构组成。
8. 简述熔融碳酸盐燃料电池需要解决的关键技术。
9. 简述固体氧化物燃料电池的工作机理及关键材料的类型。

第**6**章
超级电容器

6.1 概述

6.1.1 超级电容器的基本介绍

太阳能、风能、潮汐能等清洁和可再生的新能源，其发电和电能输出受到季节、气象和地域条件的影响，具有明显的不连续性和不稳定性。例如太阳能可以在晴天发电，而在阴天和晚上就无法工作；风能发电也同样受到时间和气象的影响。也就是说，可再生能源发出的电能波动较大，稳定性差，如果接入电网，电网的稳定性将受到影响。要实现可再生能源的大规模利用，必须发展相应的高效储能装置来解决发电与用电的时差矛盾以及间歇式可再生能源发电直接并网时对电网的冲击。目前高效储能技术被认为是支撑可再生能源普及的战略性技术，受到各国政府和企业界的高度关注。

超级电容器又称电化学电容器，是一种介于常规电容器与二次电池之间的新型储能器件。其功率密度是锂离子电池的 10 倍，能量密度为传统电容器的 10～100 倍。同时，超级电容器还具有对环境无污染、效率高、循环寿命长、使用温度范围宽、安全性高等特点。超级电容器在新能源发电、电动汽车、信息技术、航空航天、国防科技等领域中具有广泛的应用前景。超级电容器用于可再生能源分布式电网的储能单元，可以有效提高电网的稳定性。单独运行时，超级电容器可作为太阳能或风能发电装置的辅助电源，可将发电装置所产生的能量以较快的速度储存起来，并按照设计要求释放，如太阳能路灯在白天由太阳能提供电源并对超级电容器充电，晚上则由超级电容器提供电力。此外，超级电容器还可以与充电电池组成复合电源系统，既可满足电动车启动、加速和爬坡时的高功率要求，又可延长蓄电池的循环使用寿命，实现电动车动力系统性能的最优化。

目前，国内外已实现了超级电容器的商品化生产，但还存在着价格较高、能量密度低等问题，极大地限制了超级电容器的大规模应用。

6.1.2　超级电容器的发展历史

超级电容器的出现填补了传统电容器的高比功率和电池的高比能量之间的空白，它具有功率密度高（10kW/kg）、使用寿命长（可达 10 万次以上）、充电时间短、温度特性好、节约能源和绿色环保等优点。

人类首次发现电荷可存储在物质表面是通过摩擦生电现象。最早的电容器装置被称作莱顿瓶，是由荷兰莱顿大学物理学教授马森布罗克与德国卡明大教堂副主教冯·克莱斯特分别于 1745 年和 1746 年发明的。早期的莱顿瓶是一个装有酸性电解液的玻璃瓶，瓶表面覆有金属层，电解液由导体连出，电解液和金属层分别作为分离的表面，而玻璃则作为介电材料，由此组成电容器。后来的电容器结构都是经过改进的，金属箱作电极，真空、空气甚至玻璃、云母、聚苯乙烯膜等用作中间的介电材料。

1957 年，美国人 Becker 申请了第一个关于电容器的专利，专利表明高比表面积碳材料为电极材料的电化学电容器的能量密度与电池接近，比容量比普通电容器提高 3～4 个数量级，达到法拉级，因此它又被称为"超级电容"。这是第一篇有关电容器的专利文献，它的发表引起了电化学电容器的研究热潮，电化学电容器从此逐渐走进广阔的应用领域。1969 年，美国 Sohio 公司研究了非水溶剂双层电容，该体系较水溶液体系可提供更高的工作电压。1975 年，加拿大人 Conway 与合作者开发出"赝电容"体系。进入新世纪，纳米技术的出现为能量存储器件的发展带来了新的机遇。

在超级电容器的发展历程中，人们使用了多种名称描述这种储能装置，包括金电容器、电化学电容器、超级电容器等，由于超级电容器在结构和制备工艺上与电池有许多相近之处，所以又被称作"高功率电池"。20 世纪 80 年代末，随着电动汽车的迅速发展，美、日等国都将大尺寸超级电容器的研制列入国家研究计划。为了满足电动车辆高脉冲的要求，人们开始将超级电容器与蓄电池复合使用。为了进一步提升超级电容器比能量，人们尝试利用金属氧化物等作为超级电容器电极活性物质。随后，Giner 公司、ESMA 公司、G. G. Amatueci、D. A. Evans 等相继提出非对称超级电容器的概念，非对称超级电容器有很多双电子层电容器不具备的优点，如比能量高、比功率大和循环性能良好等。

6.1.3　超级电容器的一般结构

超级电容器的结构简单，主要由电极、电解液、隔膜三部分组成。电极包括集流体和电极材料，集流体主要起收集电流的作用，常用的集流体有泡沫镍、铝箔、不锈钢网、炭布等。电极材料通常由活性物质、导电剂、黏合剂组成。活性物质是超级电容器最重要的组成部分，常用的活性物质有三类：碳材料、金属氧化物、导电聚合物。常用的导电剂是乙炔黑、石墨粉和碳纳米管等。黏合剂方面，聚偏氟乙烯（PVDF）、聚四氟乙烯（PTFE）、聚全氟磺酸（Nafion）表现出比较优异的特性。

电解液的作用是提供电化学过程中所需要的阴阳离子。电解液要求具备高电导率、高分解电压、较宽的工作温度范围、安全无毒性以及良好的化学稳定性、不与电极材料发生反应等优点。超级电容器使用的电解液根据其物理状态可以分为两大类：固态电解液和液态电解液。其中液态电解液可细分为水系电解液和有机电解液。

隔膜是多孔绝缘体薄膜，其作用是防止正负极之间直接接触而发生短路，但允许电解液离子自由通过。作为隔膜材料，不仅需要具有稳定的化学性质，而且本身不能具有导电性，对于电解液离子的通过不产生任何阻碍作用。目前使用最多的隔膜是聚合物多孔薄膜，如聚丙烯膜、琼脂膜等。

6.1.4　超级电容器的应用

超级电容器作为大功率物理二次电源用途十分广泛，各发达国家都把超级电容的研究列为国家重点战略研究项目。1996 年欧共体制定了超级电容器的发展计划，日本"新阳光计划"中列出了超级电容器的研制，美国能源部及国防部也制定了发展超级电容器的研究计划。我国从 20 世纪 80 年代开始研究超级电容器，北京有色金属研究总院、锦州电力电容器有限责任公司、北京科技大学、北京化工大学、北京理工大学等也陆续开展超级电容器相关研究工作。2005 年，中国科学院电工所完成了用于光伏发电系统的 $300W \cdot h/L$ 超级电容器储能系统的研究开发工作。2006 年 8 月，上海奥威与申沃集团合作研制的以超级电容器为动力系统的公交车实现商业化运营，这是世界上首次将超级电容器公交车用于商业化的公众领域。超级电容器公交车真正实现了无噪声、低污染，其满载电容可以保证 6km 的行驶里程，充电时间仅需 2min。而且将经停站台改造成充电站后，在上下客的时候即能补充足够的能量。2008 年 8 月，北京理工大学具有自主知识产权的纯电动动力系统应用到北京奥运会所用电动客车中。

目前超级电容器正逐渐步入成熟期，市场越来越大，有越来越多的公司聚焦到超级电容器生产上。根据应用电流等级的不同，超级电容器主要应用于以下几个方面：

① 应用在 $100\mu A$ 以下的，主要作为记忆体的后备电源，可以作为 CMOS、RAM、IC 的时钟电源。在医疗器械、微波炉、手持终端、校准仪等得到应用。

② 应用在 $500\mu A$ 以下的，主要作为主供电的后备电源。在数字调频音响系统、可编程消费电子产品、洗衣机中作为 CMOS、RAM、IC 的时钟电源。

③ 应用在 50mA 以下的，主要用作电压补偿。在汽车引擎启动时，主电压突降，它可以作为汽车音响的后备电源，进行电压补偿。同样也用在磁带机、影碟机电机以及计量表的启动时刻。

④ 应用在 1A 以下的，主要作为小型设备主电源。在玩具、智能电表、水表、煤气表、热水器、报警装置、太阳能道路灯等作为主电源。还在激发器和点火器中起激励作用，在短时间内供给大电流。

⑤ 应用在 50A 以下的，主要提供大电流瞬时放电。主要用于不间断电源、GPS、电动自行车、风能太阳能的能量储备等。

⑥ 应用在 50A 以上的，主要提供超大电流放电。主要用于汽车、坦克等内燃发动机的电启动系统，以解决急速启动问题，在直流屏、电动汽车、储能焊机、电焊机、大型通信设备、抗电网瞬态波动系统等也有使用。

6.1.5　超级电容器使用注意事项

① 电容器在使用前，应确认极性。它不可应用于高频率充放电的电路中，且应在标称电压下使用，若超过将会导致电解液分解、电容器发热、容量下降、内阻增大、寿命缩短，某些情况下，可导致电容器性能崩溃。

② 电容器由于内阻较大，放电瞬间存在电压降。

③ 电容器不能置于高温、高湿的或含有有毒气体的环境中，应在温度 $-30\sim50$℃、相对湿度小于 60％ 的环境下储存，应避免温度的骤升骤降。

④ 电容器用于双面电路板，需注意连接处不可经过电容器可触及的地方。电容器串联使用时，存在单体间的电压均衡问题。单纯的串联会导致某个或几个单体电容器因过压而损坏，从而影响其整体性能。

⑤ 将电容器焊接到线路板上时，勿使壳体与线路板接触，且在焊接过程中避免使电容器过热。焊接完成后，不可强行倾斜或扭动电容器，而且电容器及线路板需进行清洗。

6.2　超级电容器的工作原理

超级电容器依据以下几种方式进行分类。

① 根据电解液可分为水系电解液电容器、有机电解液电容器以及固态电解液电容器。

② 根据电化学电容器的结构可分为对称型电容器和非对称型电容器。对称型电容器的正负极采用相同的材料，一般为碳材料；非对称型电容器的负极采用碳材料，正极采用金属化合物、导电聚合物或者是上述材料与碳材料的复合材料。

③ 根据电极材料及储能机理可分为两类：一类是基于高比表面积碳材料与溶液间界面双电层原理的双电层电容器；另一类是在电极材料表面或体相的二维或准二维空间上，电活性物质进行欠电位沉积，发生高度可逆的化学吸附/脱附或氧化/还原反应，产生与电极充电电位有关的法拉第准电容，又称赝电容。实际上各种超级电容器的电容同时包含双电层电容和法拉第准电容两个分量，只是所占的比例不同而已。

根据电能的储存与转化机理不同，电化学超级电容器分为以活性炭为电极材料的双电子层电容器，以金属（氢）氧化物或导电聚合物为电极材料的法拉第赝电容器，以及利用两种不同工作电压的电极材料分别作正负电极的非对称超级电容器。

6.2.1 双电层电容器

双电层电容器的双电层理论最早是由德国物理学家 Helmholtz 于 1879 年提出，后又经过许多研究者不断完善，才形成如今的完整理论，即在两相界面上，如电极材料和电解液、电解液和气体界面上常常存在着正负电荷的吸附和脱离，当正负电荷在界面附近分离形成层带时，这些层带即为通常所称的双电层。

在 Helmholtz 提出的经典双电层模型中，双电层被认为是一个平板式电容器，一极是电极物质，另一极为双电层的电解质离子层。对于一个双电层电容器来说，式（6-1）中的 d 值仅为几个埃，使得电容器的比电容有了数量级上的提升。此后，Gouy 和 Chapman 等人引入扩散层的概念，他们认为溶液中的反离子并非平行地被束缚在与质点表面相邻的液相中，而是扩散分布在质点周围的空间内，其浓度随质点距离的增大而减小，即将双电层从极板附近延伸到电解质区域。1924 年，Stern 提出将原有的双电层分为内外两层，内层是紧靠质点表面的紧密层，该层中电势变化情况与 Helmholtz 模型中类似；外层则类似 Gouy-Chapman 模型中的扩散层，该层包含了电泳时固-液相的滑动面。1947 年，Gra-hame 在 Stern 双电层理论基础上进一步深化，将内层再分为 Helmholtz 内层和 Helmholtz 外层，分别由未溶剂化的离子和溶剂化的离子组成，紧靠界面的吸附层。

电容的计算公式

$$C = \frac{\varepsilon S}{4\pi kd} \tag{6-1}$$

式中，ε 为介电常数，S 为电容极板的正对面积，d 为电容极板的距离，k 为静电力常量。

双电层电容器是在电极/溶液界面通过电子或离子的定向排列造成电荷的对峙来存储能量的。当在两个电极上施加电场后，溶液中的阴、阳离子分别向正、负电极迁移，在电极表面形成双电层；撤销电场后，电极上的正负电荷与溶液中的相反电荷离子相吸引而使双电层稳定，在正负极间产生相对稳定的电位差，这时对某一电极而言，会在一定距离内（分散层）产生与电极上的电荷等量的异性离子电荷，使其保持电中性；当将两极与外电路连通时，电极上的电荷迁移而在外电路中产生电流，溶液中的离子迁移到溶液中呈电中性。

双电层电容器器件由正负电极、电解液、电极之间的隔膜组成。一个电容器器件相当于两个电极表面双电层电容的串联。正负极的工作原理如下。

$$正极 \quad E_s + A^- \Longleftrightarrow A^- // E_s + e^-$$

$$负极 \quad E_s + M^+ + e^- \Longleftrightarrow M^+ // E_s^-$$

$$总反应 \quad E_s + E_s + M^+ + A^- \Longleftrightarrow M^+ // E_s^- + A^- // E_s$$

式中，E_s 表示电极表面，"$//$"表示界面处产生的双电层，M^+ 和 A^- 分别表示电解质的正负离子，整个过程为电荷吸附/脱附过程。

在强电解质中，双电层理论厚度大约为 0.1nm，故电容值主要与电极材料的比表面积有关。而根据电容器的储能公式，能量 $E = 0.5CU^2$，其中 C 为电容值，U 为工作电压。据此可知，双电层电容器的储能值与电极材料的电容值 C 和工作电压 U 有关，因此可以通过提高工作电压和增大电极材料的比表面积来提高双电层电容器的能量储存。一般地，为了形成稳定的双电层，在实际中多采用导电性好的多孔碳材料作为电极材料，它们形成双电层电容电荷的吸附/脱附过程极快，所以双电层电容器具有高度的可逆性和很高的功率密度。

6.2.2　法拉第赝电容器

与双电子层电容器不同，法拉第赝电容器则是发生了法拉第过程，即在电极表面发生了穿过双电子层的电子迁移，结果是发生了电活性材料价态和化学性质的变化。这种法拉第电荷迁移产生于一系列可逆的氧化还原反应，并伴随着离子嵌入或电吸附过程。具体充电过程可描述为：当超级电容器的两极被施以适当电压时，电解液中的离子经电化学反应进入电活性物质中；因此很大程度上依赖于电极材料的表面积，若活性物质比表面积大，那么被储存在电极中的电荷量就很大。放电时，电极中嵌入的离子会脱嵌到电解液里并释放电荷。

由于法拉第过程一般都慢于非法拉第过程，所以与双电子层电容器相比，赝电容器的功率密度较低，同时，因为在电极上存在氧化还原反应，所以赝电容超级电容器与电池一样，一直存在循环稳定性差的问题。

虽然这两种储能机理不同，但是它们经常同时存在于实际的超级电容器中，在实践中常联合使用双电子层电容电极材料与赝电容电极材料，制成非对称电化学电容器。

6.2.3 非对称超级电容器

非对称超级电容器是对称超级电容器的改进，是一种将双电层电容电极和法拉第赝电容电极相结合的新型电化学电容器。与对称器件相比，可以通过将两种不同电压窗口的电极进行匹配，扩大器件的工作电压。如金属氧化物/碳材料非对称型电容器的优势一方面在于利用金属氧化物超级电容器的超大能量密度与双电子层电容器的快速充电，协同耦合，以获得比单纯双电子层电容器高的比能量，同时又具备较高的比功率和循环寿命。另一方面，可通过充分利用正极能够达到一个大的正电位，负极能够达到一个大的负电位的特点，实现整体工作电位窗口的大幅度拓宽，来达到提高能量密度的目的。

根据电极材料不同，非对称超级电容器可以分为以下三种：

① 电极的构成结构包括赝电容特性和双电子层电容特性的两个电极，或者由两个具有赝电容特性的电极组成；

② 超级电容器两电极分别是电池的电极和超级电容器电极；

③ 超级电容器两电极分别是超级电容器的阴极及电解电容器阳极。

6.2.4 超级电容器的特点

根据上述储能机理可知，超级电容器主要通过双电层，或电极界面上快速可逆的吸附/脱附或氧化还原反应来储存能量，作为一种新型储能器件，它具有其他储能器件不可比拟的优势：

① 高比容量。目前单体超级电容器的电容量可达上千法拉。

② 电路结构简单。无需像二次电池那样设置特殊的充电电路，不会受过充过放的影响。

③ 循环寿命长。超级电容器或通过吸附/脱附，或通过快速可逆的电化学反应进行存储和释放电荷，其循环寿命可达上万次。

④ 充放电速度快。超级电容器的内阻小，在大电流充放电制度下，能在几十秒内完成充电过程。

⑤ 功率密度高。超级电容器高比容量、低等效电阻和快速充电性能，使得其具有高比功率。

⑥ 温度范围宽。超级电容器的电荷转移过程一般在电极表面进行其正常使用受环境温度影响不大，温度范围一般为－40～70℃。

⑦ 环境友好。超级电容器的包装材料中不涉及重金属，所用电极材料安全性能良好且环境友好，为一种绿色储能元件。

但是，目前超级电容器还有一些需要改进的地方，如能量密度较低，体积能量密度较差，和电介质电容器相比工作电压较低，一般水系电解液的单体工作电压为0～1.4V，且电解液腐蚀性强；非水系可以高达4.5V，实际使用的一般为3.5V，非水系电解液要求高纯度、无水，价格较高，并且要求苛刻的装配环境。

6.3 超级电容器电极材料

6.3.1 电极材料选择原则和分类

电极材料是超级电容器重要的组成部分之一，很大程度上影响了电容器的性能。电极材料应有良好的离子、电子电导率；适合离子嵌入的最佳空隙尺寸和分布；大的比表面积；长循环寿命；对电解液要具有化学、电化学稳定性；要易形成双电子层电容或能提供大的活性物质负载面积且纯度要高。具体原则如下：

① 电极材料与集电极、电解液有良好的接触；
② 电极材料稳定性高，可逆性好，循环寿命要长；
③ 电极材料比表面积大；
④ 高的的离子及电子电导率；
⑤ 原料来源广泛、价格便宜、加工工艺简单。

电极材料决定了电容器的主要性能。目前，超级电容器选用的电极材料主要是各种碳材料、金属氧化物、导电聚合物以及复合电极材料。在超级电容器商业化产品中，应用最广泛的是各种碳材料。碳材料原料丰富，价格便宜，比表面积大，密度低，导热导电性优良，抗化学腐蚀，膨胀系数小。碳材料有多种形态，如块状、粉末、颗粒、纤维、纤维布等。

6.3.2 碳材料

碳材料是最早使用的超级电容器电极材料，早在1957年Beck就申请了用于双电层电容器的活性炭电极材料的专利。即便是在今天，碳材料仍然占有非常重要的地位。基于碳材料的超级电容器主要利用碳材料与电解液之间形成的双电层进行能量的存储，其电容的主要影响因素为碳材料的比表面积和孔径。比表面积越大，碳电极产生的双电层电容就越大。而孔径分布会影响到电极被电解液浸润的程度。一般认为，孔径在 2～50nm 之间的介孔有利于电极材料的浸润和双电层的形成。

满足超级电容器要求的碳基材料主要有：活性炭、碳气凝胶、碳纳米管、纳米碳纤维、碳基水凝胶、石墨烯等，这些材料有一个共同点就是都具有较高的电导率和较大的比表面积。目前研究较多的主要是柔性炭布，它的有效比表面积极高并可作为自支撑电极无需任何黏结剂；另一个优势是它具有利于电解质离子进出的三维网络结构，如果将它与金属氧化物或者有机聚合物活性物质结合，在其表面上及纤维与纤维之间的网孔内都能形成双电子层电容，可以有效地叠加双电子层静电吸附的电荷量和赝电容氧化还原反应的电荷量，因此，可以获得较高的电容量。

（1）活性炭

活性炭材料一般以含有碳源的前驱体（葡萄糖、木材、果壳、兽骨等）为原料，经过高温炭化后活化制得。炭化过程实质是碳的富集过程，形成初步的空隙结构。超级电容器用活性炭电极材料的性质取决于前驱体和特定的活化工艺，所制备活性炭的孔隙、比表面积、表面活性官能团等因素都会影响材料的电化学性能，其中高比表面积和发达的孔径结构是产生具有高比容量和能快速传递电荷的双电层结构的关键。

制备活性炭的原料来源非常丰富，石油、煤、木材、坚果壳、树脂等都可用来制备活性炭粉。原料经调制后进行活化，活化方法分物理活化和化学活化两种。物理活化通常是指在水蒸气、二氧化碳和空气等氧化性气氛中，在 700～1200℃ 的高温下，对碳材料前体（即原料）进行处理。化学活化是在 400～700℃ 的温度下，以 H_3PO_4、$ZnCl_2$、KOH、K_2CO_3 等为活化剂。采用活化工艺制备的活性炭孔结构，通常具有分级的多孔结构，包括微孔（<2nm）、介孔（2～50nm）和大孔（>50nm）。Barbieri 等认为，当活性炭的比表面积达到 1200m^2/g 后，材料的质量比电容出现稳定值，电容值不再随比表面积的增大而增大，这表明并非所有的孔结构都具备有效的电荷积累。虽然比表面积是双电层电容器性能的一个重要参数，但孔分布、孔的形状和结构、导电率和表面官能化修饰等也会影响活性炭材料的电化学性能。过度活化会导致大的孔隙率，同时也会降低材料的堆积密度和导电性，从而减小活性炭材料的体积能量密度。另外，活性炭表面残存的一些活性基团和悬挂键会使其同电解液之间的反应活性增加，也会造成电极材料性能的衰减。因此，设计具有窄的孔分布和相互交联的孔道结构、短的离子传输距离以及可控的表面化学性质的活性炭材料，将有助于提高超级电容器的能量密度，同时又不影响功率密度和循环寿命。

在碳材料中引入杂原子，利用杂原子的赝电容效应来提高碳材料的比电容是制备高比电容碳电极材料的一个新途径。由于改变了碳石墨层的电子给予和接受性能，碳材料中的杂原子在充放电过程中可发生法拉第反应，产生赝电容。另外，表面杂原子形成的官能团还能改善碳材料的亲水性。碳材料独特的物理化学性能不仅取决于其比表面积，还与其表面存在的杂原子的种类、数量和键合方式有关。氮掺杂可以抑制氧含量，降低自放电行为和电子接触电阻，改善碳表面湿润性。同时，含氮基团可以发生法拉第反应，贡献部分赝电容。虽然氮掺杂能有效提高碳材料的电容值，但是过多的氮会导致材料本身电阻变大，含氮官能团阻塞孔道，从而降低材料的电容保持率。氮掺杂对材料电导率的影响还取决于氮是位于石墨微晶的边缘还是微晶结构内。

除掺杂氮外，也可通过掺杂硼、磷等对碳材料进行改性。在有序介孔碳中掺 B 和 P，会在材料表面形成 B-O-P、B-O-C 和 P-O-C 等结构的复合物。B、P 共掺杂后，材料表面含氧量增加，形成额外的表面含氧官能团，这些官能团间发生化学反应并产生赝电容，从而增加了材料的电容值。

活性炭在超级电容器中的应用越来越广泛，进一步研究探讨活性炭活化过程的机理，通过控制活化过程形成的孔隙大小及孔数，以及增大活性炭材料的比表面积尤为重要。另外，通过比较不同元素掺杂活性炭对材料比电容和导电率等性能的影响也是将来研究关注的重点。

（2）碳纳米管

碳纳米管（CNT）是 20 世纪 90 年代初发现的一种纳米尺寸管状结构类的材料，是由单层或多层石墨烯片卷曲而成的无缝一维中空管，具有良好的导电性、大的比表面积、好的化学稳定性、适合电解质离子迁移的孔隙，以及交互缠绕可形成纳米尺度的网状结构，因而曾被认为是高功率超级电容器理想的电极材料。

1997 年，有研究者首次报道了采用碳纳米管作为超级电容器的研究工作。他们将烃类催化热解法获得的多壁碳纳米管制成薄膜电极，在质量分数为 38% 的 H_2SO_4 电解液中以及在 $0.001\sim100kHz$ 的频率下，其比电容达到 $49\sim113F/g$，功率密度超过了 8kW/kg。但是，自由生长的碳纳米管取向杂乱，形态各异，甚至与非晶态碳夹杂伴生，难以纯化，这就极大地影响了其实际应用。

研究表明提高 CNT 的分散性，能够充分发挥 CNT 比表面积大的优势，从而提高电极材料的电容性质。有研究者制备的高密度"SWCNT 固体"即通过范德瓦耳斯力"紧缩"ACNT 阵列形成大量的中孔结构，这些中孔有助于电解液的离子扩散到几乎每一根 SWCNT 表面从而提高电极的双电层电容特性。

另有研究者通过浮动催化化学气相沉积法制备了多层纸状 CNT 材料，这种多层纸状 CNT 呈书页状整齐排列，因此，将这种材料称之为 "buckybook"。buckybook 的每一层由 CNT 互相纠结连接组成，且 buckybook 的层数和每层的厚度可通过改变气相沉积反应条件进行控制。测得其 SWCNT buckybook 的比电容约 100F/g，比电阻约为 $4.3\Omega/m^2$。

（3）石墨烯

碳材料是纳米材料的一个重要分支，因其良好的物理化学性能和广泛的来源一直是研究的热点。长久以来，物理学家一直认为完美的二维结构无法在非绝对零度时稳定存在。2004 年，两位科学家 Andre Geim 和 Konstantin Novoselev 在 Science 上首次报道了一种新型碳材料石墨烯，这一发现颠覆了传统理论，目前理论界普遍认为石墨烯通过内部原子的涨落而稳定存在。由于在石墨烯材料方面的卓越贡献，有两位科学家分享了 2010 年的诺贝尔物理学奖。自此，世界范围内的科学家对石墨烯材料及石墨烯复合材料开展了广泛的研究，并不断得到了令人振奋的成果，石墨烯材料正在展现着非凡的魅力。

石墨烯是由 sp^2 杂化的碳原子相互连接形成的具有二维蜂窝状晶格结构的碳质材料。石墨烯独特的结构赋予其独特的性能：碳原子以六元环形式周期性排列于石墨烯平面内，具有 $120°$ 的键角，赋予石墨烯极高的力学性能；p 轨道上剩余的电子形成大 π 键，离域的 π 电子赋予了石墨烯良好的导电性。石墨烯作为基本单元可以形成各种维度的碳材料，例如：石墨烯翘曲可形成零维的 C_{60}，卷绕即可形成零维的碳纳米管，堆叠可以形成三维的石墨等。

石墨烯具有较高的比表面积，如果制备得到的石墨烯基材料能够避免堆积，有效释放表面，将获得远高于多孔碳的比电容。同时，石墨烯基材料由于其良好的导电性和独特的电子传导机制，非常有利于电解质的扩散和电子的传输，使其具有很好的功率特性。再者，通过表面改性、与其他材料复合等手段可以对石墨烯进行二次构建，优化结构，获得更好的储能性能。更重要的是，石墨烯可以通过化学氧化还原法很容易地制备得到。

有研究者将化学改性法制备的石墨烯用作超级电容器电极材料时表现出良好的电容性能，但其团聚严重，大大制衡了电解质离子的传质动力学，并降低了石墨烯的有效比表面积，削弱了其电化学性能。除化学法外，快速高温还原法也是制备石墨烯粉体材料的有效方法，但该法一般要求还原温度高达 1000℃以上，所得石墨烯粉体材料团聚严重，使其高理论比表面积不能得到充分发挥。有研究者利用类似爆米花的制作原理，采用一种新型低温负压解离法来瞬间增强氧化石墨内外部的压力差，以实现片层的剥离，并成功制备了以单层为主的石墨烯，该方法可将解离温度降至 200℃，大大节约了制备成本。所制备的石墨烯具备开放的孔隙结构和良好的导电性，保证了石墨烯的高比表面积得以充分利用，该材料在水系电解液中的电容值可达 264F/g，倍率性能优异，循环性能良好。

尽管石墨烯粉体材料已在储能领域显示了巨大的应用前景，如何实现石墨烯的宏量制备却是一大难点，以石墨烯作为基元单位构建特定结构和功能导向的宏观材料如膜材料或三维宏观体，是一种比较理想的解决方案，这些宏观材料不仅具备石墨烯的优异特性，还可有效克服石墨烯层间因范德瓦耳斯力所引发的团聚和堆叠。石墨烯以及由其构建的碳基材料为超级电容器的储能带来了新的机遇，但是与传统碳材料一样，这些新型碳质材料充当超级电容器的电极材料时，其电化学性能仍然受制于多个因素，一般包括比表面积、孔径分布、表面化学、导电特性、润湿性等。

6.3.3　金属氧化物材料

这类材料存储机制是利用表面快速、可逆的氧化还原反应，通过电化学电荷迁移存储电荷。自 1975 年，人们开始研究金属氧化物为电极材料的超级电容器。近年来，各种金属氧化物在非对称超级电容器中的应用受到极大的关注，主要有钌、镍、钛、钴、锰、铝及铁等元素的氧化物。其中，最具代表性的是元素钌的氧化物和元素锰的氧化物。与碳电极相比，RuO_2 电极导电性更好，而且它在硫酸中很稳定，比能量更高。

（1）RuO_2

RuO_2 材料具有比电容高，导电性好，以及在电解液中非常稳定等优点，是目前性能最好的超级电容器电极材料。早在 1995 年，美国陆军研究实验室就报道了无定形水合氧化钌比电容高达 768F/g，基于电极材料的能量密度为 26.7W·h/kg。用热分解氧化法制得的 RuO_2 薄膜电极，其单电极比容量为 380F/g。Zheng 等运用溶胶-凝胶法，在低温下退火制备出无定形 $RuO_2 \cdot xH_2O$ 电极材料，在其体相中 H^+ 很容易传输，因此氧化-还原反应不仅能在其表面进行，而且可以在其体相中进行，此种电极材料的利用率较高，其比电容为 768F/g，能量密度为 96J/g。分析认为在 RuO_2 变为 $Ru(OH)_2$ 时，如果反应在所用的电位范围 0~1.4V 内，一个 Ru^{4+} 和两个 H^+ 反应，则 RuO_2 的比容量大约为 1000F/g。用热分解氧化法制得的 RuO_2 不含结晶水，仅有颗粒外层的 Ru^{4+} 和 H^+ 作用，因此，电极的比表面积的大小对电容的影响较大，所得电极比容量比理论值小得多；而用溶胶-凝胶法制得的无定形的 $RuO_2 \cdot xH_2O$，H^+ 很容易在体相中传输，其体相中的 Ru^{4+} 也能起作用，因此，其比容量比用热分解氧化法制的要大。但是，

RuO_2 价格昂贵并且在制备过程中污染严重，因而不适合大规模工业生产。为了进一步提高性能和降低成本，国内外均在积极寻找其他价格较为低廉的金属氧化物电极材料，如 MnO_2、Co_3O_4、NiO、V_2O_5，其中 MnO_2 的研究最为广泛。

（2）MnO_2

MnO_2 的化学结构较复杂，化学配比并不一定恰好由一个 Mn^{4+} 和两个 O^{2-} 相结合，其化学式应表示为 MnO_x，表示氧含量，数值小于 2。在化学组成上，一般还含有低价锰离子和 K^+、Na^+、Li^+、NH^{4+} 等金属离子。晶格常有缺陷，包含隧道和空穴，有的为微晶状态。目前，公认的 MnO_2 微结构是 Mn^{4+} 与氧配位成八面体 $[MnO_6]$ 而形成立方密堆积，氧原子位于八面体顶上，锰原子在八面体中心，形成空隙或隧道结构。

MnO_2 晶体以 $[MnO_6]$ 八面体为基础，形成各种晶体结构，常见的有 α、β、γ、λ、δ、ϵ 型。α-MnO_2 的结构是以斜方锰矿结构为基础，每个锰离子与 6 个氧离子相结合成八面体，$[MnO_6]$ 八面体的共用棱沿 c 轴方向形成双链，且与相邻的双链公用顶角，形成 $[2\times2]$ 的大隧道。由于 $[2\times2]$ 隧道具有较大的孔道间距（0.46nm），电解质离子能够方便地在 α-MnO_2 里迁移，提高了电极材料的利用率，增加了电极材料的比电容值。因此此种晶体结构是超级电容器的理想电极材料。

MnO_2 电极材料的储能机理主要是基于法拉第赝电容，同时还包括一定量的双电层电容，但由于法拉第电容是双电层电容的 10～100 倍，所以一般主要考虑法拉第电容的贡献。在水溶液电解液中进行充放电时，电解液离子（H^+、Na^+、K^+、OH^-）在电场作用下迁移到电极-电解液界面，然后通过电化学反应嵌入或者吸附到活性电极材料表面，其反应机理如下

$$MnO_2 + M^+ + e^- =\!=\!= MnOOM$$

$$(MnO_2)_{surface} + M^+ + e^- =\!=\!= (MnOOM)_{surface}$$

其中 M^+ 为 H^+、Na^+、K^+ 等正电荷离子。由于电极材料的充放电过程实际上是其氧化还原反应，所以 MnO_2 在理论上可提供非常高的比容量（其理论值为 1370F/g）。但是在实际应用过程中，电极材料的氧化还原反应有一定程度的不可逆性且纳米材料很容易在充放电过程中发生团聚，因此缺乏循环稳定性能；并且，MnO_2 的导电性能较差，一般只有 10^{-5}～10^{-7}S/cm，导致电极材料的倍率性能较差。

不同形貌的 MnO_2 纳米材料的电化学性能差异很大，为了得到性质优良的电极材料，就必须通过严格的实验条件来调控其微纳米结构。纳米 MnO_2 的制备方法主要有水热法、共沉淀法、电化学法、溶胶-凝胶法等。

　　水热法是指在密闭的反应器中，采用有机溶剂或水为反应体系，并对反应体系进行加热，使其内部形成高温高压的环境来进行纳米材料制备的一种方法。在高压下，绝大多数反应物能够部分或完全溶解，使反应在接近均相的情况下进行，所制备的纳米粒子具有纯度高、分散性好、形貌可控等优点。通过水热法可以方便地制备 MnO_2 的零维或一维纳米材料以及一维纳米阵列。零维纳米材料指的是三个维度都在纳米尺度内的纳米材料，可以是实心球、空心球、纳米颗粒等。一维纳米材料是指有两个维度的尺寸处于纳米级别，通常为纳米线、纳米棒及纳米管。

　　共沉淀法是制备 MnO_2 纳米材料最简单的方法。将 $KMnO_4$ 和二价锰盐按照一定比例溶解在溶剂中，然后把两者混合搅拌就可以得到 MnO_2 纳米粉体。共沉淀法具有工艺简单、条件温和等优点，但是不容易得到形貌均一的纳米材料。

　　电化学法是指在外加电场的作用下，通过控制电势使 Mn^{2+} 被氧化并且最终沉积在阳极表面形成 MnO_2 纳米材料，其反应方程式：$Mn^{2+} + 2H_2O \longrightarrow MnO_2 + 4H^+ + 2e^-$。

　　溶胶-凝胶法通常是用 $KMnO_4$ 或 $NaMnO_4$ 为氧化剂，与还原剂在溶液中反应形成稳定的透明溶胶体系，溶胶经陈化、胶粒间缓慢聚合，形成三维空间网络结构的凝胶，且此网络间充满了失去流动性的溶剂。凝胶经过干燥、烧结固化得到 MnO_2 纳米材料。

　　(3) Co_3O_4

　　Co_3O_4 外观为灰黑色或黑色粉末，具有正常的尖晶石结构，与磁性氧化铁为异质同晶，具有好的赝电容性能、低的价格，是一种具有发展潜力的超级电容器电极材料。

　　各种形貌和结构的纳米 Co_3O_4 用作超级电容器的电极材料，表现出了极好的超电容特性。Lin 等用溶胶-凝胶法合成的 CoO_x 干凝胶在 150℃ 时所测得的比容量为 291F/g，非常接近其理论值 355F/g。此外，这种材料具有很好的稳定性能，这是由于低温下获得的无定形 $Co(OH)_2$ 具有较大的比表面积和合适的孔隙，在转变成氧化物的过程中，非晶结构变为晶体结构，活性表面减少，稳定性增加。Ye 等以四元微乳液为介质，在水热环境下制备了具有蒲公英状、剑麻状及捆绑式结构的 Co_3O_4 前驱物，然后在 300℃ 下焙烧前驱物得到 Co_3O_4，所制备的 Co_3O_4 电极材料的比容量为 340F/g。

　　孔状 Co_3O_4 用作超级电容器已成为人们研究的热点，因为它们有利于电解液和反应物进入整个电极。有研究者通过简单的水热法制备了纳米结构的 $Co(OH)_2$，低温热处理得到了无序的介孔结构及高比表面积的 Co_3O_4，电化学测试结果表明介孔 Co_3O_4 在 5mA/cm^2 的电流密度下的比电容为 298F/g。另有研究者采用溶剂热-热分解法制备了具有斜方六面体结构的面心立方纳米孔 Co_3O_4，此合成方法采用尿素作沉淀剂，沉淀、煅烧过程无残留副产物，因而具有成本低廉、合成工序简单易行等优点。将制备的纳米孔作为超级电容器电极材料，在 $5mA/cm^2$、$10mA/cm^2$ 和 $20mA/cm^2$ 的电流密度下，Co_3O_4 的放电比容量分别为 223F/g、198F/g 和 166F/g。还有研究者利用 $CoCl_2$ 和 KOH 的反应制得前驱体 $Co(OH)_2$，再经煅烧，得到立方相 Co_3O_4 电极材料。Co_3O_4 电极在 5mol/L 的 KOH 溶液中，$0\sim0.4V$ 的电位范围内，$5mA/cm^2$ 的电流密度下，放电比电容可达 300.59F/g。也有研究者以 P123 为模板采用水热法制备层状结构的 $Co_2(OH)_2CO_3$ 前驱体，经 200℃ 热处理制得的 Co_3O_4 电极材料，单电极比电容可达 505F/g。

6.3.4 导电聚合物材料

聚合物材料以 PANI（聚苯胺）、PPy（聚吡咯）、PEDOT（聚 3,4-乙烯二氧噻吩）等最具有代表性。但导电聚合物通常会出现内阻过大、稳定性较差等问题，对它的研究主要是将其与其他物质进行复合。聚合物/碳复合材料研究较多，如聚苯胺、聚吡咯与活性炭、碳纳米管等的复合物。

虽然导电聚合物具有离域的 π 电子，但由于其具有较大的禁带宽度（>1.5eV），π 电子无法从价带跃迁到导带来实现电子迁移，因此，本征态的导电聚合物一般是绝缘体或者准半导体。但是，与饱和聚合物相比（如聚乙烯的禁带宽度为 8.8eV），导电聚合物的禁带宽度要小得多，说明其离子化电位较低，电子亲和力较大，易与适当的电子受体或电子给体发生电子转移，即进行化学或电化学掺杂，产生载流子而导电。导电聚合物的掺杂方式分为 P 型（空穴）掺杂和 N 型（电子）掺杂两种。P 型掺杂是指通过化学或电化学方法使导电聚合物被部分氧化所致，需提供一个阴离子 A^-；N 型掺杂是指导电聚合物被部分还原所致，需提供一个阳离子 M^+。N 掺杂需要很强的还原剂，如碱金属钾、钠等，且所制备的导电聚合物还原电位极低，在空气中不稳定，实用价值不大。常见的掺杂剂分为电子给体类（I_2、Br_2、Cl_2）、电子受体类（K、Li、Na）、路易斯酸、质子酸（AsF_5、PF_5、BF_2、BCl_3、HCl、HF、H_2SO_4）、过渡金属盐（$AgBF_4$、$AgClO_4$）和一些有机物。通过掺杂后，在导电聚合物骨架上会产生载流子（由孤子、极化子和双极化子组成）。这些载流子在外加电场作用下会在导电高分子的共轭双键间发生跃迁，从而使体系导电。

导电聚合物独特的掺杂/脱掺杂的性能可以提供电容性能。导电聚合物在充放电过程中，一般认为聚合物共轭链上会进行快速可逆的 N 型或者 P 型掺杂和脱掺杂的氧化还原反应，从而使聚合物具有较高的电荷密度而产生很高的法拉第准电容，实现电能的储存。导电聚合物的 P 型掺杂是指共轭聚合物链失去电子，而电解液中的阴离子就会聚集在聚合物链中来实现电荷平衡。而 N 型掺杂是指聚合物链中富余的负电荷通过电解液中的阳离子实现电荷平衡，从而使电解液中的阳离子聚集在聚合物链中。

导电聚合物主要依靠法拉第准电容进行电荷储存，在充放电过程中，电解液正离子或负离子会嵌入聚合物阵列，平衡聚合物本身电荷从而实现电荷存储。因此，该过程较双电层电极材料仅仅依靠电极材料表面吸附电解液离子有更高的电荷储存能力，表现出更大的比电容。在相同比表面积下，法拉第准电容电极材料容量比双电层电极材料容量要大 10～100 倍。

此外，在导电聚合物的氧化还原过程中，当氧化作用发生时，电解液中的离子进入聚合物骨架；当还原作用发生时，这些进入聚合物骨架的离子又被释放进入电解液，从而产生电流。这种氧化还原反应不仅发生在聚合物的表面，更贯穿于聚合物整个体内。由于这种充放电过程不涉及任何聚合物结构上的变化，因此这个过程具有高度的可逆性。

导电聚合物电极材料最大的不足之处在于，在充放电过程中，其电容性能会出现明显的衰减。这是由于，导电聚合物在充放电过程中，经常会发生溶胀和收缩的现象，这一现象会导致导电聚合物电容性能衰退。例如，聚吡咯基超级电容器在电流密度为 $2mA/cm^2$ 时，最初的比电容为 $120F/g$，但当其循环 1000 次后其比电容就会下降约 50%。聚苯胺也面临同样的问题，在不断的充放电过程中，由于其体积的变化，使其电容性能变差。例如聚苯胺纳米棒在循环充放电 1000 次后，其比电容会下降约 29.5%。因此，解决导电聚合物在超级电容器应用中的循环稳定性问题成为目前研究的热点

许多研究表明，当导电聚合物为纳米纤维、纳米棒、纳米线或者纳米管时，可以有效地抑制聚合物在循环使用中的电容性能衰减并表现出更好的电容性能。这是由于这些形态的导电聚合物一般都具有较小的纳米尺寸，能够有效减小离子扩散路径，提高电极活性物质利用率。此外，有序的导电聚合物与传统的随机的导电聚合物相比较，具有更好的电化学性能。

6.3.5　复合电极材料

碳材料、过渡金属化合物和导电聚合物这三种主要的超级电容器电极材料分别存在各自的问题：碳材料存储电荷是基于双电层电容，其比电容较低且难以提高；过渡金属化合物的比电容高，但是价格昂贵，导电性较差；导电聚合物的比电容较高，价格便宜，但是其循环寿命和稳定性较差。单一的电极材料很难同时具有高比电容、高循环寿命、高能量密度和高功率密度等优点，而通过以复合的形式结合两种或多种电极材料，有望提高材料的整体电化学性能，获得上述优秀

的特性。近年来，国内外学者在碳/金属化合物、碳/导电聚合物和 MnO_2/导电聚合物复合材料等复合型电极材料方面进行了广泛的研究，试图获得综合性能优良的超级电容器电极材料。

（1）碳/金属化合物电极材料

在碳纳米管（CNT）与过渡金属氧化物复合的电极材料中，钌的氧化物以及水合物的研究报道比较多，而且性能也比较好。Ye 等利用磁溅射的方法在 ACNT 阵列上溅射钌制备了 RuO_2/ACNT 复合材料并研究其超级电容性质。Fang 等则在氮掺杂有序碳纳米管阵列（ACN_xNT）上射频溅射 RuO_2 得到 RuO_2/ACN_xNT，测得比电容为 1380F/g。Yu 等在研究纳米 $RuO_2 \cdot xH_2O$/CNT 复合材料对苯甲醇的催化氧化时发现此复合材料具有高达 1500F/g 的比电容。王晓峰等在 210℃下烧结制备超细 RuO_2/CNT 复合材料，当 CNT 质量分数为 20% 时复合电极的比容量可以达到 860F/g，大电流放电条件下材料比容量也几乎没有衰减，$25mA/cm^2$ 放电时材料比容量仍然达到 742F/g，体现出优良的高功率放电特性。虽然 CNT 与 RuO_2 的电极材料有很好的超级电容特性，但是 RuO_2 作为贵金属氧化物，成本较高，并且有毒性，对环境有污染，不利于工业化大规模生产。因此，人们希望寻找到其他廉价的金属材料来代替钌。

锰的氧化物是另一种研究较多并且很有潜力的超级电容器电极候选材料。氧化锰资源广泛，价格低廉，具有多种氧化价态，对环境无污染，在电池电极材料和氧化催化材料上可以得到很好的应用。邓梅根等将 CNT 用 KOH 活化并沉积 MnO_2 制成 MnO_2/CNT 复合材料以提高 CNT 超级电容器的性能使比电容达到 150F/g。Yan 等在微波下还原 $KMnO_4$ 制备的 MnO_2/CNT 复合材料，其比电容可达 944F/g。当 MnO_2 质量分数为 75% 时复合材料表现出最大功率密度，为 45.4kW/kg。An 等利用 $Mn(CH_3COO)_2$ 溶液热分解制备的 Mn_3O_4/CNT 复合材料比电容可达到 293F/g。Cao 等在钽片上利用化学气相沉积法制备 ACNT 阵列后在 $MnSO_4$ 溶液中电沉积上花朵状 MnO_2 纳米粒子制备的超级电容器比电容达到 199F/g，相比单纯的 ACNT 和单纯簇状 MnO_2 纳米粒子，在 CNT 上沉积纳米尺寸的 MnO_2 簇能有效提高电极的电容性能。

氧化镍价格低廉且电化学性能优良，理论电容特性堪比 RuO_2，因此制备氧化镍/CNT 复合材料作为超级电容器的电极材料也备受关注。Gao 等向 $NiCl_2 \cdot 6H_2O$ 和 MWCNT 混合溶液中滴加 NaOH，然后产物再在 300℃煅烧 2h 制备了 NiO/MWCNT 复合材料，控制 NaOH 的滴加量可得到 NiO 与 MWCNT 不同质量比的 NiO/MWCNT 复合电极。当 NiO 比例过高时电极电阻过大而 NiO 比例过低又不能完全覆盖 CNT 表面，只有当两者比例为 1∶1 时复合材料的电容性质才能达到最优。Gao 等制备了 NiO/苯磺酸修饰的 CNT 复合材料，发现苯磺酸修饰后的 CNT 在水中分散性能更好，且更有利于 NiO 化学沉积到 CNT 表面，此复合电极的比电容可达到 384F/g。

Nethravathi 等采用复分解法合成了氧化石墨烯/钴镍双氢氧化物复合物。他们分别先制备十六烷基三甲基铵（CTA）内插的氧化石墨烯和十二烷基磺酸钠（DS）内插的钴镍双氢氧化物，然后将两者混合及超声分散并在 70℃ 下搅拌 3 天使得分解反应充分进行，最终得到了氧化石墨烯/钴镍双氢氧化物的复合物。He 等在六亚甲基四胺溶液存在的条件下采用水热法合成了石墨烯/钴镍双氢氧化物。他们首先将氧化石墨烯固体通过超声分散到乙醇中形成氧化石墨烯分散液，然后将氧化石墨烯分散液与硝酸钴和硝酸镍的水溶液相混合，在搅拌 30min 后加入六亚甲基四胺溶液。最后将溶液转移到内衬聚四氟乙烯的水热反应釜中在 180℃ 下反应 12h 得到石墨烯/钴镍双氢氧化物。Xiao 等向氯化镍、氯化钴和碳酸氢钠的混合溶液中通入二氧化碳，使得钴镍氢氧化物沉淀溶解，然后再加入氧化石墨烯溶液，搅拌 24h 使钴镍盐与氧化石墨烯充分混合后，在 100℃ 下水热处理 12h，然后再加入水合肼在 100℃ 下回流制备了表面为颗粒的石墨烯/钴镍双氢氧化物纳米片复合物。牛玉莲等采用微波辐射与高温裂解相结合的二步还原法制备了具有褶皱结构的石墨烯，此石墨烯具有良好的导电性。以此石墨烯作为原料，与钴镍盐一起水热制备得到石墨烯/钴镍双氢氧化物。在 0.25A/g 的电流密度下，该石墨烯/钴镍双氢氧化物复合物的比电容为 800F/g；当电流密度增加到 10A/g，比电容值仍为 387F/g，恒电流充放电 500 次后仍能保持 99% 以上。

（2）碳/导电聚合物电极材料

有研究者将 MWCNT 制成的 buckybook 放入 0.2mol/L 苯胺的 1mol/L 盐酸溶液中，然后逐滴加入等体积 0.2mol/L 过硫酸铵溶液，在 0~5℃ 下保持 12h 完成反应，取出清洗烘干制备了 PANI/CNT 复合薄膜材料，整个材料柔软、轻薄且紧凑。测得 PANI/CNT 复合电极比电容为 424F/g。将此 PANI/CNT 复合薄膜表面再覆盖 PVA/H_2SO_4 凝胶电解质，然后将两片薄膜经压力黏合可制备柔软、固态和纸状超级电容器。

原位聚合法是应用广泛的制备碳/导电聚合物电极材料的方法，利用导电聚合物单体与石墨烯或氧化石墨烯之间 π—π 作用、氢键作用、正负电荷作用，可以使单体在其表面聚合，从而得到复合材料。Wang 研究组制备了表面均匀生长着聚苯胺纳米颗粒的石墨烯/聚苯胺的纳米复合物，其比电容值经过 1000 次循环充放电后仍能够达到 946F/g，是一种较为理想的超级电容器电极材料。Chen 和 Baek 研究组分别借助共价键改性降低石墨烯基片之间的相互作用力提高石墨烯分散性和稳定性从而制备石墨烯/导电聚合物复合材料。

共混法也可以制备石墨烯/导电聚合物复合材料，Shi 研究组将石墨烯与聚苯胺纳米纤维的分散液共混后，通过聚四氟乙烯微孔膜进行抽滤，最终得到了层状结构的复合薄膜，薄膜表现出了良好的柔韧性和较好的电化学性能。Nandi 研究组使用对苯二胺对石墨烯进行表面修饰，所得到的石墨烯与苯胺的低聚体结合产生一种囊泡结构，并随着石墨烯纳米片的聚集以及聚苯胺分子链的生长最终得到一种矩形端口结构的纳米管。Wang研究组通过氧化石墨烯与聚苯胺纳米纤维表面所带电性的差异，利用静电相互作用成功制备了被石墨烯纳米片包裹的聚苯胺纤维。

（3）MnO_2/导电聚合物电极材料

由于MnO_2具有价格低廉、储量丰富、环境友好、理论电容高等优点，被广泛地应用于超级电容器电极材料，但是其较差的导电性能使得所制备的电极材料的功率密度和倍率性能较差。导电聚合物具有优良的导电性能和较高的比电容值，但是其循环稳定性能较差。通过MnO_2与导电聚合物的复合有望提高复合材料的电导率，增加复合电极材料的比电容值和倍率性能以及循环寿命。

MnO_2/PANi复合材料最早采用两步电化学法制备：首先通过电化学方法在电极表面沉积PANi基体，然后通过电化学法沉积MnO_2制得MnO_2/PANi的复合材料。在最优的MnO_2和PANi配比下，所制备的电极材料的比电容值为715F/g，能量密度为200W·h/kg（充放电电流为5mA/cm）。也可以在MnO_2纳米粒子的表面通过电化学法生成PANi来制备MnO_2/PANi复合材料。为了增强MnO_2和PANi的相互作用，首先采用硅烷偶联剂对MnO_2进行修饰，然后在其表面聚合苯胺。与采用相同方法制备的MnO_2@PANi相比，所制备的PANI-ND-MnO_2复合材料的比电容值明显增加。这一现象表明相互作用可以改善MnO_2/PANi复合材料的电化学性质。

除了上述两步电化学方法外，也可以采用电化学共沉积法制备MnO_2/PANi复合电极。在苯胺和$MnSO_4$的溶液中，通过电化学共沉积得到复合材料。所制备的电极材料的比电容值为532F/g，库伦效率为97.5%，循环1200次后的比电容值为初始值的76%。

化学氧化法是另一种制备MnO_2/PANi复合材料的方法。Zhou等在多孔的碳电极上，用$KMnO_4$氧化苯胺得到MnO_2/PANi复合材料。此外，由于部分晶体结构的MnO_2具有层状结构，可以通过分子交换法制备PANi插入层状MnO_x的纳米复合材料。

6.4 超级电容器电解液

选择适当的电解液对电容器的性能发挥有着举足轻重的作用。电解液由溶剂、电解质和添加剂组成。它在电容器的整体结构中的作用有很多，如粘接电极颗粒、补充离子、加速离子传导等。电解液的分解电压、电导率和适用温度范围是电解液适用与否的三个重要指标。概括起来,对电解液的要求有:分解电压高;电导率高;温度适用范围宽;对电极材料的浸润性好;纯度高;不与电极材料反应等。

电解液分类比较复杂,如按溶剂类型可分为水系电解液和有机电解液。另外还可按照电解液状态分为液态电解质和固态电解质,多数超级电容器选用的电解液是液态的。

6.4.1 水系电解液

水系电解液的优点有很多,如电导率高、内阻低、电解质分子小、浸润性好,利于充分利用活性材料的表面积且成本低廉,它是最早应用于电化学电容器的电解液。水系电解液根据其 pH 值不同可以分为三类:酸性、碱性和中性。

(1) 酸性水系电解质

在酸性水溶液中最常用的是 H_2SO_4 水溶液,因为它具有电导率及离子浓度高、内阻低的优点。但是以 H_2SO_4 水溶液为电解液腐蚀性大,集流体不能用金属材料,电容器受到挤压破坏后,会导致硫酸的泄漏,造成更大的腐蚀;工作电压低,如果使用更高的电压需要串联更多的单电容器。此外也有人尝试着用 HBF_4、HCl、HNO_3、H_3PO_4、CH_3SO_3H 等作为超级电容器电解液,但这些电解液都不太理想。

(2) 碱性水系电解质

对于碱性电解液,最常用的是 KOH 水溶液,其中以碳材料为电容器电极材料时用高浓度的 KOH 电解液,以金属氧化物为电容器电极材料时用低浓度的 KOH 电解液。除了用 KOH 水溶液外,Stepniak 等研究了以 LiOH 水溶液作电解液的电容器的性能。相对于 KOH 水溶液电解液,使用 LiOH 水溶液作为电容器电解液,电容器的比电容、能量密度和功率密度都得到了一定的提升,但没有本质上的改变。另外,碱性电解液的一个严重缺点就是爬碱现象,这使得密封成为难题,因此碱性电解液的发展方向应是固态化。

(3) 中性水系电解质

中性电解液的突出优点是对电极材料不会造成太大的腐蚀,目前中性电解液中主要是锂、钠、钾盐的水溶液,其中 KCl 水溶液是最早研究的一种中性电解液,如 Lee 等报道了用 2mol/L KCl 水溶液取代硫酸水溶液,以 MnO_2 等过渡金属氧化物电极为电极材料得到了 200F/g 以上的比电容,但缺点是如果电容器过充后,KCl 水溶液电解容易产生有毒的氯气。目前中性电解液中研究较多的是锂盐水溶液,尤其在以过渡金属氧化物为电极材料的赝电容体系中,除了充当电解液的支持电解质以外,由于锂离子离子半径小,可以嵌入氧化物中,从而增大电容器的容量。与酸性和碱性电解液相比,中性电解液在安全性能方面有一定的优势,但是其毕竟是水溶液电解液,受水的分解电压的影响大。所以,更多的研究者热衷于探索有机电解液、固体或凝胶电解质的应用。

6.4.2 有机电解液

超级电容器的工作电压受限于电解液在高电位下在电极表面的分解。因此,电解液的工作电压范围越宽,超级电容器的工作电压也越宽。虽然有机电解液的电导率小这一缺陷限制了电容器的充放电倍率和输出功率,但与水性电解质相比,有机电解质的工作温度范围更宽,分解电压高,性质稳定,腐蚀性小。用有机电解液取代水系电解液,电容器工作电压可以从 0.9V 提高到 2.5~2.7V。它的电解质通常是锂盐如 $LiClO_4$(高氯酸锂)和季铵盐如 $TEABF_4$(四氟硼酸四乙基铵)等;可以采用的溶剂有 PC(碳酸丙烯酯)、ACN(乙腈)、GBL(1,4-丁内酯)等。

由于 ACN 和 PC 具有较低的闪点、较好的电化学和化学稳定性以及对有机季铵盐类有较好的溶解性,被广泛应用于超级电容器的电解液体系中。ACN 虽然比 PC 在内阻上要低好多,但 ACN 有毒,如今在日本机动车上已禁止使用,而使用 PC 作为超级电容器电解液成为主流。目前应用最多的有机电解液是浓度为 0.5~1.0mol/L 的 Et_4NBF_4/PC 溶液。有机电解液中的水在应用中应尽量避免,水含量尽量控制在 $20\mu g/g$ 以下。水的存在会导致电容器性能的下降,自放电加剧。此外,电容器的过充会导致有毒的挥发性物质产生,同时也会使电容器的储电能力显著下降甚至丧失。总之,通过对各种有机溶剂的混合优化并与支持电解质和电极材料适配,以达到最优的配比,是当前有机电解液研究的发展方向。

6.4.3 固态电解液

液体电解液易发生腐蚀和漏电,有机电解液甚至还会引起电容器起火,而固体或凝胶电解质不会发生电解液泄漏的问题,因此,采用固态电解液的电容器更安全。有报道称,在电导率上,凝胶电解质与有机电解液相差无几,而循环效率高达 100%,这使得发展超薄型、小型化超级电容器成为可能。用于超级电容器的聚合物电解质的基体材料主要有:聚氧化乙烯(PEO)、聚偏氟乙烯-六氟丙烯[P(VDF-HFP)]、聚甲基丙烯酸甲酯(PMMA)、聚丙烯腈(PAN)和聚吡咯(PPy)等。固体电解质的缺点是:在室温下,聚合物基体里溶解度低的固态电解质常会有结晶析出。

思 考 题

1. 简述超级电容器的基本概念及类型。

2. 简述超级电容器的一般结构及各部分的作用。

3. 简述超级电容器的工作原理。

4. 简述超级电容器电极选择的一般原则。

5. 简述超级电容器电极材料的分类及各自的优缺点。

6. 简述超级电容器电解液的分类及各自的优缺点。

第 **7** 章
锂离子电池材料

7.1 概述

由于空间技术和军事技术的需要以及电子技术的迅速发展，对体积小、质量轻、比能量高、使用寿命长的电池要求日益迫切，对上述各项性能的要求越来越高。锂离子电池正是在这一形势下发展起来的一种新型电源，与传统的铅酸和镉镍等电池相比，锂离子电池具有比能量高、使用寿命长、污染小和工作电压高等特点，应用十分广泛，市场潜力巨大，是近年来备受关注的研究热点之一。

锂是自然界最轻的金属元素，具有较低的电极电位（-3.045V，相对于标准氢电极）和高的理论比容量（$3860\text{mA} \cdot \text{h/g}$）。因此，以锂为负极组成的电池具有电池电压高和能量密度大等特点。锂一次电池的研究始于 20 世纪 50 年代，70 年代进入实用化。由于其优异的性能，已广泛应用于军事和民用小型电器中，如导弹点火系统、潜艇、鱼雷、飞机、心脏起搏器、电子手表、计算器、数码相机等，部分替代了传统电池。已实用化的锂一次电池有 Li-MnO_2、Li-I_2、Li-CuO、Li-SOCl_2、$\text{Li-(CF}_x)_n$、Li-SO_2、$\text{Li-Ag}_2\text{CrO}_4$ 等。

锂二次电池的研究工作也同时展开，但锂二次电池使用金属锂作负极有许多问题。特别是在反复的充放电过程中，金属锂表面生长出锂枝晶，能刺透在正负极之间起电子绝缘作用的隔膜，最终触到正极，造成电池内部短路，引起安全问题。解决的方法主要是改进电解液、隔膜，解决枝晶问题。20 世纪 90 年代初，日本索尼公司首先推出了锂离子电池，它以锂在碳材料中的嵌入、脱嵌反应代替了金属锂的溶解、沉积反应，避免了电极表层上形成枝晶，从而使锂离子电池的安全性和循环寿命远远高于锂蓄电池，实现了锂离子电池的商业化生产。

目前商用锂离子二次电池的正极材料大都使用钴酸锂（$LiCoO_2$），在 1 个钴原子和 2 个氧原子形成的层间里插入锂，充电时锂从层间脱出向负极方向移动，放电时则反过来从负极返回到正极层间。负极材料使用石墨等碳材料，碳材料也是具有层间结构的物质，不同的碳材料层间结构有不同程度的差别。充电时锂插入层间结构中，放电时锂从层间结构中脱出。

锂离子电池是目前世界上最为理想，也是技术水平最高的可充电化学电池。锂离子电池可分为液态锂离子电池和聚合物锂离子电池两种。锂离子电池与现有其他二次电池性能的比较如表 7-1 所示。锂离子二次电池的充放电反应只是锂离子在正负极之间单纯移动的局部化学反应。由于充放电反应不伴随正极、负极和电解液之间的化学反应，因而长期稳定。其优点如下：①能量密度高。②循环特性好。③自放电每月在 10% 以下，不到镍镉和镍氢二次电池的 1/2。④使用温度范围广，覆盖 −20～45℃ 的范围。⑤安全性高。⑥不存在记忆效应。但同时锂离子二次电池也有它的缺点：①因为使用有机电解液，电池内部阻抗比水溶液系电池高，负荷特性差。②如果不限制充电电压进行充电，电压将持续上升，因此，当充电器出现故障时，有可能在规定电压以上继续充电，电池自身加上了种种的过充电防护，但为了确保安全有必要附加过充电控制电路。③通过过充放电，电压到达 0 V 附近后，作为负极集电体的铜箔开始发生熔析，电池性能显著恶化。

表 7-1　四种二次电池基本性能比较

电池种类	工作电压/V	比能量/(W·h/kg)	比功率/(W/kg)	循环寿命/次	月自放电率/%
铅酸电池	2.0	30～50	150	150	30
镍镉电池	1.2	45～55	170	170	25
镍氢电池	1.2	70～80	250	250	20
锂离子电池	3.6	120～200	300～1500	1000	2

锂离子二次电池今后要取得更大的进展，必须注意如下方面：①降低材料开发成本，特别是有必要降低正极材料 $LiCoO_2$、隔膜、电解液、负极碳材料等的成本。②在质量能量密度方面，锂离子二次电池保持着优势，同时镍氢二次电池也在发展，为了提高锂离子二次电池容量，硬炭材料负极有发展潜力。③目前的锂离子二次电池，还需要通过材料开发提高电池自身的可靠性和安全性，并简化电路。④加强原材料的研发。⑤注意新型电解质的开发。

锂离子电池的技术发展趋势是：①由液态锂离子电池（聚合物凝胶电解液）向固态锂离子电池发展；②解决锂锰氧化物和锂镍氧化物循环性能差和高温容量衰减的问题；③研究非碳负极材料；④开发各种形状的锂离子电池。

7.2 锂离子电池的结构及工作原理

（1）锂离子电池的结构

锂离子电池主要有外壳、正极材料、负极材料、电解液和隔膜五部分组成。方形锂离子电池结构如图 7-1（a）所示，圆柱形锂离子电池结构如图 7-1（b）所示。

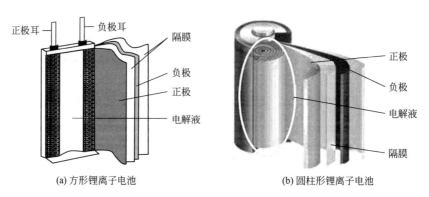

(a) 方形锂离子电池　　　　　　　　(b) 圆柱形锂离子电池

图 7-1　锂离子电池结构

（2）锂离子电池的工作原理

锂离子电池的正负极材料都是能发生锂离子（Li^+）嵌入-脱出反应的物质，如正极材料（是整个电池的 Li^+ 源）：钴酸锂、锰酸锂、磷酸铁锂等；负极材料：石墨、软炭、硬炭、钛酸锂等。隔膜是一种聚合物多孔膜，只允许 Li^+ 通过。当对电池进行充电时，电池的正极上有 Li^+ 生成，生成的 Li^+ 经过电解液运动到负极。而作为负极的炭呈层状结构，它有很多微孔，达到负极的 Li^+ 就嵌入到炭层的微孔中，嵌入的 Li^+ 越多，充电容量越高。同样，当对电池进行放电时（即我们使用电池的过程），嵌在负极炭层中的 Li^+ 脱出，又回到正极，回正极的 Li^+ 越多，放电容量越高，我们通常所说的电池容量指的就是放电容量。在锂离子电池的充放电过程中，Li^+ 处于正极→负极→正极的运动状态。锂离子电池就像一把摇椅，摇椅的两端为电池的两极，而 Li^+ 就像运动员一样在摇椅来回奔跑，所以锂离子电池又叫摇椅式电池，工作原理如图 7-2 所示。

正极反应：放电时 Li^+ 嵌入，充电时 Li^+ 脱嵌。

充电时 $$LiMO_2 \longrightarrow xLi^+ + Li_{1-x}MO_2 + xe^-$$

放电时 $$xLi^+ + Li_{1-x}MO_2 + xe^- \longrightarrow LiMO_2$$

负极反应：放电时 Li^+ 脱嵌，充电时 Li^+ 嵌入。

充电时 $$xLi^+ + xe^- + nC \longrightarrow Li_xC_n \quad (Li_xC_n \text{ 表示 } Li^+ \text{ 嵌入石墨形成复合材料})$$

放电时 $$Li_xC_n \longrightarrow xLi^+ + xe^- + nC$$

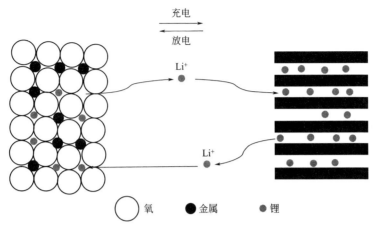

图 7-2 锂离子电池工作原理

7.3 锂离子电池正极材料

正极材料的活性是决定锂离子电池性能的重要因素之一，目前，锂离子电池正极材料研究和应用较为广泛的为有层状结构的钴、镍、锰锂化合物材料；尖晶石结构锰酸锂材料；橄榄石结构磷酸铁锂材料等。

7.3.1 正极材料的选择要求

锂离子电池正极材料一般以嵌入化合物作为理想的正极材料，锂嵌入化合物应具有以下性能：

① 金属离子 Li^+ 在嵌入化合物 $Li_xM_yX_z$ 中应有较高的氧化还原电位，从而使电池的输出电压较高。

② 在嵌入化合物 $Li_xM_yX_z$ 中大量的锂能够发生可逆嵌入和脱嵌以得到高容量，即可逆的 x 值尽可能大。

③ 在整个嵌入和脱嵌过程中，锂的嵌入和脱嵌应可逆且主体结构没有或很少发生变化，这样可确保良好的循环性能。

④ 氧化还原电位随 x 的变化应该尽可能少，这样电池的电压不会发生显著变化，可保持平稳的充电和放电。

⑤ 嵌入化合物应有较好的电子电导率（σ_e）和离子电导率（σ_{Li^+}），这样可以减少极化并能进行大电流充放。

⑥ 嵌入化合物在整个电压范围内具有良好的化学稳定性，在形成固体电解质界面膜后不与电解质等发生反应。

⑦ 锂离子在电极材料中有较大的扩散系数，便于快速充放电。

⑧ 从实用角度而言，主体材料应该便宜，对环境无污染。

7.3.2 层状结构正极材料

（1）$LiCoO_2$ 正极材料

层状结构的典型代表为钴酸锂（$LiCoO_2$）正极材料，是 John B. Goodenough 首次报道的，并且在 1991 年被索尼公司成功应用在商品化锂离子电池中。$LiCoO_2$ 结构为 α-$NaFeO_2$ 型六方晶系层状结构，氧原子呈现 ABCABC 立方密堆积排列，在氧原子的层间锂离子和钴离子交替占据其层间的八面体位置，其晶格常数为 $a=0.2816nm$、$c=1.408nm$，如图 7-3 所示。

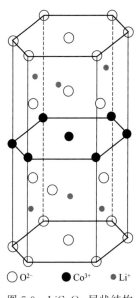

$LiCoO_2$ 正极材料理论比容量为 274mA·h/g，然而当其脱出 Li^+ 的量超过一半时，层状主体结构发生坍塌而使其循环性能变差，因此商品化应用的 $LiCoO_2$ 正极材料的放电比容量为 130～140mA·h/g。为了提高 $LiCoO_2$ 正极材料放电比容量，通过掺杂和表面修饰，可以使其稳定放电比容量达 160～170mA·h/g。

在材料的掺杂方面，主要研究了 Ni、Fe、Mn、Mg、Cr、Al、B 等元素。Uchida 等的研究表明，在 $LiCoO_2$ 中掺入 20% 的 Mn，可以有效提高材料的可逆性和循环寿命。Chung 等研究了 Al 掺杂对 $LiCoO_2$ 微结构的影响，认为 Al 掺杂可以有效抑制 Co 在 4.5V 时的溶解，以及降低 Li^+ 嵌入时 c 轴和 a 轴的变化，提高材料的稳定性。Mg 的掺杂可以提高 $LiCoO_2$ 材料的电子电导率，但材料的高倍率充放电性能并未提高，反而有所降低。

○ O^{2-}　● Co^{3+}　• Li^+

图 7-3　$LiCoO_2$ 层状结构

在表面修饰方面，已经研究过的包覆层材料包括 SnO_2、Al_2O_3、TiO_2、ZrO_2、$LiAlO_2$、$AlPO_4$ 等。目前认为，对于提高 $LiCoO_2$ 容量并保持循环性最为有效的包覆材料是 $AlPO_4$。对于表面修饰层的作用，Cho 等认为充电到 4.4V 时，修饰层能够抑制材料由单斜相向六方相的转变。后来，刘立君等通过现场同步辐射 X 射线衍射手段，仔细研究了表面包覆 Al_2O_3 的 $LiCoO_2$ 在充放电过程中的结构变化，证明表面包覆层的作用并不是抑制结构相变，恰恰相反，表面包覆层的样品可以发生可逆相变，被包覆的样品不能经历可逆相变。王兆祥等通过光谱的研究进一步证明，表面包覆层的作用主要是防止电解液与具有较强氧化能力的 $Li_{1-x}CoO_2$ 接触，抑制充电时由于氧的析出导致结构的变化和表面副反应。

虽然 $LiCoO_2$ 正极材料主导商品化锂离子电池正极材料市场多年，但由于其存在主要原料钴毒性大、价格高、安全性较低、资源有限等缺点，$LiCoO_2$ 在锂离子电池领域的应用受到严重制约。

（2）$LiNiO_2$ 正极材料

镍酸锂（$LiNiO_2$）结构与 $LiCoO_2$ 结构相似，为 $\alpha\text{-}NaFeO_2$ 型六方晶系层状结构，其中 6c 位上的氧原子为立方密堆积，镍原子和锂原子分别于 3a 位和 3b 位，并且交替占据其八面体孔隙，在 [111] 晶向方向上呈层状排列，如图 7-4 所示。与 $LiCoO_2$ 相比，$LiNiO_2$ 具有较低的价格、高的能量密度。但实际合成过程中，由于 Ni^{2+} 与 Li^+ 混排，得到 Li : Ni = 1 : 1 化学计量比的 $LiNiO_2$ 非常困难，通常合成的产物为 $Li_{1-x}Ni_{1+x}O_2$。Ni^{2+} 进入锂层，阻碍了 Li^+ 的扩散，造成其性能下降。在充放电循环过程中，Ni^{3+} 容易被还原成 Ni^{2+} 而引起结构改变，造成其循

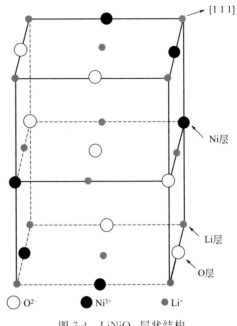

图 7-4　$LiNiO_2$ 层状结构

环性能差。$LiNiO_2$ 的这些缺点严重制约了其在商业化锂离子电池中的应用。为了改善 $LiNiO_2$ 正极材料存在的缺点，通常对 $LiNiO_2$ 进行元素掺杂改性，从而得到新的层状二元材料、三元材料甚至多元材料，例如：用 Co 部分取代 Ni 形成 $LiNi_xCo_{1-x}O_2$ 正极材料，用 Co、Mn 来取代 Ni 形成商品化 $LiNi_{\frac{1}{3}}Co_{\frac{1}{3}}Mn_{\frac{1}{3}}O_2$ 等系列三元正极材料，用 Co、Al 来取代 Ni 形成了商品化 $LiNi_{0.8}Co_{0.15}Al_{0.05}O_2$ 的系列三元正极材料。

（3）Li_2MnO_3 正极材料

锰酸锂（Li_2MnO_3）具有单斜层状结构，如图 7-5 所示，其中过渡金属层是由 Li^+ 和 Mn^{4+} 以 2 : 1 的比例交替构成，因此其通式也可以写成 $Li[Li_{\frac{1}{3}}Mn_{\frac{2}{3}}]O_2$ 形式。Li_2MnO_3 中的 Mn 元素价态为 +4 价，在低电压下不能进一步被氧化，因此通常认为 Li_2MnO_3 材料是电化学非活性材料。然而，当充电电压升高至 4.5V 以上时，Li_2MnO_3 材料中的氧元素被氧化，而脱出 Li^+，最终以 Li_2O 形式从材料中脱出，而在充电结束时形成 MnO_2。但是，该过程是不可逆过程，在随后的放电过程中，只能 1 个 Li^+ 返回正极，形成具有活性的亚锰酸锂（$LiMnO_2$）层状材料。

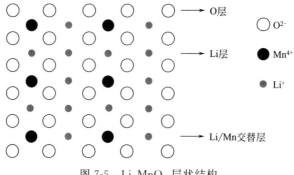

图 7-5 Li_2MnO_3 层状结构

7.3.3 尖晶石结构正极材料

尖晶石型锰酸锂（$LiMn_2O_4$）是一种研究和应用都比较早的正极材料，图 7-6 为 $LiMn_2O_4$ 尖晶石结构示意图，在结构中锂（Li）占据四面体（8a）位置，锰（Mn）占据八面体（16d）位置，氧（O）占据面心立方（32e）位置。空的四面体和八面体通过共面和共边相互连接，形成 Li^+ 扩散三维通道。

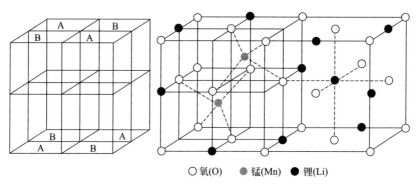

○氧(O) ●锰(Mn) ●锂(Li)

图 7-6 $LiMn_2O_4$ 尖晶石结构

由于 $LiMn_2O_4$ 具有原料来源广泛，成本低，倍率性能好等优势，$LiMn_2O_4$ 的研究吸引了大量的科研工作者。但 $LiMn_2O_4$ 循环性能差，容量衰减严重，主要是因为 Mn^{3+} 发生歧化反应，生成的 Mn^{2+} 溶解到电解质溶液中，导致 $LiMn_2O_4$ 晶体结构中锰含量减小。通常采用两种方法来提高 $LiMn_2O_4$ 的充放电容量和循环稳定性：一是掺杂改性；二是采用新的合成技术控制材料的结构和粒径或者对电极表面进行修饰。掺杂是最常见、最有效的改性方法，掺杂是指引入半径和价态与 Mn^{3+} 相近的金属离子（如 Co^{3+}、Ni^{3+}、Cr^{3+}、Zn^{2+}、Mg^{2+} 等）或加入过量的 Li 来稳定 $LiMn_2O_4$ 的尖晶石结构，防止 Li^+ 脱嵌后引起晶格畸变，从而提高容量和寿命。表面处理方法也是目前常见的一种改性修饰方法，在电极表面包覆一层只允许 Li^+ 自由通过而 H^+ 和电解质溶液不能通过的 $LiBO_2$ 或 Li_2CO_3 膜，从而可以有效地抑制锰的溶解和电解质分解。用有机物处理 $LiMn_2O_4$ 的表面，可以形成表面络合锰，从而有效地抑制电解液在电极上的分解，提高 $LiMn_2O_4$ 在高温下的稳定性。

对于 $LiMn_2O_4$ 基正极材料而言，Mn 在自然界中资源丰富，成本低，材料的合成工艺简单，稳定性高，耐过冲性好，放电电压平台高，动力学性能优异，对环境友好，目前已在大容量动力型锂离子电池中得到应用。

7.3.4　橄榄石结构正极材料

橄榄石结构的正极材料有 $LiMnPO_4$、$LiCoPO_4$、$LiNiPO_4$、$LiFePO_4$，其中 $LiFePO_4$ 是研究前景相当大、且小有突破的一种。橄榄石结构的 $LiFePO_4$ 材料属于正交晶系，Pnma 空间群，其晶胞参数为 $a=1.0334nm$，$b=0.6008nm$，$c=0.4694nm$。Fe^{3+}/Fe^{2+} 的费米能级低于 Li^+ 的费米能级，为 $LiFePO_4$ 材料提供了一个 3.4V 的脱嵌 Li^+ 电势。脱锂产物 $FePO_4$ 也是橄榄石晶体结构，但在晶格参数上发生了变化，晶胞体积缩小了 6.8%，$FePO_4$ 的晶胞参数为 $a=0.9821nm$，$b=0.5792nm$，$c=0.4788nm$。

$LiFePO_4$ 具有 $170mA \cdot h/g$ 理论容量和 3.4V 放电电压，但其电子导电性差和离子扩散系数低限制了它的应用。提高 $LiFePO_4$ 的导电性可以归结为提高该材料的离子传导性和电子导电性。目前改善 $LiFePO_4$ 的导电性能主要有 4 种方法：①使用电子导电性好的物质包覆 $LiFePO_4$，例如，在其表面包覆导电炭，提高其表面颗粒间的电子导电性；②在 $LiFePO_4$ 晶格掺杂金属离子，取代 Li 位或者 Fe 位，提高颗粒内部本征电导率；③在 $LiFePO_4$ 材料表面生成电子电导良好的磷铁相；④控制 $LiFePO_4$ 晶粒粒径，改善表面形貌，提高锂离子的迁移速率。$LiFePO_4$ 成本低，资源丰富，热稳定性高，有望使用在动力电池和储能电池中。

Sony 公司研究发现，通过合成原料中添加炭黑的工艺制备出具有细小颗粒的掺杂 Fe 的 $LiFe_{1-x}Mn_xPO_4$ 具有较好的脱嵌锂离子性能，当 $x=0.5$ 时，容量达到最大值。锂离子脱出包括两个步骤：3.5V 电压平台脱锂，Fe^{2+} 被氧化成 Fe^{3+}，接着 4.1V 平台脱锂，Mn^{2+} 被氧化成 Mn^{3+}。在充放电过程中 $LiFe_{1-x}Mn_xPO_4$ 的局部结构变化是完全可逆的，并且在 $0 \leqslant x \leqslant 1$ 时，Mn^{3+} 的局部结构没有任何明显的变化。这表明即使在 Mn 含量很高时，锂离子从材料结构中的脱出也没有内在的本质障碍。

$LiMnPO_4$ 晶格参数为：$a=0.6108nm$，$b=1.0455nm$，$c=0.4750nm$，其脱嵌锂电压在 4.1V 左右，电化学活性不高。

7.4 锂离子电池负极材料

7.4.1 负极材料的选择要求

目前，研究的负极材料主要有以下几种：碳类材料、硅类材料、合金类材料、金属氧化物类负极材料。作为锂离子电池负极材要求具有以下性能：

① 锂离子在负极基体中的嵌入氧化还原电位尽可能低，接近金属锂的电位，从而使电池的输出电压高；

② 在基体中大量的锂能够发生可逆嵌入和脱嵌以得到高容量密度，即可逆的 x 值尽可能大；

③ 在整个嵌入/脱嵌过程中，锂的嵌入和脱嵌应可逆且主体结构没有或很少发生变化，这样可确保良好的循环性能；

④ 氧化还原电位随 x 的变化应该尽可能小，这样电池的电压不会发生显著变化，可保持平稳的充电和放电；

⑤ 嵌入化合物应有较好的电子电导率（σ_e）和离子电导率（σ_{Li^+}），这样可以减少极化并能进行大电流充放电；

⑥ 主体材料具有良好的表面结构，能够与液体电解质形成良好的固体电解质界面膜；

⑦ 嵌入化合物在整个电压范围内具有良好的化学稳定性，在形成固体电解质界面膜后不与电解质等发生反应；

⑧ 锂离子在主体材料中有较大的扩散系数，便于快速充放电；

⑨ 从实用角度而言，主体材料应该便宜，对环境无污染。

7.4.2 碳类负极材料

碳材料是人们最早研究并规模化应用的负极材料，包括石墨、中间相碳微球、无定形碳等。这些材料的共同点是都具有石墨层状结构，每层由 6 个碳原子组成的六边形为单元排列组成，层面间距为 0.335nm，理论上，在石墨材料中 Li^+ 可布满所有结构中不相邻的六元环位置，理论比容量为 372mA·h/g。

（1）石墨与石墨层间化合物

石墨化碳负极材料随原料不同而有很多种类，典型的为石墨化中间相碳微珠、天然石墨和石墨化碳纤维。

石墨为片层结构，层与层之间通过范德瓦尔斯力结合，层内原子间是共价键结合，石墨类的碳材料嵌锂时可形成不同"阶"的石墨层间化合物，结构如图 7-7 所示。阶的定义为相邻两个嵌入原子层之间所间隔的石墨层的个数，例如 1

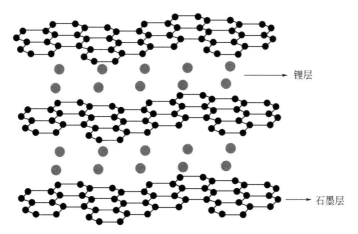

图 7-7　LiC_6 的结构示意图

阶意味着相邻两个 Li^+ 嵌入层之间只有一个石墨层，即 -Li-C-Li-C- 结构（LiC_6）。在嵌锂达到 LiC_6 后，石墨层间距会从 0.334nm 增加到 0.37nm。

　　石墨层间化合物的研究开始于 1955 年，Herold 首先合成了石墨的层间化合物，后来 Guerard 与 Woo 等通过化学方法将锂嵌入石墨片层结构的层间，形成了一系列的层间化合物，如 LiC_{24}、LiC_{18}、LiC_{12}、LiC_6 等。1970 年，Dey 和 Sullivan 发现锂可以通过电化学方法在有机电解质溶液中嵌入石墨，在 20 世纪 70 年代到 80 年代之间的初步研究发现，可逆嵌锂的发生与碳的选择和电解质的组成有关。后来 Dahn 的研究表明，电化学嵌锂到石墨中也可以逐渐形成一系列不同阶的层间化合物。对于石墨类负极材料而言，其充放电机理就是形成石墨层间化合物，最多可以达到 LiC_6，因此这类材料的理论容量为 372mA·h/g。表达式为

$$Li^+ + e^- + C_6 \longrightarrow LiC_6$$

　　石墨的层与层以较弱的范德瓦尔斯力结合，在含有有机溶剂的电解质中，部分溶剂化的 Li^+ 嵌入时会同时带入溶剂分子，造成溶剂共嵌入，使石墨片层结构逐渐被剥离，在聚碳酸酯作为溶剂的电解液体系中则特别明显。Sony 最早开发的负极材料为无序结构的针状，就是为了解决聚碳酸酯体系溶剂共嵌入问题。Dahn 研究发现乙烯碳酸酯的电解液与石墨的兼容性更好，表面可以形成稳定的钝化膜，这一发现促使石墨材料逐渐得到应用。

　　（2）石墨化中间相碳微珠

　　在电池的实际应用中，较低的比表面积、较高的堆积密度有利于制备电池时在有限的空间内放入尽可能多的活性物质，并且降低由于较高的比表面积带来的负反应，因此球形材料具有显著的优势。

　　Yamada 在 1973 年报道了从中间相沥青制备的球形碳材料，这种材料被称

为石墨化中间相碳微珠。1993 年，大阪煤气公司首先将石墨化中间相碳微珠用在了锂离子电池中。石墨化中间相碳微珠的石墨化程度、表面粗糙度、材料的织构、孔隙率、堆积密度与合成工艺密切相关。这些物理性质对电化学性质又有着明显的影响。目前在锂离子电池中广泛使用的石墨化中间相碳微珠热处理温度在 $2800 \sim 3200℃$，粒径在 $8 \sim 20 \mu m$，表面光滑，堆积密度为 $1.2 \sim 1.4 g/cm^3$，材料的可逆容量可达到 $300 \sim 320 mA \cdot h/g$，第一周充放电效率为 $90\% \sim 93\%$。

（3）热解炭负极材料

将各种碳的气相、液相、固相前驱体热处理得到的碳材料称为热解炭。在碳负极材料的研究过程中，人们对许多热解炭进行了研究。根据材料石墨化的难易程度，分为软炭和硬炭。软炭指热处理温度达到石墨化温度后，处理的材料具有较高的石墨化程度。硬炭指热处理温度达到石墨化温度时，材料仍然为无序结构。一般而言，软炭的前驱体中含有苯环结构，例如苯、甲苯、多并苯、沥青、煤焦油等。硬炭的前驱体多种多样，包括多种聚合物、树脂类、糖类以及天然植物，如竹子、棉线、树叶等。

无定形碳材料中没有长程有序的晶格结构，原子的排列只有短程序，介于石墨和金刚石结构之间，sp^2 和 sp^3 杂化的碳原子共存，同时有大量的缺陷结构。但是软炭和硬炭在结构上存在着细微的差别。低温处理的软炭由于热处理温度低，存在着石墨微晶区域和大量的无序区。硬炭材料中基本不存在 $3 \sim 4$ 层以上的平行石墨片结构，主要为单层石墨片结构无序排列而成，材料中因此存在大量直径小于 1mm 的微孔。

石墨、软炭、硬炭基本包括了目前所研究的碳负极材料的结构特点，其中石墨类的 Li^+ 可逆容量略低，但初始充放电效率高（$>90\%$），且材料的堆积密度较高；软炭和硬炭材料的 Li^+ 不可逆容量的损失都较大，效率较低（$<85\%$），可逆容量一般在 $400 \sim 1000 mA \cdot h/g$。就上述三类材料而言，改性石墨类主要用在高能量密度锂电池中，硬炭类主要用在高功率锂离子电池中，软炭目前还没有得到应用。

（4）石墨烯基负极材料

石墨烯的比表面积大，电性能良好，作为锂离子电池电极材料的潜力巨大。调控石墨烯在集流体上的排列，以形成良好的电子和离子传输通道，可进一步提高石墨烯电极材料的性能。石墨烯的活性位点过多，在形成固相电解质相界面膜的过程中会消耗大量的能量，导致首次不可逆容量过高，通过利用金属氧化物和其他材料与石墨烯复合，是研究的重要方向。石墨烯可阻止复合材料中纳米粒子的团聚，缓解充放电过程中的体积效应，延长材料的循环寿命，纳米粒子通过与 Li^+ 发生化学反应，可增加材料的嵌脱 Li^+ 能力，粒子在石墨烯表面的附着，可减少材料形成固相电解质相界面膜过程中与电解质反应的能量损失，对实际生产具有重要意义。

7.4.3 硅基负极材料

硅和锂能形成 $Li_{12}Si_7$、$Li_{13}Si_4$、Li_7Si_3、$Li_{15}Si_4$、$Li_{22}Si_5$ 等合金，具有高容量（$Li_{22}Si_5$，最高 4200mA·h/g），低脱嵌锂电压（低于 0.5V）与电解液反应活性低等优点，而且硅在地球上储量丰富，成本较低，因而是一种非常有发展前途的锂离子电池负极材料。然而在充放电过程中，硅的脱嵌锂反应将伴随大的体积变化（约 300%），造成材料结构的破坏和机械粉化，导致电极材料间及电极材料与集流体的分离，进而失去电接触，致使容量迅速衰减，循环性能恶化。在获得高容量的同时，如何提高 Si 基负极材料的循环性能，是 Si 基材料的研究重点。此外，碳与硅能够结合形成稳定的 C-Si 复合材料，该材料具有容量高、稳定性好、安全等突出的优点。

7.4.4 金属类负极材料

金属类负极材料主要包括金属单质和金属间化合物，这类材料都具有很高的容量，但充电时会产生巨大的体积效应，体积可膨胀至原来的数倍，造成电极粉化，材料的循环性能不佳。

（1）锂负极材料

金属锂是比容量最高的负极材料，由于金属锂异常活泼，所以能与很多无机物和有机物反应。在锂电池中，锂电极与有机电解质容易反应，在表面形成一层钝化膜（固态电解质界面膜），使金属锂在电解质中稳定存在，这是锂电池得以商品化的基础。对于锂二次电池，在充电过程中，锂将重新回到负极，新沉积的锂的表面由于没有钝化膜保护，非常活泼，部分锂将与电解质反应并被反应产物包覆，与负极失去电接触，形成弥散态的锂。与此同时，充电时负极表面形成枝晶，造成电池软短路，使电池局部温度升高，熔化隔膜，软短路变成硬短路，电池被毁，甚至爆炸起火。

（2）锂合金与合金类氧化物负极材料

单质锡（Sn）可以与锂（Li）形成 $Li_{22}Sn_5$ 高富锂合金，理论比容量高达 994mA·h/g；金属铝的理论比容量高达 2234mA·h/g。金属间化合物负极有 Sn-Ni、Ni_3Sn_4、Sn-Sb、Sn-Cu-B、Sn-Ca 等，这些材料都具有很高的理论容量，但首次不可逆容量损失过高，容量衰减快，实际应用还没有可行性。

钛酸锂（Li_2TiO_3）是近几年来研究热度很高的负极材料，理论比容量为 175mA·h/g，Li_2TiO_3 为尖晶石结构，在充放电过程中晶体结构不受 Li^+ 嵌入脱出的影响，晶胞参数几乎没有变化，是一种"零应变"材料，具有非常稳定的长期循环稳定性和热稳定性，同时具备充放电倍率性好、放电电压平稳、库伦效率高、价廉易得、无环境污染等优点，在动力电池上具有良好应用前景。

（3）过渡金属氧化物负极材料

1993 年，Idota 发现基于钒氧化物的材料在较低电位下能够嵌入 7 个 Li^+，容量能达到 $800\sim900mA\cdot h/g$。Tarascon 小组研究了无定形 RVO_4（R＝In、Cr、Fe、Al、Y）的电化学性能，并提出 Li 可能与 O 形成 Li—O 键。在此基础上，Tarascon 小组又系统地研究了过渡金属氧化物 CoO、Co_3O_4、NiO、FeO、Cu_2O 以及 CuO 的电化学性能，发现这类材料的可逆容量可以达到 $400\sim1000mA\cdot h/g$，并且循环性较好。一般而言，Li_2O 既不是电子导体，也不是离子导体，不能在室温下参与电化学反应。研究发现，锂嵌入到过渡金属氧化物后，形成了纳米尺度的复合物，过渡金属 M 和 Li_2O 的尺寸在 5nm 以下。这样微小的尺度从动力学考虑是非常有利的，这是 Li_2O 室温电化学活性增强的主要原因。

后来发现，这一理论也适用于过渡金属氟化物、硫化物、氮化物等，这是一个普遍现象，在这些体系中形成了类似的纳米复合物微结构。对于电子电导率较高的材料，如 RuO_2，第一周充放电效率可以达到 98％，可逆容量为 $1100mA\cdot h/g$。

作为负极材料，希望嵌锂脱锂电位接近 0V，但上述材料平均工作电压都超过了 1.8V。热力学计算可以得到二元金属化合物的热力学反应电位，从中筛选出电位较低的材料 Cr_2O_3，通过形成核壳结构，可显著提高该材料的循环性。

7.4.5 硫化物负极材料

含硫无机电极材料包括简单二元金属硫化物、硫氧化物、尖晶石型硫化物、聚阴离子型磷硫化物等。与传统氧化物电极材料相比，此类材料在比容量、能量密度和功率密度等方面具有独特的优势，因此成为近年来电极材料研究的热点之一。二元金属硫化物电极材料种类繁多，它们一般具有较大的理论比容量和能量密度，并且导电性好，价廉易得，化学性质稳定，安全无污染。除钛、钼外，铜、铁、锡等金属硫化物也是锂二次电池发展初期研究较多的电极材料。由于仅含两种元素，二元金属硫化物的合成较为简单，所用方法除机械研磨法、高温固相法外，也常用电化学沉积和液相合成等方法。作为锂电池电极材料，这类材料在放电时，或者生成嵌锂化合物（如 TiS_2），或者与氧化物生成类似的金属单质和 Li_2S（Cu_2S、NiS、CoS），有的还可以进一步生成 Li 合金。

7.5 锂离子电池电解质

7.5.1 电池电解质的选择要求

电解质被称为锂离子电池的"血液"，在电池正负极之间的锂离子运动起着传输电荷的作用，是连接正负极材料的桥梁。用于锂离子电池的电解质应当满足以下要求：

1）锂离子电导率高，一般应达 $10^{-3} \sim 10^{-2} \text{S/cm}$。

2）电化学稳定性高，在较宽的电位范围内保持稳定。

3）与电极的兼容性好，在负极上能有效地形成稳定的固态电解质界面膜，正极上在高电位条件下有足够的抗氧化分解能力。

4）与电极接触良好，对于液体电解质而言应能充分浸润电极。

5）低温性能良好，在较低的温度范围（$-20 \sim 20℃$）能保持较高的电导率和较低的黏度，以便在充放电过程中保持良好的电极表面浸润性。

6）液态范围宽。

7）热稳定性好，在较宽的温度范围内不发生热分解。

8）蒸气压低，在使用温度范围内不发生挥发现象。

9）化学稳定性好，在电池长期循环和储备过程中，自身不发生化学反应，也不与正极、负极、集流体、黏结剂、导电剂、隔膜、包装材料、密封剂等材料发生化学反应。

10）无毒，无污染，使用安全，最好可生物降解。

11）制备容易，成本低。

根据电解质的存在状态可将锂离子电解质分为液体电解质、固体电解质和固液复合电解质。液体电解质包括有机液体电解质和室温离子液体电解质，固体电解质包括固体聚合物电解质和无机固体电解质，固液复合电解质是固体聚合物和液体电解质复合而成的凝胶电解质。

7.5.2 有机液体电解质

有机液体电解质是把锂盐溶质溶解于有机溶剂得到的电解质溶液，就是通常所称的"电解液"，由六氟磷酸锂（$LiPF_6$）溶于两种或三种碳酸酯的混合溶液中而制得。常用碳酸酯有 EC、DMC、DEC、EMC 等。EC 介电常数高，有利于锂盐溶解。DMC、DEC、EMC 黏度低，有利于提高 Li^+ 的迁移速率。有机液体电解质离子电导率高，是目前使用最为广泛的一种电解质。

（1）电解质锂盐

理想的电解质锂盐应能在非水溶剂中完全溶解，不缔合，溶剂化的阳离子应具有较高的迁移率，阴离子应不会在正极充电时发生氧化还原分解反应，阴阳离子不应和电极、隔膜、包装材料反应，盐应是无毒的，且热稳定性较高。高氯酸锂（$LiClO_4$）、六氟砷酸锂（$LiAsF_6$）、四氟硼酸锂（$LiBF_4$）、三氟甲基磺酸锂（$LiCF_3SO_3$）、六氟磷酸锂（$LiPF_6$）、二草酸硼酸锂（$LiBOB$）等锂盐得到广泛研究。但最终得到实际应用的是 $LiPF_6$，虽然它的单一指标不是最好的，但在满足所有指标的平衡方面是最好的。含 LiPF$_6$ 的电解液已基本满足锂离子电池对电解液的要求，但是制备过程复杂，热稳定性差，遇水易分解，价格昂贵。

目前，有希望替代 LiPF$_6$ 的锂盐为 LiBOB，其分解温度为 320℃，电化学稳定性高，分解电压大于 4.5V，能在大多数常用有机溶剂中有较大的溶解度。与传统锂盐相比，以 LiBOB 作为锂盐的电解液，锂离子电池可以在高温下工作而容量不衰减，而且即使在单纯溶剂碳酸丙烯酯中，电池仍然能够充放电，具有较好的循环性能。

（2）非水有机溶剂

溶剂的许多性能参数与电解液的性能优劣密切相关，如溶剂的黏度、介电常数、熔点、沸点、闪点对电池的使用温度范围、电解质锂盐的溶解度、电极电化学性能和电池安全性能等都有重要的影响。此外，在锂离子电池中，负极表面的固态电解质界面膜成分主要来自溶剂的还原分解。性能稳定的固态电解质界面膜对电池的充放电效率、循环性、内阻以及自放电等都有显著的影响。溶剂在正极表面氧化分解，对电池的安全性也有显著的影响。

目前主要用于锂离子电池的非水有机溶剂有碳酸酯类、醚类和羧酸酯类等。

1）碳酸酯类　主要包括环状碳酸酯和链状碳酸酯两类。碳酸酯类溶剂具有较好的化学、电化学稳定性，较宽的电化学窗口，因此在锂离子电池中得到广泛的应用。碳酸丙烯酯是研究历史最长的溶剂，它与二甲基乙烷等组成的混合溶剂仍然在锂一次电池中使用。由于它的熔点（−49.2℃）低、沸点（241.7℃）和闪点（132℃）高，因此含有它的电解液显示出好的低温性能。但如前所述，锂离子电池中石墨类碳材料对碳酸丙烯酯的兼容性较差，不能在石墨类电极表面形成有效的固态电解质界面膜，放电过程中碳酸丙烯酯和溶剂化锂离子共同嵌入石墨层间，导致石墨片层的剥离，破坏了石墨电极结构，使电池无法循环。因此，在锂离子电池体系中，一般不采用碳酸丙烯酯作为电解液组分。目前，大多采用碳酸乙烯酯作为有机电解液的主要成分，它和石墨类负极材料有着良好的兼容性，主要分解产物 ROCO$_2$Li 能在石墨表面形成有效、致密和稳定的固态电解质界面膜，大大提高了电池的循环寿命。但由于碳酸乙烯酯的熔点（36℃）高而不能单独使用，一般将其与低黏度的链状碳酸酯如碳酸二甲酯、碳酸二乙酯、碳酸甲乙酯、碳酸甲丙酯等混合使用。此类溶剂具有较低的黏度、介电常数、沸点和闪点，但不能在石墨类电极或锂电极表面形成有效的固态电解质界面膜，因此它们一般不能单独作为溶剂用于锂离子电池中。由于碳酸乙烯酯熔点高，电池低温性能差，在−20℃以下就不能正常工作。碳酸甲乙酯具有较低的熔点（−55℃），作为共溶剂可改善电池的低温性能。大量添加低浓度溶剂虽然有利于电解质低温性能的提高，但也存在着溶剂着火点降低导致电池安全性降低的问题。相反，若添加量较少，则存在电池低温性能较差的问题。因此，目前在锂离子电池中采用的体系，是考虑综合性能后的一个平衡配方。

2）醚类　醚类有机溶剂包括环状醚和链状醚两类。环状醚有四氢呋喃、2-甲基四氢呋喃、1,3-二氧环戊烷和 4-甲基-1,3-二氧环戊烷等。四氢呋喃、1,3-二氧环戊烷可与碳酸丙烯酯等组成混合溶剂用在锂一次电池中。2-甲基四氢呋喃沸点（79℃）低、闪点（-11℃）低，易于被氧化生成过氧化物，且具有吸湿性，但它能在锂电极上形成稳定的固态电解质界面膜。链状醚主要有二甲氧基甲烷、1,2-二甲氧基乙烷、1,2-二甲氧基丙烷和二甘醇二甲醚等。随着碳链的增长，溶剂的耐氧化性能增强，但同时溶剂的黏度也增加，对提高有机电解液的电导率不利。常用的链状醚是 1,2-二甲氧基乙烷，它具有较强的对锂离子整合能力，$LiPF_6$ 能与 1,2-二甲氧基乙烷生成稳定的复合物，使锂盐在其中有较高的溶解度并且具有较小的溶剂化离子半径，从而具有较高的电导率。但 1,2-二甲氧基乙烷易被氧化和还原分解，与锂接触很难形成稳定的固态电解质界面膜。

3）羧酸酯类　羧酸酯同样也包括环状羧酸酯和链状羧酸酯两类。环状羧酸酯中主要的有机溶剂是 γ-丁内酯，它的介电常数和电导率均小于碳酸丙烯酯，曾用于一次锂电池中。遇水分解是其一大缺点，且毒性较大。链状羧酸酯主要有甲酸甲酯、乙酸甲酯、乙酸乙酯、丙酸甲酯和丙酸乙酯等。链状羧酸酯一般具有较低的熔点，在有机电解液中加入适量的链状羧酸酯，锂离子电池的低温性能会得到改善。

（3）功能添加剂

向锂离子电池使用的有机电解液中添加少量物质，能显著改善电池的某些性能，这些物质称之为功能添加剂。

改善电极固态电解质界面膜性能的添加剂：锂离子电池在首次充/放电过程中不可避免地都要在电极与电解液界面上发生反应，在电极表面形成一层钝化膜与保护膜。这层膜主要由烷基酯锂、烷氧锂和碳酸锂等成分组成，具有多组分、多层结构的特点。这层膜在电极和电解液间具有固体电解质的性质，只允许锂离子自由穿过，实现嵌入和脱出，同时对电子绝缘。稳定的固态电解质界面膜能够阻止溶剂分子的共嵌入，避免电极与电解液的直接接触，从而抑制了溶剂的进一步分解，提高了锂离子电池的充放电效率和循环寿命。在电极/电解液界面形成稳定的固态电解质界面膜是实现电极/电解液相容性的关键因素。

过充电保护添加剂：过充电时正极处于高氧化态，溶剂容易氧化分解，产生大量气体，电极材料可能发生不可逆结构相变；负极有可能析出锂，与溶剂发生化学反应，因此电池存在安全隐患。目前锂离子电池的过充电保护一方面采用外加过充电保护电路防止电池过充，另一方面对正极材料表面修饰，提高其耐过充性，或者选择电化学性质稳定的正极材料。除此之外，许多研究人员提出，在电解液中通过添加剂来实现电池的过充电保护。这种方法的原理是通过在电解液中添加合适的氧化还原对，在正常充电电位范围内，这个氧化还原对不参加任何化学或电化学反应，二挡充电电压超过正常充放电截止电压时，添加剂开始在正极发生氧化反应，氧化产物扩散到负极，发生还原反应。反应所生成的氧化还原产物均为可溶物质，并不与电极材料、电解质中的其他成分发生化学反应，因此在过充条件下可以不断循环反应。

改善电池安全性能的添加剂：改善电解液的稳定性是改善锂离子电池安全性的一个重要方法。在电池中添加一些高沸点、高闪点和不易燃的溶剂，可改善电池的安全性。氟代有机溶剂具有较高的闪点和不易燃烧的特点，将这种有机溶剂添加到有机电解液中将有助于改善电池在受热、过充电等状态下的安全性能。一些氟代链状醚如 $C_4F_9OCH_3$ 曾被推荐用于锂离子电池中，能够改善电池的安全性能。

控制电解液中酸和水含量的添加剂：电解液中痕量的 HF 酸和水对固态电解质界面膜的形成具有重要的影响作用。但水和酸的含量过高，会导致 $LiPF_6$ 的分解，破坏固态电解质界面膜，还可能导致正极材料的溶解。将锂或钙的碳酸盐、Al_2O_3、MgO、BaO 等作为添加剂加入电解液中，它们将与电解液中微量的 HF 发生反应、阻止其对电极的破坏和对 $LiPF_6$ 的分解的催化作用，提高电解液的稳定性。碳化二乙胺类化合物可以通过分子中的氢原子与水形成较弱的氢键，从而能阻止水与 $LiPF_6$ 反应产生 HF。

7.5.3 聚合物电解质

液体电解质存在漏液、易燃、易挥发、不稳定等缺点，因此人们一直希望电池中能采用固体电解质。固体电解质具有不可燃烧、与电极材料间的反应活性低、柔韧性好等优点，可克服液体电解液中有机溶剂易于燃烧的缺点，允许电极材料充放电过程中的体积变化，比液体电解质更耐冲击振动，抗变形，易于加工成形，可以根据不同需要将电池做成不同形状。

（1）全固态聚合物电解质

到目前为止，研究最多的体系是聚氧化乙烯（PEO）基的聚合物电解质。在该体系中，常温下存在纯 PEO 相、非晶相和富盐相三个相区，其中离子传导主要发生在非晶相高弹区。一般认为，碱金属离子先同高分子链上的极性醚氧官能团配合，在电场的作用下，随着高弹区中分子链段的热运动，碱金属离子与极性基团发生解离，再与链段上别的基团发生配合；通过这种不断的配合—解配合过程，而实现离子的定向迁移。通过对 PEO 的研究，人们认识到，要形成高电导的聚合物电解质，对于主体聚合物的基本要求是必须具有给电子能力很强的原子或基团，其极性基团应含有 O、S、N、P 等，能提供孤对电子与阳离子形成配位键以抵消盐的晶格能。其次，配位中心间的距离要适当，能够与每个阳离子形成多重键，达到良好的溶解度。此外，聚合物分子链段要足够柔顺，聚合物上功能键的旋转阻力要尽可能低，以利用阳离子移动。常见的聚合物基体有聚氧化乙烯（PEO）、聚环氧丙烷（PPO）、聚甲基丙烯酸甲酯（PMMA）、聚丙烯腈（PAN）、聚偏氟乙烯（PVDF）等。

由于离子传输主要发生在无定形相，晶相对导电贡献小，因此含有部分结晶相的 PEO/盐配合物室温下的电导率很低，只有 10^{-8} S/cm；只有当温度升高到结晶相融化时，电导率才会大度提高，因而远远无法满足实际的需要。因此导电聚合物的发展便集中在开发具有低玻璃化变温度（T_g）的、室温为无定形态的基质的聚合物电解质上。

1998 年，Croce 等提出纳米复合聚合物电解质，将粒子尺寸为 5.8～13nm 的 TiO_2 和 Al_2O_3 陶瓷粉末加入 PEO-$LiClO_4$ 体系中，发现纳米陶瓷粉的添加可以抑制 PEO 的晶化，体系电导率有明显的提高，在 30℃ 为 10^{-5} S/cm，50℃ 为 10^{-4} S/cm。Croce 等对一系列纳米复合聚合物电解质进行研究，认为无机添加剂不仅抑制聚合物链段晶化，而且主要的作用是强化了表面基团与聚合物链段及电解质中离子的相互作用。这种作用导致结构的修正，从而提高了自由 Li^+ 的含量，这些离子在陶瓷粉扩展的界面层导电通道快速迁移。

尽管纳米复合聚合物电解质的室温电导率已经达到 10^{-3} S/cm，但是目前锂离子电池的电极为多孔粉末电极，对于全固态电解质而言：①电极和电解质的界面接触很难达到液体电解质的完全浸润的效果；②低于室温的电导率急剧下降。这两个困难，限制了其在现有的锂离子电池体系中的应用。

（2）胶体聚合物电解质

此类电解质，是在前述全固态聚合物电解质的基础上，添加了有机溶剂等增塑剂，在微观上，液相分布在聚合物基体的网络中，聚合物主要表现出其力学性能，对整个电解质膜起支撑作用，而离子输运主要发生在其中包含的液体电解质部分。因此，其电化学性质与液体电解质相当。广泛研究的聚合物包括 PAN、PEO、PMMA、PVDF。胶体电解质兼有固体电解质和液体电解质的优点，因此，可以采用软包装来封装电池，提高了电池的能量密度，并且使电池的设计更具柔性。

7.5.4　离子液体电解质

离子液体是完全由离子组成的、在常温下呈液态的低温溶盐。由于离子液体大多具有使用温度范围较宽、化学和电化学稳定性好以及离子导电性良好等优点，近年来作为新型液体电解质受到了密切的关注，尤其是在电池、电容器、电沉积等方面的基础和应用研究已见较多报道。离子液体的独特性质通常由其特定的结构和离子间的作用力来决定。离子液体一般由不对称的有机阳离子和无机或有机阴离子组成。目前研究比较多的离子液体按阳离子可以分为季铵盐类、咪唑类和吡啶类等；阴离子主要为四氟硼酸根（BF_4^-）、六氟磷酸根（PF_6^-）、三氟甲基磺酸根（$CF_3SO_3^-$）等。不同阴阳离子的组合对离子液体电解质的物理和电化学性质影响很大。

7.6 锂离子电池隔膜材料

7.6.1 电池隔膜材料的选择要求

隔膜是锂离子电池的重要组成部分，隔膜的主要作用是使电池的正、负极分隔开来，防止两极接触而短路，还具有能使电解质离子通过的功能。锂离子电池对隔膜材料有着很高的要求，包括：

1）有一定的机械强度，保证在电池变形的情况下不破裂。

2）具有良好的离子透过能力，从而降低电池的内阻。

3）优良的电子绝缘性。

4）具备抗化学及电化学腐蚀的能力，在电解液中稳定性好。

5）具有特殊的热熔性，当电池发生异常时，隔膜能够在要求的温度条件下熔融，关闭微孔，使电池断路。

锂离子电池隔膜材料主要是多孔性聚合物，如聚丙烯隔膜、聚乙烯隔膜以及乙烯与丙烯的共聚物膜等。这些材料都具有较高的孔隙率，较低的电阻，较高的抗撕裂强度，较好的抗酸碱能力和良好的弹性。

隔膜性能的主要指标有：厚度、力学性能、孔隙率、透气率、孔径大小及分布、热性能及自关闭性能。隔膜越薄，锂离子通过时遇到的阻力越小，离子传导性越好，阻抗越低。但隔膜太薄时，其保液能力和电子绝缘性降低，会对电池产生不利影响。目前使用的隔膜厚度通常在 $15\sim40\mu m$。

隔膜加工方法主要有两种：熔融拉伸和热致相分离法。熔融拉伸工艺相对简单，生产过程中无污染，是目前生产隔膜的主要方法。热致相分离法需要在生产过程中加入和脱除稀释剂，生产成本高且有污染。

7.6.2 微孔聚烯烃隔膜

以聚乙烯（PE）、聚丙烯（PP）为代表的聚烯烃微孔膜具有优异的力学性能和化学稳定性，一直在锂电池隔膜中占据主导地位。目前商品化锂电池隔膜材料仍主要采用 PE、PP 以及 PP/PE/PP 三层复合膜。目前制备微孔聚烯烃隔膜的方法主要有干法、湿法两种，这两种方法都包含至少一个取向步骤，使隔膜产生空隙并提高拉伸强度，其主要区别在于隔膜微孔的成孔机理不同。

（1）干法

干法又称熔融拉伸法，其制备原理是：高聚物熔体挤出，并在拉伸应力下结晶，形成垂直于挤出方向而又平行排列的片晶结构，并经过热处理得到硬弹性材料。具有硬弹性的聚合物膜拉伸后，机械外力使结晶缺陷处破裂形成微孔，最后再经过热定型制得成品。其定型温度需高于聚合物的玻璃化温度而低于聚合物的结晶温度。制备工艺流程如图 7-8 所示。

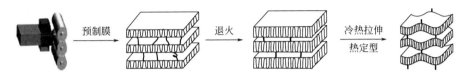

图 7-8　干法制备微孔聚烯烃隔膜工艺流程

熔融拉伸法制膜中，影响膜结构的因素有熔融拉伸比、挤出温度与热处理温度等工艺条件。其分子取向度受熔融拉伸比与挤出温度的影响，薄膜结晶性受熔融拉伸比与热处理温度的影响。干法易于工业化生产且无污染，是目前广泛采用的方法，但是干法存在孔径及孔隙率较难控制的缺点。在实际生产中应用较多的是单轴拉伸，因此其生产的微孔是扁长的，膜的纵向热收缩厉害，横向机械强度较差。为了提高其孔隙率和横向强度，也有采用双向拉伸技术的，但受其成孔机理的制约，横向方向的拉伸比一般不高，隔膜仍存在明显的各向异性。

（2）湿法

湿法又称热致相分离法，其基本制备原理是：在高温下将聚合物溶于高沸点、低挥发性的溶剂中形成均相液，然后降温冷却，导致溶液产生液-固相分离或液-液相分离，再选用挥发性试剂将高沸点溶剂萃取出来，经过干燥获得一定结构形状的高分子微孔膜。在制造过程中，可以在溶剂萃取前进行单向或双向拉伸，萃取后进行定型处理并收卷成膜，也可以在萃取后进行拉伸，且溶剂萃取后拉伸比萃取前拉伸具有更大的孔径和更好的孔径分布。湿法制备流程如图 7-9 所示。

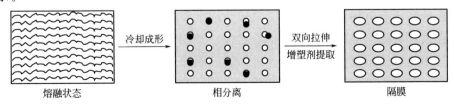

熔融状态　　　　　　　　相分离　　　　　　　　隔膜

图 7-9　湿法制备微孔聚烯烃隔膜工艺流程

与干法制备隔膜相比，湿法制备的隔膜优点是均一性好、抗穿刺强度大。湿法制备隔膜的最终结构取决于相分离过程动力学，冷却速率对分相过程有着重要的影响。此外，聚合物溶液的初始浓度、聚合物分子量、溶剂分子的运动与结晶能力、成核剂等都影响着膜孔结构形态。

微孔自动关断保护性能是锂离子电池隔膜的一种安全保护措施，是锂离子电池限制温度升高及防止短路的有效方法。针对此功能，Celgar 开发的 PP/PE/PP 三层隔膜，当温度升高时，PE 层首先熔断闭孔，而 PP 层可以保持尺寸的完整性（通常认为 PE 熔点为 135℃，PP 为 165℃）。因此，从闭孔到隔膜破坏仍有 30℃ 的温度空间以保证电池安全地停止工作。但是，当电池工作温度进一步升高，一旦超过 PP 熔点后，隔膜材料会破坏，将造成正、负极的大面积接触、短路，从而剧烈发热、电解液汽化、爆炸、着火。虽然聚烯烃微孔膜应用在锂离子电池上取得了巨大的成功，但它仍有诸多不足，特别是其存在热收缩大、热熔融温度低、孔隙率不够高、吸液率和浸润性较低等缺点。

7.6.3 无纺布隔膜

热收缩是导致锂离子电池正负极接触从而引发短路、电池热失控的重要原因之一，采用无纺布结构可以提高隔膜热尺寸稳定性与安全性。与聚烯烃隔膜相比，无纺布隔膜还具有更好的浸润性和更大的孔隙率，可选择的材质范围更广。制备无纺布隔膜包括造纸法和静电纺丝法。

（1）造纸法

造纸法是制备薄膜材料的最常用的一种方法。其过程是：先将短细的纤维与一定比例的黏结剂混合分散于浆料中，通过转移涂布的方式将浆料转移到载体上，经过脱水/溶剂、干燥、收卷得到薄膜。该方法设备和操作简单、成本低，常用的基材是聚对苯二甲酸乙二醇酯（PET）。采用该方法制备隔膜影响性能的因素有：聚合物纤维的长度和长径比、浆料的配比、涂敷厚度、烘烤干燥的温度和速度等。

（2）静电纺丝法

静电纺丝是指通过对聚合物溶液（或熔体）施加外加电场来制造聚合物纤维。静电纺丝过程是：高分子溶液或熔体经过带电的喷丝头，在喷丝头与接丝系统形成的高压静电场作用下，液流束被分成多股细流，溶剂不断挥发，高分子固化，在接丝系统上形成非织造式的纤维膜。该过程中工艺参数的控制非常重要，将直接影响纤维形貌及纤维直径，进而影响隔膜的性能。静电纺丝法的工艺参数主要有：施加的电压、纺丝流体的流动速率、接收距离、溶液的性质、黏结剂、热压温度、压力等。

7.6.4　涂层复合隔膜

针对聚烯烃隔膜和无纺布隔膜存在的缺点（比如聚烯烃隔膜的耐热性能差，对电解液的浸润性差；无纺布隔膜厚度较厚，孔径较大且均匀性较差，抗拉伸机械强度差），通常采用转移涂布或浸渍的方式制作涂层复合隔膜提升隔膜的综合性能。根据涂层的成分不同可分为：有机涂层复合隔膜、无机涂层复合隔膜、有机/无机杂化涂层复合隔膜三种。

（1）有机涂层复合隔膜

为了改善隔膜对电解液的浸润性，促进隔膜的闭孔功能，提高隔膜的抗挤压能力和减小被锂枝晶刺穿的风险，通常在隔膜的表面涂敷 PVDF、PAN、PMMA、PEO 之类的有机聚合物。对于叠片式软包电池，聚合物涂层除了提高隔膜对电解液的浸润性和吸液率外，电芯热压后可以一定程度上起到黏结极片的作用。一方面减小电池内阻，另一方面可以使电池变得更薄更结实，方便加工和运输。并且可以减小电池的气胀，提高电池的高温储存性能。在 PVDF 涂层应用中，PVDF 共聚物的结晶度是决定隔膜涂层在电解液锂的溶胀程度、隔膜对电极极片的黏结力以及隔膜在高温下的稳定性的关键因素。

（2）无机涂层复合隔膜

为了改善电池的安全性，国内外隔膜生产和研究单位均提出了在隔膜上涂陶瓷。通常是将无机陶瓷（Al_2O_3、SiO_2、ZrO_2、MgO、黏土等）与一定量的黏结剂（间芳香聚酰胺、PVDF、SBR、PEO、CMC 等）混合制备的浆料涂覆在聚烯烃、无纺布隔膜上。一般来说，隔膜上涂覆无机陶瓷作用主要有四点：①减小隔膜的热收缩，提高电池的高温安全性；②增强隔膜的亲电解液和保液能力，提高电池的循环性能；③增强隔膜的抗针刺强度；④填充无纺布隔膜的大孔，使隔膜的孔径变得细小均一。

（3）有机/无机杂化复合涂层隔膜

有机/机杂化涂层隔膜就是先将无机纳米粒子分散在有机聚合物浆料中，再将混合浆料涂覆在隔膜基材上。涂覆有机/无机杂化涂层的作用也是提高隔膜的耐高温性能、吸液率和抗毛刺能力，通常情况下无机材料分散得越好，隔膜的性能就越好。与单纯无机涂层隔膜相比，采用有机/无机杂化涂层有两大优点：①避免 Al_2O_3 等亲水性的无机颗粒直接与空气接触；②有机聚合物在电解液中溶胀以后可以起到黏结电极作用，降低电池内阻和提高电池硬度。

思　考　题

1.简述锂离子电池工作原理。

2.说明锂离子电池常用的三种正极材料的结构及特点。

3. 简述锂离子电池对隔膜材料的要求。

4. 简述锂离子电池的优缺点。

5. 简述锂离子电池的发展趋势。

6. 简述锂离子电池的主要结构组成及各组成的作用。

7. 说明锂离子电池对负极材料的要求。

8. 简述锂离子电池对电解质的选择要求，以及电解质的主要作用。

9. 简述隔膜材料的分类及制备过程。

第**8**章
钠离子电池材料

目前大力发展的风能、太阳能、潮汐能、地热能等可再生清洁能源具有随机性、间歇性的特点，如果将其所产生的电能直接输入电网，会对电网产生很大的冲击，因此发展高效便捷的储能技术以满足人类的能源需求成为世界范围内的研究热点。目前，储能方式主要分为机械储能、电化学储能、电磁储能和相变储能这四类。与其他储能方式相比，电化学储能技术具有效率高、投资少、使用安全、应用灵活等特点，最符合当今能源的发展方向。电化学储能历史悠久，钠硫电池、镍氢电池和锂离子电池是发展较为成熟的四类储能电池。由第 7 章可知，锂离子电池具有能量密度大、循环寿命长、工作电压高、无记忆效应、自放电小、工作温度范围宽等优点，目前已成为移动设备和电动汽车的主要电源。但是，目前锂离子电池仍然面对严峻的挑战，如资源有限、电池安全和容量不足等问题。首先随着锂离子电池逐渐应用于电动汽车，锂的需求量将大大增加，而锂的储量有限，且分布不均，锂矿物的价格逐年增长。其次在锂离子电池的负极石墨上容易形成锂的枝晶，而枝晶可刺破隔膜，造成电池短路，并进而导致局部过热甚至爆炸，近年来屡屡有锂电池爆炸的事件发件。最后较低的容量限制了以锂电池为电源的电动汽车的发展，电动汽车较低的续航里程使得其暂时还无法替代传统的燃料汽车。因此，亟须发展下一代综合效能优异的储能电池新体系。非锂金属离子电池正是在这一背景下发展起来的，成为目前最有前景之一的新型二次储能电池。

由于钠储量丰富、成本低廉，钠离子电池近年来逐渐成为能源领域的研究热点。因为钠铝之间无合金化反应，所以钠离子电池的正负极集流体均可使用价格相对低廉的铝箔，从而使得钠离子电池的成本得到进一步降低。成本优势使得钠离子电池在大规模储能和智能电网应用领域显示出天然的巨大潜力。从机理上而言，钠离子电池与锂离子电池具有相似的物理化学性质和离子储存输运机制。

8.1 概述

钠离子电池的概念起步于 20 世纪 80 年代，与锂离子电池几乎同时起步。钠离子电池的工作原理与锂离子相似，充电时，Na^+ 从正极材料中脱出，经过电解液嵌入负极材料，同时电子通过外电路转移到负极，保持电荷平衡；放电时则相反。

原理上，钠离子电池的充电时间可以缩短到锂离子电池的 1/5。钠离子电池最主要的特征就是利用 Na^+ 代替了价格昂贵的 Li^+，为了适应钠离子电池，正极材料、负极材料和电解液等都要做相应的改变。相比于锂元素，钠离子电池的优势在于资源丰富，钠资源约占地壳元素储量的 2.64%，获得钠元素的方法也十分简单，因此相比于锂离子电池，钠离子电池在成本上将更加具有优势。

虽然钠离子电池能量密度不及锂离子电池，但就目前碳酸锂价格高涨的形势来看，钠离子电池仍然具有十分广泛的应用前景，尤其是在对于能量密度要求不高的领域，如电网储能、调峰，风力发电储能等。未来钠离子电池将逐步取代铅酸电池，在各类低速电动车中获得广泛应用，与锂离子电池形成互补。

（1）钠离子电池概念

钠离子电池是一种二次电池（充电电池），它主要依靠钠离子在正极和负极之间移动来工作。在充放电过程中，Na^+ 在两个电极之间往返嵌入和脱嵌。充电时，Na^+ 从正极脱嵌，经过电解质嵌入负极，负极处于富钠状态；放电时则相反。

（2）钠离子电池结构组成

同锂离子电池一样，钠离子电池一般包括正极、负极、电解质、隔膜等。

（3）钠离子电池工作原理

钠离子电池具有与锂离子电池相似的工作原理和储能机理。钠离子电池在充放电过程中，钠离子在正负电极之间可逆地穿梭引起电极电势的变化而实现电能的储存与释放，是典型的"摇摆式"储能机理。如图 8-1 所示，充电时，钠离子从正极活性材料晶格中脱出，正极电极电势升高，同时钠离子进一步在电解液中迁移至负极表面并嵌入负极活性材料晶格中，在该过程中电子则由外电路从正极流向负极，引起负极电极电势降低，从而使得正负极之间电压差升高而实现钠离子电池的充电。放电时，钠离子和电子的迁移则与之相反，钠离子从负极脱出经电解液后重新嵌入正极活性材料晶格中，电子则经由外电路从负极流向正极，为外电路连接的用电设备提供能量做功，完成电池的放电和能量释放。

（4）钠离子电池的特点

1）钠盐原材料储量丰富，价格低廉，分布广泛，采用铁锰镍基正极材料相比较锂离子电池三元正极材料，原料成本降低一半。

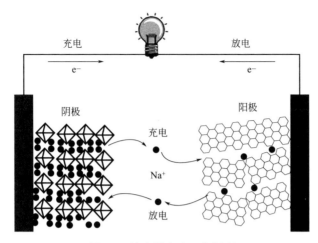

图 8-1　钠离子电池工作原理

2）钠离子电池的半电池电势较锂离子电势高 0.3～0.4V，由于钠盐特性，允许使用低浓度电解液（同样浓度电解液，钠盐电导率高于锂电解液 20% 左右），即能利用分解电势更低的电解质溶剂及电解质盐，电解质的选择范围更宽，降低成本。

3）钠离子不与铝形成合金，负极可采用铝箔作为集流体，可以进一步降低成本 8% 左右，降低重量 10% 左右，钠电池有相对稳定的电化学性能，使用更加安全。

4）由于钠离子电池无过放电特性，允许钠离子电池放电到 0V。

与此同时，钠离子电池也存在着缺陷，如钠元素的相对原子质量比锂高很多，导致理论比容量小，不足锂的 1/2；钠离子半径比锂离子半径大 70%，使得钠离子在电池材料中嵌入与脱出更难。

钠离子电池的工作原理和锂离子电池嵌入脱出的机理相似。但由于 Na^+ 和 Li^+ 的化学特性不同，适合作为电极材料的结构也会有所差异，直接把类似于锂离子电池的电极材料作为钠离子电池的电极材料并不适用。电极材料是电池的核心组成部分，与外界环境发生能量转换，决定了电池系统的特征与性能；因此，寻找合适的钠离子电池电极材料成为钠离子电池实现产业化的关键。

8.2　钠离子电池正极材料

与锂离子电池相似，钠离子电池工作原理也是靠钠离子的浓度差实现的，正负极由不同的化合物组成。充电时，钠离子从正极脱出经过电解液嵌入负极，负极处于富钠态，正极处于贫钠态，同时电子经外电路供给到负极作为补偿，以保证正负极电荷平衡；放电时则相反。钠离子电池电极材料物理特能决定了其电化学性能的优劣。一般认为，正极材料的性能是钠离子电池的关键，影响着其能量密度、循环寿命以及安全性等。因此，研究开发新型正极材料和改善优化已有的正极材料是钠离子电池领域的研究热点。钠离子电池正极材料一般为嵌入化合物，作为钠离子电池关键材料，正极材料的选取原则如下：①具有较高的比容量；②较高的氧化还原电位，这样电池的输出电压才会高；③合适的隧道结构，有利于钠离子嵌入脱出；④良好的结构稳定性和电化学稳定性，在嵌入和脱嵌过程中钠的嵌入和脱嵌应可逆，并且主体结构没有或很少发生改变；⑤嵌入化合物应有良好的电子和离子电导率，以减少极化，方便大电流充放电；⑥具有制备工艺简单、资源丰富以及环境友好等特点。

在过去的二十年里，锂离子电池被发现并广泛应用于能源和信息转换与驱动等领域，其证明了在各种应用中的价值，比如便携智能设备、电动汽车或机器人，本质上是由于锂离子电池在能量密度（$100 \sim 300 W \cdot h \cdot kg^{-1}$）和体积密度（$250 \sim 650 W \cdot h \cdot L^{-1}$）上的优势。现在锂离子电池进入了大规模的能源存储器件领域，但是由于能量密度受限，锂含量低且价格相对较高，因此锂离子电池的发展面临严重的瓶颈。相比之下，钠离子电池具有多种优势，例如元素含量丰富、地理分布均匀、成本低，因此被认为是锂离子电池的有效替代选择。研究者们确实是希望钠离子电池在动力学中而不是热力学上的应用潜力能够和锂离子电池相媲美，某些情况下钠离子电池比锂离子电池甚至具有更好的电化学性能。Na^+嵌入/脱嵌进宿主材料，包括钠盐氧化物（$NaMO_2$，$M = V$，Fe，Mn，Cu，Co，Ni），过渡金属氟化物（$NaMF_3$；$M = Fe$，Mn，Ni，V），磷酸钠盐 $[Na_7V_3(P_2O_7)_4$，$NaFePO_4]$ 和过渡金属氧化物（V_2O_5）等，这些情况均比锂类似物的性能差。但是尽管有缺点，钠离子电池外在的优势仍能吸引很多研究者。NASICON 具有远高于锂离子的导电性，而且 NASICON 结构具有柔性，可以容纳过渡金属离子，这样可以引入电子电导性和存储钠离子。

近年来，得益于新能源对储能电池的应用需求，人们又一次将目光转向更具资源优势的钠离子电池，开发出一系列储钠电池材料。对于正极材料来说，主要包括过渡金属氧化物材料、聚阴离子类材料、过渡金属氟磷酸钠盐、普鲁士蓝类材料、有机分子和聚合物、非晶材料等。

8.2.1　过渡金属氧化物材料

过渡金属氧化物可以用 Na_xMeO_2 表示，其中 Me 为过渡金属，包括 Mn、Fe、Ni、Co、V、Cu、Cr 等元素中的一种或几种；x 为钠的化学计量数，范围为 $0 < x \leqslant 1$。根据材料的结构不同，过渡金属氧化物可分为隧道型氧化物和层状氧化物（图 8-2）。当钠含量较高时（$x > 0.5$），一般以层状结构为主，主要由 MeO_6 八面体组成共边的片层堆垛而成，钠离子位于层间，形成 MeO_2 层/Na 层

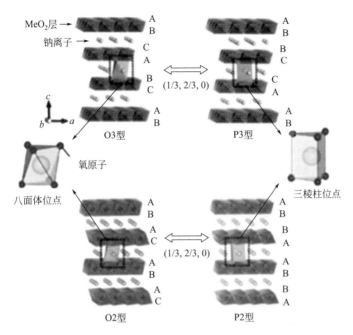

图 8-2 层状氧化物 O3 和 P2 结构及相变过程

交替排布的层状结构（见图 8-2）。根据钠离子的配位类型和氧的堆垛方式不同，可以将层状过渡金属氧化物分为不同的结构，主要包括 O3、P3、O2 和 P2 四种结构。其中 O 和 P 分别对应 Na$^+$ 的配位环境（O 为八面体、P 为三棱柱），数字代表氧的最少重复单元的堆垛层数（如 2、3 分别对应 ABBAABBA⋯ 和 AB-CABC⋯）。这种结构分类的优点是可以将不同的层状结构形象地呈现出来，缺点是并没有区分出空间群和原子占位信息。实验中合成的层状正极材料中一般最常出现 O3 和 P2 结构，在特定合成条件下也可以得到 P3 结构。充电过程中，O3 结构往往会经历 O3—P3 的相变，P2 结构则会经历 P2—O2 结构的相变。这些相转变一方面存在能垒，影响离子在体相的扩散，增加极化；另一方面复合的相变过程存在较大的结构变化，恶化电极活性物质与集流体的接触，造成循环过程结构的瓦解，最终会影响到电池的能量效率和循环寿命。通常对于 O3 结构的氧化物（NaMeO$_2$）来说，由于其具有更多的嵌钠位点，大部分情况下，O3 相的氧化物往往比 P2 相的氧化物具有更高的初始钠含量，因此具有较高的比容量和容量。然而，O3 相结构中钠离子迁移时，要经历一个狭小的四面体中心位置，其扩散势垒往往较大。相比之下，P2 相结构（Na$_{0.67}$MeO$_2$）中钠离子是经过一个相对宽阔的平面四边形中心的位置，具有更大的层间距，使得 Na$^+$ 扩散较为容易，可以从一个三棱柱空位迁移到邻近的一个三棱柱空位，表现出有更好的倍率性能。因此，在储钠层状氧化物材料的研究中，主要工作集中于材料体相元素掺杂、取代以及表面包覆，来改善材料的电压、容量、倍率、效率、寿命等综合性能，提高材料的结构稳定性。由于充放电过程中时常发生晶胞的畸变或扭曲，这时需要在配位多面体类型上面加角分符号（′）。例如 $P'3\text{-}Na_{0.6}CoO_2$ 由三方扭曲为单斜晶系。

（1）O3 型层状金属氧化物

O3 型 $NaMeO_2$ 以氧原子的六方密堆积（ccp）阵列为基础，钠离子和过渡金属离子根据其离子半径的差异分别位于不同的八面体空隙中。在 O3 结构中，共边 MeO_6 结构和 NaO_6 结构分别形成了 MeO_2 和 NaO_2 层，而后由 NaO_6 堆积形成了 3 层不同的 MeO_2 层结构，即 AB、CA 和 BC，钠离子就位于这些 MeO_2 层形成的八面体空隙中，见图 8-2。

虽然作为电池的正极材料，$LiCoO_2$ 和 $NaCoO_2$ 几乎在同一时期被最早报道，然而，在过去 30 年中，人们对锂离子电池材料进行了大量的研究，却鲜有对钠离子电池材料中的储钠机制进行细致分析。与锂离子（0.076nm）和钠离子（0.102nm）相比，钴离子半径相对较小（0.054nm），因此容易制备具有 Li 和 Na 的层状材料。尽管两个样品都具有相同的晶体结构，$LiCoO_2$ 的工作电压比 $NaCoO_2$ 高约 1.0V。但当两个材料均脱出 0.5 个 Li^+ 或 Na^+ 时，二者电势差降低到约 0.4V，这与 Li（3.04V）和 Na（2.71V）的标准电极电位的差异相似。可以看出，结构中的 Na 含量增加时，电压差变得更加显著，它们显示不同的氧化还原电位，并且在循环期间经历不同的结构演化。

$NaCoO_2$ 是最早研究脱嵌钠行为的过渡金属氧化物之一，与 Li_2CO_3 相比，选用成本低廉的 Na_2CO_3 作为正极材料前驱体势必可以降低电池成本。另外，伴随着锂离子电池市场的不断扩大和其正极材料所用的过渡金属元素的价格不断提高，从成本的角度考虑，Co、Ni 等过渡金属元素不适合用于钠离子电池。钠离子电池的市场定位是大规模储能领域，所以需要寻找储量丰富、成本低廉的氧化还原电对来开发新型正极材料。

$NaFeO_2$ 是非常具有吸引力的钠离子电池正极层状氧化物材料，它具有资源丰富、成本低廉和环境友好等优点。$NaFeO_2$ 具有 O3 相的层状结构，空间群为 R3m。脱出 1 个钠离子，该材料的理论容量高达 $241.8\text{mA}\cdot\text{h}\cdot\text{g}^{-1}$。在 $LiFeO_2$ 脱 Li 过程中，由于 O-2p 轨道与 Fe^{3+} 的 3d 轨道之间较强的杂化作用，O^{2-} 会优先于 Fe^{3+} 被氧化，使其失去电化学活性。而与其具有相同结构的 $NaFeO_2$ 可以实现可逆充放电，存在着 Fe^{3+} 到 Fe^{4+} 的可逆转变。不同的充电截止电压对 $NaFeO_2$ 的电化学行为有很大的影响，Na^+ 从晶格中脱出量随着电压的升高而增加，材料所释放的容量也不断增大。但是材料的循环稳定性也随着充电电压的升高而变差。针对这个问题，研究者提出了 $LiCo_xFe_{1-x}O_2$ 模型，并阐述该类材料中钠离子的嵌入/脱出机理，并说明了其在高充电电压下的稳定性变差的原因：当钠离子从晶格中脱出后，在共边的 FeO_6 八面体中就形成了四面体空隙，在能量角度上来说三价铁离子在四面体空隙中更为稳定，因此，铁离子容易迁移至共面点。充电电压升高时，钠离子的固态扩散容易受到四面体空隙上铁离子的干扰，因此使得 O3 型 $NaFeO_2$ 材料随着放电过程的不断进行容量不断减少。在脱钠过程中，从而阻塞钠离子的传输通道并导致容量衰减。研究者发现，通过限制 $NaFeO_2$ 的充电截止电位到 3.6V 左右，循环性能得到改善，其可逆容量为 $80mA \cdot h \cdot g^{-1}$，对应于 0.3 个 Na 的可逆脱嵌，平均工作电压约为 3.4V。

此外，虽然 O3 型 $NaFeO_2$ 类材料的比容量较小，但是其在充放电过程中极化很小，这一点使其成为一类具有较大潜力的材料。当 O3 类材料与水接触时，其钠离子和氢离子的交换也使得其容量会有较大的衰减，也就意味着这类材料必须在无水的环境下以保证其较好的电化学性能，这也是很多 O3 类材料的共有问题。

（2）P2 型层状金属氧化物

当层状金属氧化物处于缺钠状态，如 Na_xMO_2，层状金属氧化物的结构就会发生变化，而 P2 相是这些结构中最稳定的结构。如图 8-2，P2 型 $NaMO_2$ 同样在氧原子堆积的基础上，钠离子和过渡金属离子位于相应的空隙中。与 O3 型结构不同的是，MO_6 八面体结构以 ABABAB 的形式堆积，而钠离子位于 MO_2 层所形成的三棱柱空隙中，其最小重复单元中过渡金属的层数为两层。

以 P2 型 $Na_{\frac{2}{3}}MnO_2$ 为例，其首圈的可逆容量约 $190mA \cdot h \cdot g^{-1}$，远远高于相同化学组成其他结构的钠离子电池正极材料。对 O3 和 P2 两种晶型来说，其在 MO_2 层上的平面电子传递机理相同，因此，有猜想指 P2 类材料容量的增大是由于不同 MO_2 层之间钠离子可以进行传递。在 P2 型材料中，由于 P2 结构中存在钠离子扩散通道，因此其在钠离子扩散时较 O3 相有更低的能垒，钠离子从一个三棱柱位迁移至毗邻的位置时经过 4 个氧原子的矩形狭窄通道，因此受到氧原子的斥力影响就更小。因此，钠离子在嵌入脱出时受到的阻力更小，可能具有更大的比容量。除此之外，在相似的化学组成时，P2 结构的导电性比 O3 结构的导电性更好。

P2 型结构材料的倍率性能较差，以 $Na_x[Ni_{\frac{1}{3}}Mn_{\frac{2}{3}}]O_2$ 为例，通过第一性原理计算得出钠离子扩散的活化能随着 P2 相向 O2 相转变而大幅增加，也就意味着在钠离子电池中，若以 P2 相材料为正极材料时，P2—O2 的转变使得电池的比容量随着电流的增加而大幅降低，因此其在大倍率下充放电时比容量较小。而相对地以 O3 相为正极材料时，O3—P3 转变过程中钠离子扩散活化能的稳定使得其倍率性能较 P2 相具有更大的优势。

（3）隧道型氧化物材料 $Na_{0.44}MnO_2$

在氧化物材料中，最为典型的隧道氧化物为 $Na_{0.44}MnO_2$。$Na_{0.44}MnO_2$ 具有大的 S 形通道和与之毗邻的小的六边形通道。大的 S 形通道由 12 个过渡金属元素 Mn 围成，包含 5 个独立晶格位置，分别为 Mn1、Mn2、Mn3、Mn4 和 Mn5。其中 Mn1、Mn3 和 Mn4 位由 Mn^{4+} 占据，而 Mn2 和 Mn5 位由 Mn^{3+} 占据，呈现电荷有序排布。S 形通道内部占据四列钠离子，靠近通道中心的为 Na3 位，靠近通道边缘的为 Na2 位，而小通道中 Na 为 Na1 位。

1971 年，研究者发现，钠含量在 0.2～1 之间变化，Na_xMnO_2 主要形成了 4 种不同的相。当钠含量较低时，形成的是正交相的隧道型氧化物正极材料 $Na_{0.44}MnO_2$。Cao 等通过热解聚合物法合成了 $Na_{0.44}MnO_2$ 纳米线，该材料的可逆比容量高达 $128mA \cdot h \cdot g^{-1}$，同时还发现 $Na_{0.44}MnO_2$ 具有较高的稳定性以及较好的长循环寿命，1000 周循环后容量保持率为 77%。但是实际上只有 0.22 个钠离子是来自于 $Na_{0.44}MnO_2$。另外 0.22 个钠离子来自于半电池中的金属钠负极，也就是说 $Na_{0.44}MnO_2$ 由于可用的钠离子太少，难以应用于实际的电池中。因此，提高钠的含量是提高 $Na_{0.44}MnO_2$ 类材料容量的关键。基于此，用钛部分替换得到了 $Na_{0.44}[Mn_{0.61}Ti_{0.39}]O_2$，如果进行首先嵌钠，可以再嵌入 0.17 个钠离子，也就是说钠含量可以提高到 0.61，最后通过利用具有高氧化还原电势的 Fe^{3+}/Fe^{4+} 替换部分具有低氧化还原电势的 Mn^{2+}/Mn^{3+} 制备出具有高钠含量的 $Na_{0.61}[Mn_{0.27}Fe_{0.34}Ti_{0.39}]O_2$，将可逆容量提高到 $90mA \cdot h \cdot g^{-1}$，平均工作电压为 3.56V，在非层状氧化物中实现 Fe^{3+}/Fe^{4+} 氧化还原电对的可逆转变。

（4）层状氧化物材料的问题及改性方法

除了其在电化学性能上的优势之外，O3 和 P2 等层状氧化物材料都存在一些共性的问题：随着充放电的进行，层状结构会不断地膨胀和收缩，导致部分结构坍塌，最终导致容量的衰减；部分层状结构中由于钠离子的扩散过程较慢，离子电导率低，导致其倍率性能较差；不同的合成方法对于材料的性能也会有较大的影响，传统的层状材料合成方法往往很难将材料的容量完全发挥出来。在层状氧化物材料的改性中，掺杂是一类常用的手段，掺杂 Ti 元素有利于稳定充放电时材料的结构变化，从而减小由于材料的结构坍塌引起的不可逆容量，此外对于 Mn 的姜-泰勒效应也具有较好的抑制作用。

8.2.2 聚阴离子材料

与氧化物体系相比，过渡金属聚阴离子材料显示出较强的热稳定性。大多数的聚阴离子化合物的平均电压相对较高，同时也表现出了较好的循环性能。聚阴离子类化合物一般可以表示为 $Na_xM_y[(XO_m)_n]_z$ 形式，M 为可变价态的金属离子；X 为 P、S、V、Si 等元素。从结构上看，以 X 多面体与 M 多面体通过共边或共点连接而形成多面体框架，而 A 离子分布于网络的间隙中。这类化合物作为正极材料具有如下的特点：①框架十分稳固，可以获得更高的循环性与安全性；②一些 X 多面体对电化学活性的 $M^{n+}/M^{(n-1)+}$ 可能产生诱导效应，提升充放电的电压；③通过离子取代或掺杂可以调节脱嵌钠的电化学性能。但是聚阴离子材料通常相对于氧化物材料表现出较低的电导率和体积能量密度，可以在聚阴离子材料表面包炭以提高电导率，从而改善电化学性能。

磷酸盐类化合物正极材料主要包括：橄榄石型、钠快离子型导体（NASICON）、混合阴离子结构和焦磷酸盐类化合物等。

（1）橄榄石型 $NaFePO_4$

作为 $LiFePO_4$ 的类似物，$NaFePO_4$ 被较早地应用于钠离子电池的研究。$NaFePO_4$ 材料具有较高的理论比容量（$154mA \cdot h \cdot g^{-1}$），$NaFePO_4$ 材料有磷钠铁矿和橄榄石两种晶型。在橄榄石结构中，MO_6 八面体与 PO_4 四面体相互交替排列形成三维空间网络结构，结构中包含隧道结构的 Li^+ 通道。磷钠铁矿结构中，结构中没有畅通的 Na^+ 通道，阻止了钠离子的脱嵌，该材料不具备化学活性。因此，只有橄榄石结构的 $NaFePO_4$，才能实现高效的储钠性能。橄榄石结构的 $NaFePO_4$ 理论上可以有 1 个电子转移，对应于 Fe^{2+}/Fe^{3+} 氧化还原电对。该材料的工作电压为 2.9V，其理论比容量是 $154mA \cdot h \cdot g^{-1}$。通过比较钠离子电池中 $NaFePO_4$ 和锂离子电池中 $LiFePO_4$ 的电化学性能，可知 $NaFePO_4$ 较高的电荷转移电阻和较低的钠离子扩散系数是导致 $NaFePO_4$ 电化学性能较差的主要原因。由于钠离子半径大于锂离子半径，$NaFePO_4$ 中 Na^+ 的迁移势垒比 $LiFePO_4$ 中 Li^+ 的迁移势垒高出 0.05eV。$NaFePO_4$ 在充电过程中存在着 1 个中间相 $Na_{2/3}FePO_4$，而非 $LiFePO_4$ 的两相反应，在充电曲线上表现为 2 个平台，放电过程则是 1 种两相反应，这种不对称的钠离子嵌入脱出机制是由 $NaFePO_4$ 和 $FePO_4$ 的较大的体积变化引起的。

考虑到 $LiFePO_4$ 在水溶液中稳定的电化学性能，以及水溶液电解液相对于有机电解液具有成本低、环境友好和处理简单等优势，Fang 等选用水溶液电化学转化的方法，通过 $LiFePO_4$ 在 Li_2SO_4 水溶液中充电，得到橄榄石型 $FePO_4$，然后，将橄榄石型 $FePO_4$ 在 Na_2SO_4 水溶液中放电，得到橄榄石型 $NaFePO_4$，实现了橄榄石型 $NaFePO_4$ 的简单快速合成。通过将转化的极片组装成钠离子电池，发现 $NaFePO_4$ 材料可以给出 $111mA \cdot h \cdot g^{-1}$ 的比容量；在 0.1C（C 为充放电倍率）倍率下循环 240 周，容量保持率为 90%，且具有较好的倍率性能。

（2）NASICON 型 $Na_3V_2(PO_4)_3$

钠快离子导体（NASICON）具有三维的（3D）框架结构，由 XO_4 四面体与 MO_6 八面体构成框架，钠离子位于框架形成的空隙中，具有快速的钠离子迁移率。在具有钠快离子导体结构的正极材料中，$Na_3V_2(PO_4)_3$ 为主要代表。对于 $Na_3V_2(PO_4)_3$，钠原子处于不同的两个位点，Na1 位于六配位的 M1 位点，Na2 位于八配位的 M2 位点，其中 M2 位点的钠具有电化学活性，能够可逆地脱出和嵌入，对应的理论比容量为 $117mA \cdot h \cdot g^{-1}$，而 M1 位点的钠由于空间太小，无法脱出，不能提供可逆容量。

Yamaki 等首先报道了 $Na_3V_2(PO_4)_3$ 在 $1.2 \sim 3.5V$ 之间有 $140mA \cdot h \cdot g^{-1}$ 的可逆容量。随后，Jian 等通过导电炭包覆提高材料的导电性，从而改善了材料的循环性能。其后，大量的研究工作集中于通过减小材料尺寸、表面炭包覆和元素掺杂等方式，来提升材料的电化学性能。同时电化学反应过程中的机理也被详细研究。Saravanan 等报道了高性能的 $Na_3V_2(PO_4)_3/C$ 材料，在 40C 倍率下，拥有 $61mA \cdot h \cdot g^{-1}$ 的比容量，循环 30000 周，容量保持率为 50%。Zhu 等报道了包埋在多孔炭中的 $Na_3V_2(PO_4)_3$，具有 200C 的高倍率性能。由于 $Na_3V_2(PO_4)_3$ 中的 V 为 +3 价，也可以通过先放电实现 V_{3+}/V_{2+} 的氧化还原，提供 1.7V 的电压平台和 $50mA \cdot h \cdot g^{-1}$ 的比容量。因此，可以将 $Na_3V_2(PO_4)_3$ 分别作为正、负极材料，组装成对称的钠离子全电池。

为了进一步提高 $Na_3V_2(PO_4)_3$ 材料的倍率性能和循环性能，以及寻找适合大规模应用的材料合成方法，Fang 等通过高能球磨预还原合成了 $Na_3V_2(PO_4)_3$ 材料，再应用 CVD 技术实现原位生长出分级的高导电炭修饰的 $Na_3V_2(PO_4)_3/C$ 材料，得到的 $Na_3V_2(PO_4)_3$ 纳米颗粒表面具有高度石墨化的炭包覆，同时，$Na_3V_2(PO_4)_3/C$ 颗粒之间通过导电碳纤维连接，极大地提高了材料的导电性。该材料在 500C 的电流密度下，可逆比容量仍然可以达到 $38mA \cdot h \cdot g^{-1}$，在 30C 倍率下循环 20000 周，容量保持率为 54%，是目前报道的性能最优异的 $Na_3V_2(PO_4)_3/C$ 材料。同时，他们以该 $Na_3V_2(PO_4)_3/C$ 材料为正极，以石墨烯修饰的 $NaTi_2(PO_4)_3$ 材料为负极，构造了全 NASICON 的全电池，全电池具有 $128mA \cdot h \cdot g^{-1}$ 的可逆比容量，并具有较好的功率性能和循环稳定性。选择构建分级的高导电性网络，对于获得高性能电极材料，提供了参考和借鉴。

通过元素掺杂，也可以提高材料的电化学性能。通过掺入 Fe 原子，可以激活 $V^{4+/5+}$ 的电化学活性，得到 4V 的电位平台，并且可以增加约 12% 的容量；钾离子掺杂可以增加晶体的体积，提高钠离子的扩散空间以及稳定结构，从而提高材料的倍率性能；Mg 掺杂可以取代 V 的位点，继而提高材料的倍率性能和循环稳定性。然而一些元素掺杂的系统研究和理论分析仍然不足，对选择合适的掺杂元素和比例尚存盲目性。

8.2.3　过渡金属氟磷酸钠盐

对于聚阴离子化合物，通过使用混合的阴离子，可以构造出新的结构体系，获得较好的电化学活性；同时，选择强的吸电子基团（如 F 等），可以通过诱导作用提高材料的电压。混合的聚阴离子体系由 Goodenough 等较先在锂离子电池电极材料进行研究，指的是以两种不同的阴离子组成的化合物，具有稳定电化学

性能的主要是 $XO_4F(X=P,S)$ 和 $PO_4P_2O_7$ 等。

通过引入强电负性的 F，可以提高材料的工作电压，从而提高材料的能量密度。以 PO_4F 组成的化合物研究比较多的主要是 Na_2FePO_4F 和 $Na_3V_2(PO_4)_2F_3$。

Nazar 等报道了 Na_2FePO_4F 的合成，该材料可同时应用于钠离子电池和锂离子电池。Tarascon 等比较了固相法和离子热法合成的 Na_2FePO_4F 的电化学性能，发现通过离子热法合成的材料颗粒较小，电化学性能较好。他们同时研究了 Mn 掺杂后的 $Na_2Fe_{1-x}Mn_xPO_4F$ 的电化学性能。随后，Komaba 等通过炭包覆提高 Na_2FePO_4F 的导电性，从而极大地提高了材料的电化学性能。这些材料的平均电压都要高于相应非氟取代的材料体系，因此，通过选择氟取代，可以获得较高工作电压的电极材料，这对寻找新的电极材料提供了借鉴。

Le Meins 等报道了 $Na_3V_2(PO_4)_2F_3$ 的晶体结构，随后 $Na_3V_2(PO_4)_2F_3$ 被作为锂离子电池电极材料得到广泛研究。Kang 等第一次通过第一性原理结合实验的方法研究了 $Na_3V_2(PO_4)_2F_3$ 的储钠机制，确定储钠过程为单相反应。这种材料的电压平台为 3.7V 和 4.2V，说明 F 取代可以提高充放电电压。该材料表现出 $108mA \cdot h \cdot g^{-1}$ 的可逆容量，循环 30 周容量几乎保持不变。随后，$Na_3V_2(PO_4)_2F_3$ 的嵌脱钠机制和结构演化得到更详细的研究。

以 O 部分替代 F 可制备出具有新型结构的化合物 $Na_3V_2O_{2x}(PO_4)_2F_{3-2x}$。研究者合成并解析了 $Na_3V_2O_2(PO_4)_2F$ 的结构。把该材料作为钠电池，在 3.6V 和 4.0V 处出现两个放电平台，呈现出 $87mA \cdot h \cdot g^{-1}$ 的比容量。Serras 等研究了不同的炭类型以及炭包覆量对 $Na_3V_2O_{2x}(PO_4)_2F_{3-2x}$ 电化学性能的影响，可以得到 $120mA \cdot h \cdot g^{-1}$ 的比容量。Peng 等研究了 RuO_2 包覆的 $Na_3V_2O_2(PO_4)_2F$ 的纳米线，具有优异的倍率性能和循环稳定性。Qi 等通过溶剂热法合成了一系列 $Na_3V_2O_{2x}(PO_4)_2F_{3-2x}$ 纳米材料，其中，$Na_3(VOPO_4)_2F$ 材料具有 10C 的倍率性能，并能稳定循环 1200 周。随后，其电化学性能和反应机理得到广泛而深入的研究。

同时，一些 F 掺杂的硫酸盐材料也有相关报道，如 $NaFeSO_4F$，但它们的储钠性能较差，研究也比较少。

8.2.4　普鲁士蓝类大框架化合物

普鲁士蓝类化合物的常见组成为 $A_xM_A[M_B(CN)_6] \cdot zH_2O$（A 为碱金属离子，$M_A$ 和 M_B 为过渡金属离子），其结构为面心立方结构。过渡金属离子分别与氰根中的 C 和 N 形成六配位，碱金属离子处于三维通道结构和配位孔隙中。这种大的三维多通道结构可以实现碱金属离子的嵌入和脱出。同时，通过选用不同的过渡金属离子，如 Ni^{2+}、Cu^{2+}、Fe^{2+}、Mn^{2+}、Co^{2+} 等，可以获得丰富的结构体系，表现出不同的储钠性能。

（1）A$_x$FeFe(CN)$_6$

铁基材料凭借其资源丰富、成本低廉以及结构稳定等特点，得到广泛的关注。Na$_4$Fe(CN)$_6$被用于钠离子电池中，该材料具有 87mA·h·g^{-1}比容量，并表现出非常优异的循环性能。采用快速沉淀法制备的 NaFeFe(CN)$_6$材料，作为钠离子电池材料，首周充放电比容量为 95mA·h·g^{-1}和 113mA·h·g^{-1}，并表现出较好的循环稳定性。KFeFe(CN)$_6$材料表现出 100mA·h·g^{-1}的可逆比容量，且循环 30 周容量保持不变。

低缺陷的 FeFe(CN)$_6$化合物，由于具有较少的空位和晶格水分子，该材料的容量和循环性能得到极大的提升，材料具有 120mA·h·g^{-1}的可逆容量，循环 500 周容量保持率为 87%，但是贫钠态限制了材料的实际应用。低缺陷和低含水量的 Na$_{0.61}$Fe[Fe(CN)$_6$]$_{0.94}$，可以实现两个 Na$^+$的嵌入脱出（170mA·h·g^{-1}），循环 150 周，容量几乎不变。为了合成完全富钠态的普鲁士蓝 Na$_2$FeFe(CN)$_6$，研究者通过在氮气保护和添加还原剂（维生素 C）防止 Fe^{2+}氧化的条件下，制备出 Na$_{1.61}$Fe$_{1.89}$(CN)$_6$材料，获得 150mA·h·g^{-1}的首周充电容量，同时具有较好的循环稳定性。水热法合成的 Na$_{1.92}$FeFe(CN)$_6$材料，可以给出 155mA·h·g^{-1}的可逆比容量，循环 750 周，容量保持率为 80%，同时，与硬炭组成全电池表现出较好的电化学性能。

（2）A$_x$MnFe(CN)$_6$

锰由于价格低廉，同样受到关注。较高 Na 含量的 Na$_{1.72}$Mn[Fe(CN)$_6$]$_{0.99}$材料具有 3.3V 的电压和 40C 的倍率性能。通过除尽晶格中的结晶水获得的 Na$_2$MnFe(CN)$_6$材料，具有极为平坦的充放电曲线，循环 500 周容量保持率为 75%，并表现出非常好的循环稳定性。Ni 的掺杂可以极大提高材料的循环稳定性；PPy 的包覆不仅提高了 Na$_2$MnFe(CN)$_6$材料的电子电导率，同时可以抑制锰离子的流失而提高材料的稳定性；抑制晶格中水分子在高电位下的氧化分解，聚合物可以进行 p 型掺杂来提高复合材料的容量。

普鲁士蓝类化合物具有较高的电压和可逆容量，并且成本较低，具有潜在的应用前景。但是，循环稳定性有待改善，材料极易形成缺陷，影响材料整体的容量和电化学性能，且材料高温受热易分解，存在一定的安全隐患。

8.2.5 有机化合物和聚合物

有机物正极材料具有理论比容量高、原料丰富、环境友好、价格低廉和结构设计灵活的优点，是一类具有广泛应用前景的储能物质。正极材料要求具有较高的氧化还原电势，研究较多的正极材料主要包括含醌、酸酐、酰胺以及酚类等的有机小分子，以及聚合物。作为钠离子电池正极材料，有机化合物相比于无机材料研究较少。小分子有机化合物得到广泛的研究。小分子电极材料由于在电解液中溶解度较大，电化学性能受到一定的限制。有机聚合物具有很长的链段结构，难溶于有机电解液，具有更好的稳定性。有机电极材料不含过渡金属元素，环境友好、价格低廉、种类多样，并且可以根据结构合理设计，化合物灵活多变，具有广阔的前景。构造合适的结构，提高有机材料的电压与循环稳定性，减少材料在电解液中的溶解度，将具有重要意义。

8.2.6　非晶化合物

非晶化合物，又称为无定形化合物，是固体中的原子不按照一定的空间顺序排列的固体，原子排布上表现为长程无序而短程有序。非晶化合物由于没有晶格限制，钠离子在颗粒表面反应，不会引起材料结构的变化，因而可以表现出更好的稳定性。负极材料比较容易形成非晶相，如碳材料、磷、二氧化钛等，而正极材料较难形成非晶相。$FePO_4$ 很容易形成非晶相，其作为钠离子电池研究比较广泛。非晶材料没有晶格的限制，构造合适的非晶材料，有可能获得优于结晶材料的电化学性能。同时，对非晶材料的反应机理的研究将具有重要意义。

8.3　钠离子电池负极材料

单质 Na 的理论比容量为 $1166mA \cdot h \cdot g^{-1}$，实验研究中通常以金属钠作为负极，但是钠负极容易形成枝晶，而且钠的熔点（97.7℃）比锂（180.5℃）小很多，存在严重的安全隐患，因此金属钠不宜作为商业化钠离子电池的负极。一般选择具有嵌钠性能的材料或者合金负极。目前研究较多的负极材料主要有：碳基材料、金属氧化物、合金、非金属单质和有机化合物等。

8.3.1　碳基负极材料

碳基材料主要包括石墨碳、非石墨碳两大类。其中，石墨（包括天然石墨和人造石墨）已经广泛应用于锂离子电池，是研究最早也是商品化程度最高的负极材料。鉴于在锂离子电池领域的经验，碳基材料也被广泛研究作为潜在的钠离子电池负极材料。主要包括石墨、乙炔黑、中间相碳微球、碳纤维和热解炭等。常见碳基材料的电化学性能与其结构和含氢量密切相关。普遍认为，碳材料晶粒越小，比表面积越大，形成 SEI 保护层消耗的锂盐越多，导致首次充放电效率越低；而氢含量越高，容量的滞后越大。

（1）石墨类

锂离子嵌入石墨类负极后形成 LiC_6 结构，理论容量为 $372mA \cdot h \cdot g^{-1}$。相对锂离子来说，钠离子的半径要大很多，钠离子与石墨层间的相互作用比较弱，因此钠离子更倾向于在电极材料表面沉积而不是插入石墨层之间，同时由于钠离子半径较大，石墨碳层间距（0.335nm）不适合钠离子的嵌入，导致石墨层无法稳定地容纳钠离子，因此石墨长期以来被认为不适合做钠离子电池的负极材料。早期的第一原理计算表明，与其他碱金属相比，Na 难以形成插层石墨化合物。有研究者较早研究了 Na^+ 在石墨中的电化学嵌入机理，采用聚氧化乙烯（PEO）基电解质，避免溶剂在电极材料中的共插入。研究表明 Na^+ 的嵌入形成了 NaC_{64} 高阶化合物，电化学还原形成低阶钠-石墨的可能性仍然有待探究。此外，由于石墨碳层间距约为 0.335nm，小于 Na^+ 嵌入的小层间距（0.37nm）等原因，导致作为钠离子电池负极材料的理论容量只有 $35mA \cdot h \cdot g^{-1}$。因此，普遍认为石墨不能直接用作钠离子电池负极材料使用。

（2）非石墨类

1）无序碳材料　非石墨类碳材料主要包括硬炭（树脂炭、炭黑等）和软炭（焦炭、石墨化中间相碳微珠、碳纤维等）两大类。在锂离子电池中这两类碳材料往往能获得 $500 \sim 900mA \cdot h \cdot g^{-1}$ 的首次比容量，但是循环寿命迥异，与碳材料具体的结构与形貌有关。硬炭由于具有较大的层间距和不规则结构，适合钠离子脱嵌而受到广泛关注，无序碳是研究较早的硬炭材料。

近年来，研究人员发现通过增大石墨的层间距和选取合适的电解质体系（如醚基电解质）等途径可以提高石墨的储钠能力，提升其电化学性能。石墨在醚类电解液中具有储钠活性，放电产物为嵌入溶剂化钠离子的石墨。利用这种溶剂化钠离子的共嵌效应，有研究者发现天然石墨在醚类电解液中的嵌钠循环性能非常优异，6000 周后容量保持率高达 95%，而且在 $10A \cdot g^{-1}$ 的高电流密度下，容量仍超过 $100mA \cdot h \cdot g^{-1}$，良好的倍率性能源于充放电过程中的部分赝电容行为。由于乙醚类溶剂对钠金属有更高的化学稳定性，因此在电解液中添加乙醚组分能有效改善充放电效率。虽然，硬炭材料的首次比容量高，但是普遍存在不可逆容量大、倍率性能差和衰减快的问题，同时，电解液的分解对嵌钠性能也有很大影响。对碳基材料进行适当的表面修饰有望改善材料的界面性质，抑制碳基体与电解液发生的副反应，从而提高首次充放电效率和寿命。

膨胀石墨作为优越的钠离子电池碳基负极材料，在 $20mA \cdot g^{-1}$ 的电流密度下的可逆容量为 $284mA \cdot h \cdot g^{-1}$，即使在 $100mA \cdot g^{-1}$ 下也达到 $184mA \cdot h \cdot g^{-1}$，2000 次循环后保持 73.92% 的可逆容量。膨胀石墨是通过两步氧化还原过程形成的石墨衍生材料，其保留石墨的长程有序层状结构，通过调控氧化和还原处理可以获得 0.43nm 的层间距离，这些特征为 Na^+ 的电化学嵌入提供了有利的条件。在不久的将来，膨胀石墨可能是非常有希望应用于钠离子电池工业的碳基负极材料。

研究人员选取醚基电解质时，在没有任何改性或处理的情况下，天然石墨颗

粒的尺寸约为 $100\mu m$，作为负极材料在 $0.1A\cdot g^{-1}$ 的电流密度下的可逆容量约为 $150mA\cdot h\cdot g^{-1}$，并且选取不同种类的电解质溶剂，使得电压可以在 $0.6\sim 0.78V$（vs. Na^+/Na）之间变化。同时，天然石墨还表现出优异的循环稳定性（约 2500 次循环）和倍率性能（在 $5000mA\cdot g^{-1}$ 下约 $100mA\cdot h\cdot g^{-1}$ 的可逆容量）。这解释了天然石墨中的 Na^+ 存储机理，其中溶剂化 Na^+ 的共嵌入与部分赝电容行为结合，证明电解质溶剂种类影响负极材料的倍率能力和氧化还原电位。此外，天然石墨在全电池中的实际可行性通过与 $Na_{1.5}VPO_{4.8}F_{0.7}$ 正电极组合而确定，其可提供约为 $120W\cdot h\cdot kg^{-1}$ 的能量密度，平均放电电压约为 $2.92V$，在 250 次循环后保持初始容量的 70%。这一项研究将为石墨作为钠离子电池碳基负极材料的发展起到推动性作用。最近，有研究者以层状 P2-$Na_{0.7}CoO_2$ 正极与石墨负极在优化的醚基电解质中进行耦合改性研究，进一步验证了合适的电极/电解质组合有利于钠离子电池在循环性能、库伦效率等方面的提升。

有研究人员在钠离子电池碳基负极材料上取得了突破，采用成本更加低廉的无烟煤作为前驱体，通过简单的粉碎和一步碳化得到了一种具有优异储钠性能的碳基负极材料。裂解无烟煤得到的是一种软炭材料，但不同于来自沥青的软炭材料，在 1600℃ 以下仍具有较高的无序度，产炭率高达 90%，储钠容量达到 $220mA\cdot h\cdot g^{-1}$，循环稳定性优异。最重要的是在所有的碳基负极材料中具有最高的性价比。其应用前景也在软包电池中得以验证，以其作为负极和 Cu 基层状氧化物作为正极制作的软包电池的能量密度达到 $100W\cdot h\cdot kg^{-1}$，在 1C 充放电倍率下容量保持率为 80%，-20℃ 下放电容量为室温的 86%，循环稳定，并通过了一系列适于锂离子电池的安全试验。低成本钠离子电池的开发成功将有望率先应用于低速电动车，实现低速电动车的无铅化，随着技术的进一步成熟，将推广到通信基站、家庭储能、电网储能等领域。

2）纳米结构碳材料　与石墨相比，纳米碳材料的结构更加复杂，拥有更多的活性位点，特别是碳纳米线和纳米管。由于纳米线、纳米管和纳米片等结构具有较好的结构稳定性和良好的导电性，且纳米材料具有较大的比表面积，超大的比表面积能增大电极材料内部电解液与钠离子的接触面积，提供更多的活性位点，能有效减小离子的扩散路径，因此纳米结构的碳基材料能有效改善电化学性能，更适宜做钠离子电池的负极材料。与之前报道的碳基材料相比，具有一维或者二维纳米结构的碳材料拥有更优异的储锂/储钠性能。碳纳米管（CNTs）、碳纳米纤维（CNFs）、碳衍生物（CDCs）和石墨烯已经在锂离子电池中得到广泛研究，具有较高的充放电容量。

石墨烯作为一种具有超大比表面积的新型碳材料，具有优异的电学性能，其存在大量的边缘位点和缺陷，非常适合锂/钠等碱金属离子的存储，广泛地应用于钠离子电池负极材料。有研究者在氨气中煅烧冷冻干燥后的氧化石墨得到了氮掺杂的三维石墨烯,在 $500mA \cdot h \cdot g^{-1}$ 的电流密度下容量高达 $852.6mA \cdot h \cdot g^{-1}$,且循环 150 周后仍保持在 $594mA \cdot h \cdot g^{-1}$。研究表明,石墨烯比容量高,循环性能和倍率性能优越,有望成为一种具有潜力的嵌钠电极材料。在石墨烯中掺杂异质元素可显著改善其物理和电化学性能。在石墨烯中掺杂 N 或 B 等元素已取得一系列进展。钠离子也能可逆嵌入石墨烯材料中,特别是 N 掺杂石墨烯具有优异的嵌钠性能。

8.3.2 合金类储钠负极材料

早期关于钠离子电池负极的研究主要集中在碳基材料,但是碳基材料普遍存在容量低和循环性能差的问题,研究者积极开发新型的负极材料以替代纯碳基材料。金属单质或合金材料由于具有较高的比容量,近年来成为研究热点。采用合金作为钠离子电池负极材料可以避免由钠单质产生的枝晶问题,因而可以提高钠离子电池的安全性能、延长钠离子电池的使用寿命。目前研究较多的是钠的二元、三元合金。其主要优势在于钠合金负极可防止在过充电后产生枝晶,增加钠离子电池的安全性能,延长了电池的使用寿命。通过研究表明,可与钠制成合金负极的元素有 Pb、Sn、Bi、Ga、Ce、Sb 等($Na_{15}Sn_4$:$847mA \cdot h \cdot g^{-1}$;$Na_3Sb$:$660mA \cdot h \cdot g^{-1}$;$Na_3Ce$:$1108mA \cdot h \cdot g^{-1}$ 和 $Na_{15}Pb_4$:$484mA \cdot h \cdot g^{-1}$)。合金负极材料在钠离子脱嵌过程中存在体积膨胀率大的问题,导致负极材料的循环性能差。如 Sb 做负极时,Sb 到 Na_3Sb 体积膨胀 390%,而 Li 到 Li_3Sb 体积膨胀仅有 150%。纳米材料的核/壳材料能有效地调节体积变化和保持合金的晶格完整性,从而维持材料的容量。

通常,将金属单质或者合金与其他材料特别是碳材料进行复合,可显著解决循环性能差的问题,Sn/C 复合材料比较有代表性。通过球磨法制备的 Sn/C 复合材料,作为钠离子电池负极具有 $584mA \cdot h \cdot g^{-1}$ 的初始容量,首次不可逆容量损失为 30%,比金属 Sn 小很多,并且,球磨时间越长,材料循环性能越好。将 SnO_2 分散在纳米相的聚合物基体中,再进行碳化,在碳化过程中通过聚合物模板的分解得到了介孔 Sn/C 复合物。通过对比该材料的嵌锂/钠机理及性能发现,介孔 Sn/C 复合物嵌钠电位比嵌锂电位低 0.21V。在两个体系中,介孔 Sn/C 复合材料都具有相似的脱嵌机理及相似的循环稳定性能,但由于钠离子半径比锂离子大,电极中钠离子的扩散比锂离子慢,且钠的嵌入导致复合材料的体积变化更大,因此材料的嵌钠容量比嵌锂低,循环性能稍差。多孔 Sn/C 电极的嵌钠容量为 $295mA \cdot h \cdot g^{-1}$,比在锂离子电池中($574mA \cdot h \cdot g^{-1}$)低很多,多孔 Sn/C 复合材料在两个体系中循环 15 次后晶体 Sn 仍保持着原来的结构,显示出较好的结构稳定性。

　　其他金属复合材料中研究较多的有 Sb/C。通过静电纺丝法合成的 Sb/C 纤维材料，具有特殊的 1D 结构，碳纤维能很好地将 Sb 纳米粒子包裹在纤维内，这种结构能有效缓冲钠离子脱嵌过程中的体积膨胀，研究证实在 300 次循环后纤维网状结构保持完好，显示了优异的结构稳定性。同时，碳纤维网使得该复合材料具有很好的电子导电性和离子导电性。

　　将 Sn 和 Sb 形成合金，制备的 SnSb/C 二元复合材料，其储钠容量达到了 $544\text{mA} \cdot \text{h} \cdot \text{g}^{-1}$，几乎是普通碳材料的两倍，50 次循环后容量保持率为 80％。在 0～1.2V 下，SnSb/C 有两个充放电平台。从循环伏安法测试的循环伏安曲线可知，在 0V 和 0.28V 处分别对应着钠离子嵌入 SuperP 和 Na-Sn 合金反应，0.39V 对应着 Na-Sb 合金反应。SnSb 合金的嵌钠反应机理如下

$$SnSb + 3Na^+ + 3e^- \Longrightarrow Na_3Sb + Sn \tag{8-1}$$

$$Na_3Sb + Sn + 3.75Na^+ + 3.75e^- \Longrightarrow Na_3Sb + Na_{3.75}Sn \tag{8-2}$$

　　通过比较 Sn/C、Sb/C 与 SnSb/C 的电化学性能。研究发现，Sn/C 在 13 次循环后容量损失了 80％；Sb/C 在 30 次循环后从 $494\text{mA} \cdot \text{h} \cdot \text{g}^{-1}$ 减小到 $397\text{mA} \cdot \text{h} \cdot \text{g}^{-1}$。与金属单质相比，二元合金体系稳定性更好，这可能是由于二元体系在充放电过程中独特的结构变化。在 0.4V 以上，主要发生式（8-1）反应，其中生成的 Sn 单质并没有化学活性，只是充当传导和缓冲基质，使合金的结构保持高度的一体化；在 0.4V 以下时，发生式（8-2）反应，此时 Na_3Sb 充当缓冲基质，使得二元体系体积形变小，机械应力强，稳定性更好。

　　对于其他类型的合金复合材料，也有少量研究。通过球磨法在 Sn 上包覆一层 SnS，再将材料分散在碳基中得到 Sn-SnS-C 多元复合物，该材料与 Sn-C 材料相比具有更好的循环性能和倍率性能，比容量大于 $600\text{mA} \cdot \text{h} \cdot \text{g}^{-1}$，前 150 次循环保持率达到 87％，这主要得益于 SnS 能够很好地缓冲 Sn 体积膨胀，且能防止 Sn 团聚。

　　合金复合材料具有容量高和循环性能好的特点，这一方面得益于合金材料的高容量，另一方面也得益于碳基质材料在嵌钠过程中能有效缓解材料的体积膨胀，减少电极形变。研究发现，电解液的分解和 SEI 膜的形成对材料的比容量损失和循环性能有很大的影响，通过在电解液中加入氟代碳酸乙烯酯（FEC）能显著改善材料的循环寿命，提高充放电效率。当然要更好地解决这个问题，还有很多工作需要开展。

8.3.3　金属氧化物储钠负极材料

　　过渡金属氧化物因为具有较高的容量早已被广泛研究作为锂离子电池负极材料。该类型材料也可以作为有潜力的钠离子电池嵌钠材料。与碳基材料脱嵌反应和合金材料的合金化反应不同，过渡金属氧化物主要是发生可逆的氧化还原反

应。迄今为止，用于钠离子电池电极材料的过渡金属氧化物还比较少，正极材料主要有：中空 γ-Fe_2O_3 和 V_2O_5，负极材料主要有 TiO_2、α-MoO_3、SnO_2 等。

TiO_2 具有稳定、无毒、价廉及含量丰富等优点，在有机电解液中溶解度低和理论能量密度高，一直是嵌锂材料领域的研究热点。TiO_2 为开放式晶体结构，其中钛离子电子结构灵活，使 TiO_2 很容易吸引外来电子，并为嵌入的碱金属离子提供空位。在 TiO_2 中，Ti 与 O 是六配位，TiO_6 八面体通过公用顶点和棱连接成为三维网络状，在空位处留下碱金属的嵌入位置。TiO_2 是少有的几种能在低电压下嵌入钠离子的过渡金属材料。Xiong 等合成了无定形的 TiO_2 纳米管（TiO_2NT），研究了钠离子在 TiO_2NT 中的电化学性能，发现钠几乎不嵌入小于 40nm 的碳纳米管，当碳纳米管管径大于 80nm 时，首次充电容量为 75mA·h·g^{-1}，15 次循环后容量增加到 150mA·h·g^{-1}。

有研究者报道了块状 α-MoO_3 作为钠离子电池负极材料的电化学性能。研究发现 α-MoO_3 在充放电过程中首先还原形成纳米尺度的活性金属 Mo，并高度分散在 Na_2O 介质中，有利于抑制晶胞体积的变化，从而显著改善电池的循环性能；同时，在 Na 嵌入过程中，MoO_3 由块状变成薄松叶状，在脱出过程中，则形成了花状纳米形貌，关于形貌的具体形成机制还有待深入分析。在 0.04～3.0V，111.7mA·g^{-1} 下具有 255mA·h·g^{-1} 的可逆比容量。研究者组装了 $NaV_3(PO_4)_3$/MoO_3 的全电池，工作电压约 1.4V，比容量约 164mA·h·g^{-1}（以负极材料为基准）。

在其他氧化物中，SnO_2 因为具有高的理论比容量（790mA·h·g^{-1}）而备受研究者的关注，该材料在锂离子电池中已深入研究。有研究者通过水热法合成了单晶 SnO_2，通过控制晶体生长，使得该晶体主要暴露 {221} 高能面，沿 {001} 晶面生长，得到了不规则八面体形貌。该材料具有较高的比容量和较好的循环性能（100 次循环后仍有 432mA·h·g^{-1}），研究发现 Na 与 SnO_2 反应生成 Na_xSn 和 Na_2O，Na_2O 的生成能有效防止 Sn 晶体的团聚。与前面的金属单质或合金一样，SnO_2 存在的主要问题也是循环过程中伴随着巨大的体积变化，材料容易粉化、失效，循环性能较差。为改善循环性能，目前有效的途径主要有：①制备各种具有疏松结构的纳米材料。②与碳基或其他基质材料复合制备复合材料，抑制体积膨胀。研究者将 SnO_2 分别与多壁碳纳米管、石墨烯等不同形态的碳材料进行复合，合成了 SnO_2/MWCNT 和 SnO_2/石墨烯复合材料。通过复合有效提高了 SnO_2 的导电性，并降低了首次充放电过程中的不可逆反应，提高了首次库伦效率。采用溶剂热法制备的 SnO_2/MWCNT 复合材料，首次放电比容量为 839mA·h·g^{-1}，50 次循环后容量保持率为 72%。通过水热法将 SnO_2 与石墨烯复合，得到了 700mA·h·g^{-1} 的可逆比容量。碳材料的加入有效提高了材料的比容量，改善了循环性能，主要是由于碳材料很好缓冲了钠脱嵌过程中金属氧化物的体积变化且能作为导电媒介。

8.3.4　非金属单质储钠负极材料

从电化学角度说，单质 P 具有较小的原子量和较强的锂离子嵌入能力。它能与单质 Li 生成 Li_3P，理论比容量达到 2596mA·h·g^{-1}，是目前嵌锂材料中容量最高的，而且与石墨相比，它具有更加安全的工作电压，因此，它是一种有潜力的锂离子电池负极材料。在各种单质 P 的同素异形体中，红 P 是电子绝缘体，并不具备电化学活性，正交结构的黑 P 由于具有类似石墨的结构，且具有较大的层间距，目前研究较多。

有研究者分别以红 P 和白 P 为原料，通过高温高压法合成了纯度高的黑 P，并对比了压强和温度对材料性能的影响。研究发现在 4GPa 和 400℃下由白 P 得到的黑 P 具有最高的充放电比容量 2505/1354mA·h·g^{-1}，由红 P 在 4.5GPa 和 800℃下得到的黑 P 具有最高的充放电比容量 2649/1425mA·h·g^{-1}，在高温高压条件下合成的材料循环性能得到明显改善。在碱金属嵌入脱出过程中，材料体积的膨胀导致容量衰减和循环性能变差。有研究者将红 P 与无定形碳球磨得到了 P/C 复合材料。无定形碳的加入使得材料的不规则度增加，且由于长时间的球磨，黑 P 的晶粒尺寸显著降低，使得材料能够更好地缓冲锂离子嵌入过程中体积的膨胀，复合材料的放电比容量达到了 2355mA·h·g^{-1}，100 次循环后保持率约 90%。

目前，关于 P 的嵌钠性能方面的研究还比较少。研究者研究了商业化红 P 和高能球磨 54h 得到的黑 P 的嵌钠性能，研究发现红 P 的首次放电容量不到 15mA·h·g^{-1}，这主要是由于红 P 为电子绝缘体所致。与红 P 不同，黑 P 的首次嵌钠容量达到 2040mA·h·g^{-1}，接近其理论容量（2596mA·h·g^{-1}），对应约 3 个 Na 的嵌入。然而其首次放电容量仅为 20mA·h·g^{-1}，研究者认为钠离子在嵌入过程中导致材料过度膨胀粉化，颗粒间失去电接触，并丧失电活性，且其放电产物 Na_xP 也是电子绝缘体，限制了产物中 Na 的脱出。为了进一步提高材料的电化学性能，通过碳包覆和非晶化等措施对材料进行了优化。将无定形碳和单质红 P 以 7∶3 高能球磨合成了无定形红 P/C 复合材料，并对比了球磨时间的影响。球磨 24h 的材料具有最好的储钠性能，首次充放电容量为 2016/1764mA·h·g^{-1}，循环十次后容量几乎没有衰减，且电压曲线基本保持重合，循环 40 次容量保持率为 96.7%。优秀的循环性能得益于磷的非晶化处理，无定形磷碳复合物能有效缓解体积膨胀，降低电极内应力。无定形红 P/C 复合材料，在 143mA·g^{-1} 的电流下可逆比容量达到 1890mA·h·g^{-1}。

P 基材料是一种容量较高的储钠材料，目前亟待解决的问题主要是如何抑制钠离子嵌脱过程中材料的体积膨胀，从而得到具有较高库伦效率和优秀循环性能的材料。虽然目前关于嵌钠的报道不多，但从已报道的文献来看，P 基材料有望作为一种高性能的钠离子电池负极材料。

8.3.5 有机储钠负极材料

与无机化合物相比，有机化合物具有以下优点：①化合物种类繁多，含量丰富；②氧化还原电位调节范围宽；③可发生多电子反应；④很容易循环等。目前，已经有一系列的有机化合物被研究用于锂离子电池嵌锂材料。其中部分材料被证实具有比容量高，循环寿命长和倍率性能高等特点，因此开发低电位下高性能有机嵌钠材料是目前钠离子电池负极材料领域研究的新方向。与无机物相比，有机化合物结构灵活性更高，钠离子在嵌入时迁移率更快，这有效解决了钠离子电池动力学过程较差的问题。含有羰基的小分子有机化合物由于结构丰富，是钠离子电池负极材料的主要候选。

通过研究对苯二甲酸根（TP）及其衍生物作为钠离子电池负极材料的电化学性能，可知，在 Na_2TP 中，两个羰基能与两个钠离子进行羰基还原反应，在 $30mA \cdot g^{-1}$，电压范围 $2.0 \sim 0V$ 内分别在 $0.7V$、$0.3V$ 和 $0.1V$ 左右观察到了三个电压平台，分别对应着电解液的分解、钠离子可逆嵌入基体材料和钠离子嵌入 Super P 三个过程，比容量 $295mA \cdot h \cdot g^{-1}$，其中约有 $40 \sim 80mA \cdot h \cdot g^{-1}$ 的容量来自钠离子嵌入 Super P。同时，作者分别合成了 Na_2TP 的一系列衍生物，主要包括溴对苯二甲酸钠（$Br-Na_2TP$）、氨基对苯二甲酸钠（NH_2-Na_2TP）、硝基对苯二甲酸钠（NO_2-Na_2TP），结果表明这些衍生物与 Na_2TP 具有相似的倍率性能，但是 Na_2TP 电压曲线中有一个明显的电压平台，而衍生物电压曲线比较倾斜，说明 Na_2TP 进行两相反应，而 $Br-Na_2TP$、NH_2-Na_2TP 主要进行单相反应。$Br-Na_2TP$、NH_2-Na_2TP 的比容量分别为 $300mA \cdot h \cdot g^{-1}$ 和 $200mA \cdot h \cdot g^{-1}$，由于硝基能可逆嵌入两个钠离子，$NO_2-Na_2TP$ 的理论容量可以达到 $302mA \cdot h \cdot g^{-1}$。其中，$Br-Na_2TP$ 的开路电压最高，主要是由于溴为缺电子体，会与邻近的碳原子发生诱导反应，使得氧化还原电位升高，而氨基具有孤对电子，与邻近的碳发生共轭效应，氧化还原电位降低。有机化合物电极材料的热力学和动力学性质可以通过官能团的引入进行修饰。

在 $0.1 \sim 0.2V$、$0.1C$ 下 $Na_2C_8H_4O_4$ 具有 $270mA \cdot h \cdot g^{-1}$ 的比容量。通过将材料与 20% 的 KB 进行球磨，能有效减小粒径，增加其导电性。为了改善倍率性能，研究者对 $Na_2C_8H_4O_4$ 进行了 Al_2O_3 包覆，包覆后的材料能有效减少 SEI 膜的形成，有利于电极结构的保持，从而改善循环寿命。未处理的对苯二甲酸钠初始比容量为 $258mA \cdot h \cdot g^{-1}$；50 次循环后衰减至 $192mA \cdot h \cdot g^{-1}$，包覆后的材料初始比容量为 $255mA \cdot h \cdot g^{-1}$，50 次后保持在 $211mA \cdot h \cdot g^{-1}$。

8.3.6　钛酸盐储钠负极材料

钛酸盐材料具有稳定的结构，在锂离子电池中被广泛研究。$Na_2Ti_3O_7$ 可以作为室温钠离子电池的负极材料。该材料在 $0.3V$ 左右能允许两个钠离子嵌入，相当于 $200mA \cdot h \cdot g^{-1}$ 的比容量。通过研究烧结温度、烧结时间和研磨方式（球磨和手磨）对 $Na_2Ti_3O_7$ 电化学性能的影响，发现球磨后材料的粒径更小，减小了离子扩散路径，在 $750℃$ 下烧结 $20h$ 为最佳的反应条件。目标材料在 $0.1C$ 下具有 $177mA \cdot h \cdot g^{-1}$ 的比容量，但是大倍率下性能不佳。

通过反相微乳液法制备的单晶棒状 $Na_2Ti_3O_7$ 电压平台较低，适合作为钠离子电池的负极材料。在首次充放电曲线中，在 $0.4V$ 和 $0.3V$ 左右有两个电压平台，对应嵌钠反应式（8-3）

$$Na_2Ti_3O_7 + (x-2)Na^+ + (x-2)e^- \Longleftrightarrow Na_xTi_3O_7 \tag{8-3}$$

在 $0.1C$ 下，单晶 $Na_2Ti_3O_7$ 经 20 次循环后比容量为 $103mA \cdot h \cdot g^{-1}$。在后续的研究中，研究者通过水热法合成了微球状 $Na_2Ti_3O_7$ 纳米材料。该材料由一些微小的纳米管组成，具有优秀的倍率性能，在 $354mA \cdot g^{-1}$ 下 100 次循环后仍保持 $108mA \cdot h \cdot g^{-1}$ 的比容量，在 $3540mA \cdot g^{-1}$ 下 100 次循环后仍有 $85mA \cdot h \cdot g^{-1}$。研究者认为钠离子的嵌入主要包括两个阶段：在 $1.5 \sim 0.35V$ 内，主要是钠离子嵌入纳米管，形成电极内部的双电层模式，能极大改善电极的倍率性能，在 $0.35 \sim 0.01V$ 内，主要发生反应式（8-3）中的钠离子脱嵌反应。

其他在锂离子电池中测试过的材料，例如 $Na_2Ti_6O_{13}$、$NaTi_2(PO_4)_3$、$Na_4Ti_5O_{12}$、$Li_4Ti_5O_{12}$ 也可以用在钠离子电池中。通过固相法合成的 $Na_2Ti_6O_{13}$ 在钠离子电池中具有超低的电压平台（约 $0.8V$），对应大约 $1mol$ 的 Na^+ 可逆脱嵌。通过固相法合成的 $Na_4Ti_5O_{12}$ 仅得到了大约 $50mA \cdot h \cdot g^{-1}$ 的可逆比容量，还有待改进。尖晶石型 $Li_4Ti_5O_{12}$ 在钠离子电池中，得到了 $155mA \cdot h \cdot g^{-1}$ 的可逆容量，通过密度泛函理论研究推测出钠离子嵌入 $Li_4Ti_5O_{12}$ 主要是三相分离机理，当钠嵌入 $Li_4Ti_5O_{12}$ 的 16c 空位时，在 8a 位点的 Li^+ 会迁移到 16c 位点，从而形成 $Li_7Ti_5O_{12}$ 和 $Na_6LiTi_5O_{12}$。反应机理如下

$$2Li_4Ti_5O_{12} + 6Na^+ + 6e^- \Longleftrightarrow Li_7Ti_5O_{12} + Na_6LiTi_5O_{12} \tag{8-4}$$

这种三相分离反应在其他锂离子电池和钠离子电池材料中很少见。

水溶液钠离子电池是基于水溶液锂离子电池而引起重视的新体系。相比于有机电解液体系，水溶液电池拥有如下优势。首先，它完全杜绝了有机电解液电池存在的燃烧和爆炸的安全隐患；其次，可以在空气中直接组装，能大幅度减少材料和加工成本；最后，水溶液电解液往往具有更高的电导率，电池倍率性能更好。NASICON 结构的 $NaTi_2(PO_4)_3$ 能嵌入两个 Na 原子，嵌入的 Na 主要占据

NASICON 结构的 M1 空位，晶胞参数 a 伴随 Na 离子的嵌入会逐步增大。同时，研究者采用球磨法和碳热还原法对 NASICON 结构的 $NaTi_2(PO_4)_3$ 进行了改进，两种方法改进的 $NaTi_2(PO_4)_3$ 均获得了 143mA·h·g^{-1} 的可逆容量，而未改进的 $NaTi_2(PO_4)_3$ 只有 129.3mA·h·g^{-1}（理论比容量为 133mA·h·g^{-1}），这主要是球磨法使得材料粒径更小，而碳热还原法使得材料导电性更强研究者推测改进的比容量高于理论比容量可能是由于电解液分解等副反应造成的。通过比较发现，$NaTi_2(PO_4)_3$ 在 2.0mA·cm^{-2} 下，在 $2MNa_2SO_4$ 水溶液中的比容量为 123mA·h·g^{-1}，非水系的比容量为 120mA·h·g^{-1}，这主要是因为水溶液电解液的阻抗和黏度比有机电解液中低很多，尽管容量相差并不大，但是在水系充放电过程中过电位要低很多。

思 考 题

1.简述钠离子电池概念及结构组成。

2.简述钠离子电池工作原理。

3.简述钠离子电池的特点。

4.简述钠离子正极材料的选择原则。

5.简述钠离子正极材料的分类。

6.简述过渡金属氧化物正极材料的储钠机理。

7.简述钠离子负极材料的分类。

8.简述二氧化钛负极材料的储钠机理。

参考文献

[1] 崔平.新能源材料科学与应用技术［M］.北京：科学出版社，2016.

[2] 朱继平.新能源材料技术［M］.北京：化学工业出版社，2015.

[3] 李传统.新能源与再生能源技术［M］.南京：东南大学出版社，2005.

[4] 刘灿，刘静，余坤，等.生物质能源［M］.北京：电子工业出版社，2016.

[5] 傅木星.生物质水热法液化行为研究［D］.长沙：湖南大学，2006.

[6] 马超.产氢产乙酸优势菌群的选育及其生理生态特性研究［D］.哈尔滨：哈尔滨工业大学，2008.

[7] 高晨晨.产氢产乙酸菌互营共培养体 B6 的选育及其菌群组成的优化［D］.哈尔滨：哈尔滨工业大学.2010.

[8] 高鹏飞.玉米秸秆制备生物乙醇及其综合利用［D］.西安：西北大学，2009.

[9] 祖帅.酸碱耦合预处理及酶水解玉米秸秆制备单糖的研究［D］.合肥：中国科技大学，2014.

[10] 诸力.不同处理工艺对竹子制备纤维素乙醇酶解效果的影响［D］.杭州：浙江农林大学，2014.

[11] 亢淑娟.地沟油生物柴油和酸化油生物柴油降粘及发动机台架试验研究［D］.泰安：山东农业大学，2009.

[12] 耿莉敏.生物柴油/柴油混合燃料的理化性能分析与喷雾特性改善［D］.西安：长安大学，2009.

[13] 刘昌.生物柴油发动机的性能及燃烧特性试验研究［D］.江西：南昌大学，2011.

[14] 李荣.固体碱催化酯交换反应制备生物柴油工艺流程模拟［D］.山西：太原理工大学，2014.

[15] 王革华，艾德生.新能源概论［M］.北京：化学工业出版社，2012.

[16] 蔡振兴，李一龙，王玲维.新能源技术概论［M］.北京：北京邮电大学出版社，2017.

[17] 朱敏.先进储氢材料导论［M］.北京：科学出版社，2015.

[18] Darren P. Broom.储氢材料：储存性能表征［M］.刘永锋，潘洪革，高明霞，等译.北京：机械工业出版社，2013.

[19] 王玉生.储氢材料：纳米储氢材料的理论研究［M］.北京：中国水利水电出版社，2015.

[20] 张轲，曹中秋，张国英，等.金属氮氢系固体储氢材料［M］.北京：科学出版社，2016.

[21] 张健.镁基储氢材料吸放氢性能的理论研究［M］.广州：中山大学出版社，2018.

[22] 马鸿祥，高雷章，胡蒙均，等.固体储氢材料研究进展［J］.功能材料，2018，04：04001-04006.

[23] 雷永泉.新能源材料［M］.天津：天津大学出版社，2002.

[24] 张淑谦，童忠良.化工与新能源材料及应用［M］.北京：化学工业出版社，2010.

[25] 赵争鸣，刘建政，孙晓瑛，等.太阳能光伏发电及其应用［M］.北京：科学出版社，2005.

[26] 吴其胜，张霞，戴振华.新能源材料［M］.上海：华东理工大学出版社，2017.

[27] 李建保，李敬.新能源材料及其应用技术［M］.北京：清华大学出版社，2005.

[28] 袁华堂.新能源材料［M］.北京：化学工业出版社，2003.

[29] 陈哲良.晶体硅太阳电池制造工艺原理［M］.北京：电子工业出版社，2017.

[30] 冯瑞华，鞠思婷.新材料［M］.北京：科学普及出版社，2015.

[31] 肖旭东，杨春雷.薄膜太阳能电池［M］.北京：科学出版社，2015.

[32] 钱伯章.太阳能技术与应用［M］.北京：科学出版社，2010.

[33] 魏子栋.质子交换膜燃料电池催化剂性能增强方法研究进展［J］.化工进展，2016，35（9）：2629-2639.

[34] 康启平，张国强，张志芸，等.质子交换膜燃料电池非贵金属催化剂研究进展［J］.新能源进展，2018，6（1）：55-61.

[35] 慕洋洋，孙晓涛，任常兴.固体氧化物燃料电池电解质材料的研究进展［J］.硅酸盐通报，2017，36：235-239.

[36] 杨金富，毕向光，王火印，等.质子交换膜燃料电池改性铂基催化剂研究进展［J］.贵金属，2016，37

（4）：71-77.

[37] 王洪建，许世森，程健，等.熔融碳酸盐燃料电池发电系统研究进展与展望 [J].热力发电，2017，46
（5）：8-13.

[38] 王传岭，于敏.固体氧化物燃料电池材料研究进展 [J].山东化工，2016，45：40-41.

[39] 李伟伟，李丽，杨理.固体氧化物燃料电池研究进展 [J].电源技术，2016，140：1888-1889.

[40] 伍永福，赵玉萍，彭军.固体氧化物燃料电池（SOFC）研究现状 [J].中国科技论文在线，1-5.

[41] 刘玉荣.碳材料在超级电容器中的应用 [M].北京：国防工业出版社，2013.

[42] 邢宝林.超级电容器活性炭电极材料制备及应用 [M].北京：化学工业出版社，2017.

[43] 魏颖.超级电容器关键材料制备及应用 [M].北京：化学工业出版社，2018.

[44] 张育新，刘晓英，董帆.二氧化锰基超级电容器：原理及技术应用 [M].北京：科学出版社，2017.

[45] 胡国荣，杜柯，彭忠东.锂离子电池正极材料原理、性能与生产工艺 [M].北京：化学工业出版
社，2017.

[46] 黄可龙，王兆翔，刘素琴.锂离子电池原理与关键技术 [M].北京：化学工业出版社，2008.

[47] 詹弗兰科·皮斯托亚.锂离子电池技术：研究进展与应用 [M].北京：化学工业出版社，2017.

[48] 刘国强，厉英.先进锂离子电池材料 [M].北京：科学出版社，2018.

[49] 冯传启，王石泉，吴慧敏.锂离子电池材料合成与应用 [M].北京：科学出版社，2017.

[50] 梁广川.锂离子电池用磷酸铁锂正极材料 [M].北京：科学出版社，2013.

[51] 方永进，陈重学，艾新平，等.钠离子电池正极材料研究进展 [J].物理化学学报，2017，33（1）：
211-241.

[52] 何菡娜，王海燕，唐有根，等.钠离子电池负极材料 [J].化学进展，2014，26（4）：572-581.

[53] 张宁，刘永畅，陈程成，等.钠离子电池电极材料研究进展 [J].无机化学学报，2015，31（9）：
1739-1750.